教育部人文社会科学研究规划基金项目(09YJAZH081)
教育部人文社会科学研究规划基金项目(10YJAZH125)
国家软科学研究计划资助项目（2014GXS4D146）

人 道 物 流
——理论与方法

冯春　张怡　著

西南交通大学出版社
·成　都·

内容简介

人道物流理论是一门涉及物流管理和灾难管理的综合性新学科，其理论研究和实践应用都还处于起步阶段。本书以国内外重大灾难为案例，系统研究了人道物流的内涵、规律、机制和实现途径。首先提出人道物流的概念，构建人道物流的体系，比较商业物流和军事物流，阐述人道物流的运作特点及其独特特征。然后结合中国灾难的全过程管理模式，提出人道运作的双循环模型，阐述在减除、准备、应对和恢复四个灾难管理阶段中人道物流的主要任务及特点，建立了人道物流运作的建模框架，开发出四个灾难管理阶段中人道物流的参考任务模型和人道物流运作的参考流程。再后研究了人道物流的协同维度，分析了人道物流协同的动因、障碍和优势，提出了三种人道物流协同模式。从中国突发事件应急管理体制和机制出发研究人道物流的协同机制，提出了协同采购机制、协同仓储机制、协同运输机制，总结出人道物流协同机制的最佳实践。用 BPMN 模型构建出人道物流协同运作的标准模型，用 SADT 模型建立起人道物流协同的实现途径，分析出 SADT 模型中的系统基模，揭示出人道物流协同中的互动行为。最后给出我国建立人道物流救援体系的建议。

本书适合灾难管理、物流工程与管理、公共管理和管理科学与工程等专业的教师、科研人员和研究生研究参考，也为参与人道救援的救援机构及行政、企业和事业单位的人员提供救援决策依据。

图书在版编目（CIP）数据

人道物流：理论与方法 / 冯春，张怡著. —成都：西南交通大学出版社，2015.2

ISBN 978-7-5643-3457-4

Ⅰ. ①人… Ⅱ. ①冯… ②张… Ⅲ. ①灾害管理－关系－物流－物资管理－研究 Ⅳ. ①X4②F252

中国版本图书馆 CIP 数据核字（2014）第 217904 号

人道物流
——理论与方法

冯春 张怡 著

责 任 编 辑	周 杨
封 面 设 计	严春艳
出 版 发 行	西南交通大学出版社
	（四川省成都市金牛区交大路 146 号）
发 行 部 电 话	028-87600564　028-87600533
邮 政 编 码	610031
网　　　址	http://www.xnjdcbs.com
印　　　刷	四川森林印务有限责任公司
成 品 尺 寸	185 mm × 260 mm
印　　　张	14.75
字　　　数	368 千字
版　　　次	2015 年 2 月第 1 版
印　　　次	2015 年 2 月第 1 次
书　　　号	ISBN 978-7-5643-3457-4
定　　　价	49.80 元

前　　言

　　人道物流是人道救援的重要组成部分。人道救援在抗震救灾中发挥了重要作用。2008年5月12日发生的汶川大地震，是所有中国人都无法忘记的。地震之后汹涌澎湃而来的，更是中国有史以来第一次全民实时关注、切身参与的大规模人道救援。随后从2010年玉树地震到舟曲泥石流，从2013年芦山地震到2014年鲁甸地震，都展现出"一方有难，八方支援"爱心如潮般的人道精神。在这些人道救援行动中，中央和地方政府组成中央地方联合救灾工作组统一调度，救灾部门紧急筹集调运救灾物资，人民解放军大力支援，社会组织热忱施救，新闻媒体及时宣传报道，人们逐渐开始认识到人道物流的重要作用。

　　然而从灾难管理生命周期来看，人之有情即人道，不能只体现在灾后的关怀、慰问、救济和补偿上，更应当前移至灾难准备阶段和减除阶段，提高减灾和备灾能力，否则于受灾者裨益不大。同时我们也注意到，对于众多的救援组织而言，他们的物流运作还显得缺乏章法，效率偏低。原因在于他们面临着需求目标模糊、人力和资本资源缺乏、救灾环境不确定性和准备响应零时差的挑战，问题的复杂性远远超出了单纯的物流活动。为提高人道救援的有效性和科学性，人道物流在这方面进行了探索与创新，丰富了人道救援的理论和科学方法。

　　人道物流（Humanitarian Logistics）是一门涉及物流管理和灾难管理的综合性新学科，是抢险救援行动非常重要的组成部分。它有区别于商业物流的军事物流的独特特点。人道物流这一科学术语，于2005年由美国弗利兹研究所（FRITZ Institute）的学者Thomas首先提出，本书作者在广征博引基础上对人道物流进行了全面阐述，对其内涵、规律、机制和实现途径进行了详细研究。本书共分为九章，包括四个研究主题。

　　第一个研究主题是关于自然灾害救援中的人道物流特性，包括第1章和第2章。

　　第1章介绍本书的研究背景、研究意义、研究内容和国内外研究现状，阐述了人道、灾难和人道物流的相关概念，这样更易理解和分析人道物流学科。

　　第2章研究由博爱、中立、公正这三个人道原则构成的人道运作空间，界定人道运作领域和拓扑关系，分析人道运作面临的五大挑战：不明确的目标、难以度量的影响、陌生的人道、政府与人道的关系、资金问题。在此基础上，提出人道物流的概念，构建人道物流的体系，即它的网络结构及其参与者。与商业物流、军事物流相比较，分析出人道物流的运作特点。从社会网络、技术活动和可依赖的支撑系统三个方面提出人道物流的独特特征和面临的挑战。

　　第二个研究主题是关于灾难管理不同阶段中的人道物流，包括第3章和第6章。

　　第3章在人道物流视角下研究灾难与灾害的区别，分析灾难的类型，确定灾难管理各生命周期的运作，建立灾难管理规划模型，结合中国灾难的全过程管理模式，提出人道运作双循环模型。针对灾难管理全生命周期，阐述在减除、准备、应对和恢复四个灾难管理阶段中人道物流的主要任务及特点。

第6章参照企业建模框架建立起人道物流运作的建模框架，构建出模型阶段、模型通用性和模型视图，以此来分析和理解人道物流运作的整体架构。用业务流程建模符号（BPMN）建立易于被不同救援组织理解的人道物流运作流程的参考模型框架，为救援组织提供了可重复使用、标准的人道物流运作的参考流程，帮助救援组织快速识别出人道物流的所有任务，为救援机构分配相应的角色和责任。

第三个研究主题是关于人道物流各方参与者之间的协同机制，包括第4章、第5章、第7章和第8章。这四个章节分别探讨人道物流协同的基本概念和协同模式、人道物流的协同机制和最佳实践、人道物流协同的动力学，以及人道物流协同的定量分析。确定了人道物流的协同维度，分析了人道物流协同的动因、障碍和优势，提出了三种人道物流协同模式。从中国突发事件应急管理体制和机制出发研究人道物流的协同机制，提出了协同采购机制、协同仓储机制和协同运输机制，总结出人道物流协同机制的最佳实践方法。用BPMN模型构建出人道物流协同运作的标准模型，用结构化分析与设计技术（SADT）模型建立起人道物流协同的实现途径，分析出SADT模型中的系统基模，揭示出人道物流协同中的互动行为。

第四个主题研究我国人道物流的挑战和措施，集中在第9章中研究。通过人道物流利益相关者模型和人道物流挑战分析模型构建出人道物流在中国的挑战模型，发现基础设施脆弱、缺少合作、很难获得真实的需求信息、不够重视物流在救援活动中发挥的作用和人才缺失这五大问题是影响人道物流绩效最显著的因素，也是发展人道物流及提高灾难救援效率所需要迫切解决的五大问题。为了迎接挑战解决这些问题，本书提出了一些基本的方向。政府可以做的有四个方面：购买救援组织的服务、鼓励常规性社会捐赠、鼓励救援组织参与救灾、整合现有的物流基础设施到灾难救援中；救援组织可以做的有四个方面：建立救援组织之间的沟通和交流机制、建立人道物流从业人员培训与考核机制、开展连续性流程评估和投资物流信息系统。

本书的研究工作得到了教育部人文社会科学研究规划项目"应急救援中的人道物流体系与实现模式研究"（批准号09YJAZH081）、教育部人文社会科学研究规划项目"快速信任及其在人道救援物流快速成形网络中的应用研究"（批准号 10YJAZH125）和国家软科学研究计划"灾难救援供应链的结构模式与运行机制研究"（2014GXS4D146）的资助，特此表示衷心的感谢！

感谢范光敏对第4章的贡献，王世珍对第6章的贡献，于彧洋对第7章的贡献，潘虹宇对第8章的贡献，杨婷婷对第9章的贡献；李照华、向阳、张易寒、于宝和李灵燕参与了书稿校订。特别感谢冯传德先生的指导。

本书参考和借鉴了国内外有代表性的研究成果，作者已尽可能在参考文献中一一列出，谨在此向相关学者致敬！若出现了文献或注释上的疏漏，作者愿意及时纠正，并致谢意。

人道物流的研究发展迅速，关于人道物流流程和协同研究的新成果不断出现，本书研究内容只涉及其中很小的一部分，希望能给大家带来一点有益的启发。另外，限于作者的学术水平，书中疏漏之处恳请大家不吝指正，再次真诚感谢。

冯 春　张 怡
2014 年 8 月于西南交通大学九里校区

目　录

第 1 章　人道物流导论

1.1　人道物流概述

人道物流（Humanitarian Logistics）这一科学术语，于 2005 年由美国弗利兹研究所（FRITZ Institute）的学者 Thomas 首先提出，其后影响不断扩大。国内外相关研究机构应运而生，研究人员纷至沓来，研究内容逐步扩展和深化，在灾难管理和应急管理中的地位和作用日益凸显。

1.1.1　人道物流产生的背景

在经济全球化、社会复杂化和自然环境不断恶化的时代背景下，不断加快的城市化进程促使人员和资源逐步向高风险地区过度聚集，各种人为和自然灾难在数目和影响上都呈快速增长趋势，造成了大量的人员伤亡，预计未来 50 年自然和人为灾难将增加至少 5 倍[1]。当今社会已或成为风险社会，社会危机已由非常态化的偶发转变为常态化的频发，严重影响了人民的生命安全。特别是在 2004 年的东南亚海啸灾难中，公众已认识到人道物流在灾难救援中的关键作用，一个新的研究领域由此诞生。

1. 全球的自然灾害情况

国际灾害数据库（Emergency Events Database，EM-DAT）是国际上最重要的免费灾害数据资源之一，为灾后流行病研究中心（Center for Research on the Epidemiology of Disasters，CRED）和世界卫生组织于 1988 年共同创建，由 CRED 负责管理和维护。EM-DAT 的核心数据包含了自 1900 年以来全球发生的 15 700 多例灾害事件和对人类影响的数据，并且平均每年增加 700 余条新的灾害记录。

我们从 EM- DAT 提供的灾害数据的统计发现，最近 20 年来，无论灾害数量还是受灾人口都呈上升趋势，如图 1.1 所示。

同时我们还在 EM- DAT 中统计出 1900 年以来世界发生的死亡人数最多的 10 起自然灾害：

（1）中国，1931 年的水灾，伤亡人数 3 700 000，文献[3]认为 1931 水灾的死亡人数为 422 499；

（2）孟加拉国，1970 年的飓风，伤亡人数 300 000；

（3）中国，1976 年的地震，伤亡人数 242 000；

（4）海地，2010 年的地震，伤亡人数 222 570；

（5）中国，1920 年的地震，伤亡人数 180 000；

（6）印度尼西亚，2004 年的海啸，伤亡人数 165 708；

（7）日本，1923 年的地震，伤亡人数 143 000；

（8）孟加拉国，1991 年的飓风，伤亡人数 138 866；

（9）缅甸，1991 年的飓风，伤亡人数 138 366；

（10）土库曼斯坦，1948 年的地震，伤亡人数 120 000。

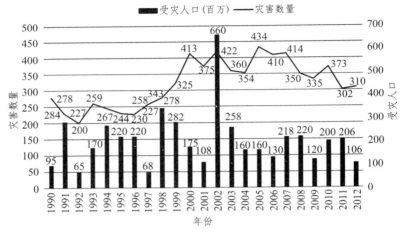

图 1.1　全球自然灾害数量与受灾人口

（来源：作者整理来自 EM-DAT 数据）

全球频发的自然灾害给人类社会造成了巨大的人员生命损失，自然灾害成为各国面临的共同挑战。

2. 中国的自然灾害情况

中国地理环境复杂，气候稳定性差，生态环境脆弱，是世界上自然灾害最为严重的国家之一。2/3 以上的国土面积受到洪涝灾害的威胁，约占国土面积 69% 的山地、高原区域频繁发生滑坡、泥石流、山体崩塌等地质灾害，1/3 的全球陆地破坏性地震出现在中国。然而中国 70% 以上的城市、50% 以上的人口分布在气象、地震、地质、海洋等自然灾害严重的地区，一旦灾害发生就会造成巨大的人员伤亡。

民国之前，死亡人数过万的重大自然灾害的统计始于公元前 180 年的陕西、河南和湖北等地发生的涝灾。从公元前 180 年到 1911 年，统计发生的重大自然灾害共计 190 次[4]。其中1876—1878 年，山东、河南、河北、山西、陕西发生的特大旱灾，造成死亡人数超过 2 290万人[4]，其影响范围之大，影响程度之深，世为罕见。

民国时期，1912—1949 年 38 年中，有明确记载的死亡人数超过万人的重大自然灾害共发生 110 次，死亡人数共计 1 956.18 万人[5]。

2001—2013 年的 13 年间，平均每年因各类自然灾害造成约 3 亿人次受灾，紧急转移安置人口 14 921 万人次，死亡人数 120 657 人（见表 1.1）。特别是 2007 年发生在淮河流域的特大洪涝，2008 年发生在中国南方地区的特大低温雨雪冰冻灾害，2008 年 5 月 12 日发生在四川、甘肃、陕西等地的汶川特大地震灾害，2010 年 4 月 14 日发生在青海省玉树县的 7.1级地震，2010 年 8 月 8 日发生在甘肃省舟曲县的特大山洪泥石流灾害，2013 年 4 月 20 日发生在四川省雅安市的 7 级地震等，均造成重大人员生命损失。

表 1.1 民政部国家减灾中心发布的全国自然灾害基本情况

年份	死亡人数（含失踪）（人）	转移安置人次（万人）	直接经济损失（亿元）
2001	2 538	211.1	1 942.2
2002	2 384	471.8	1 637.2
2003	2 259	707.3	1 884.2
2004	2 250	563.3	1 602.3
2005	2 475	1 570.3	2 042.1
2006	3 186	1 384.5	2 528.1
2007	2 325	1 499	2 363
2008	88 928	2 682.2	11 752.4
2009	1 528	709.9	2 523.7
2010	7 844	1 858.4	5 339.9
2011	1 126	939.4	3 096.4
2012	1 530	1 109.6	4 185.5
2013	2 284	1 215	5 808.4

（来源：作者整理来自民政部网站 http：//www.mca.gov.cn 的数据）

3. 以人为本的自然灾害救援理念

打开网页"中国政府网——应急管理"（http：//www.gov.cn/yjgl/tfsj.htm），我们可以看到，每周 10 人以上死亡的突发事件有时候不止一起。面对灾害造成的大量人员死亡和紧急转移安置人口，留在人们心中的伤口更是不可弥合的。

2006 年 1 月，国务院发布的《国家突发公共事件总体应急预案》提出了"以人为本，减少危害"的工作原则，突出强调把保障公众健康和生命财产安全作为首要任务，最大程度地减少突发公共事件及其造成的人员伤亡和危害。

2007 年 8 月，全国人大通过了《中华人民共和国突发事件应对法》（简称《突发事件应对法》），该法律明确规定了应急处置与救援措施是组织营救和救治受害人员，疏散、撤离并妥善安置受到威胁的人员以及采取其他救助措施。

2009 年 5 月，国务院发布的《中国的减灾行动》白皮书，表明了中国政府坚持以人为本，始终把保护公众的生命财产安全放在第一位，把减灾纳入经济和社会发展规划，作为实现可持续发展的重要保障。

2011 年 12 月，国务院发布的《国家综合防灾减灾规划（2011—2015 年）》明确提出，"十二五"期间，我国自然灾害造成的死亡人数在同等致灾强度下较"十一五"时期明显下降。

自然灾害一旦发生，救援的首要任务是挽救人员的生命和保障人员的基本生存条件。人的生命权是人与生俱来的权利，对人的生命权的尊重是人类社会的一条基本公理。自然灾害尽管可能造成生产生活设置、基础设施等的严重破坏，但这些设施相当一部分是可以恢复重建的，而人的生命只有一次，逝去就不可复生。因此，救援机构必须牢固树立"以人为本"的理念，以确保受害和受灾人员的生命安全为基本前提，千方百计、最大限度地保护和抢救受灾人员，包括救援参与者的生命安全，即使付出再大的成本也在所不惜。

随着"以人为本"理念的深入，"人"的价值越来越受到重视，"人"在我国减灾救灾工作中的位置也越来越突出。

1.1.2　与人道相关的概念

1. 中文语境中的人道

我国古代所谓的"人道"是人之道，是人所当行之道。

何谓人道？《左传·召公十七年》云："天道远，人道迩。"《周易·系辞传（下）》云："易之书也，广大悉备，有天道焉，有人道焉，有地道焉。"《周易上经·谦》云："天道亏盈而益谦，地道变盈而流谦，鬼神害盈而福谦，人道恶盈而好谦。"《礼记·丧服小记》云："亲亲、尊尊、长长，男女之有别，人道之大者也。"所以司马迁在《史记·礼书》中云："人道经纬万端，规矩无所不贯，诱进以仁义，束缚以刑罚，故德厚者位尊，禄重者宠荣，所以总一海内而整齐万民也。"

可见，我国古代的人道概念，外延十分宽泛而融合道德与法于一体。这种笼统含糊的概念，显然十分不适合分门别类的科学研究，不具备科学价值，因而随着科学的发展，逐渐分化为法与道德，并被两者取代而逐出科学王国[6]。

今日中文语境中的"人道"概念外延已演进得相当狭窄，仅仅是"人道主义"概念中的"人道"，是一种道德原则，亦即人道主义道德原则。也就是讲"人道"与"人道主义道德原则"是同一概念。一方面，今日中文语境的人道概念便适合于分门别类的科学研究，从而具有了科学价值，人道已是伦理学的基本范畴；另一方面，这种人道概念与英文的人道概念是一致的。

英文中的人道（humanity）概念，并不具有"人之道"的含义，不具有法律的含义，而与人道主义（humanism 或 humanitarianism）概念一样，只具有道德含义，只是一种有关某种道德原则的概念。

2. 人道主义

人道主义作为一种自觉的思想，即承认自己与他人都是人，人人平等，每个人都应享有生存与发展的权利，最早出现于 14、15 世纪的西欧文艺复兴运动。用理论形式来表达人道主义思想的是 17、18 世纪欧洲的启蒙运动。后演化为近代主体性原则的人道主义和现代经过伦理学家改造的社会批判的人道主义。

Humanism 和 humanitarianism 被译成中文的"人文主义"或"人道主义"后，在中国的理论界和"日常语言"中经常是混用的，但作为科学概念，两者虽有相似却又有很明显的区别。本书将 humanism 翻译为人文的人道主义，将 humanitarianism 翻译为博爱的人道主义[7]。

人文的人道主义（humanism）是视人本身的发展、完善、自我实现为最高价值，从而把人本身的发展、完善、自我实现奉为善待他人最高道德原则的思想体系，也是认为人本身的自我实现是最高价值，从而把"使人自我实现而成为可能成为的最有价值的人"奉为善待他人最高道德原则的思想体系[6]。

　　博爱的人道主义（humanitarianism）是视人本身为最高价值，从而将"善待一切人、爱一切人、把一切人都当作人来看待"奉为善待他人最高原则的思想体系。简言之，便是视人本身为最高价值从而将"把人当人看"奉为善待他人最高原则的思想体系[6]。所以，人们大都将"博爱"或"把人当人看"和"人本身是最高价值"并列，作为人道主义的根本特征。博爱就是爱人、人与人之间的互爱和人类之爱。显然，这种爱是不分男女，不分贵贱，不分种族，不分阶级，甚至不分人与神的泛爱。

　　本书采用的"人道"概念来自于"博爱的人道主义"（humanitarianism）。

3. 人　道

　　人道是视人本身为最高价值而善待一切人、爱一切人、把任何人都当人看待的行为，是基于人是最高价值的博爱行为，是把人当人看的行为。这是善待他人的最高原则。反之，不人道、非人道则无视人本身为最高价值而虐待人的行为，是残忍待人的行为，是把人不当人看的行为。

　　比如在灾难救援中，国际法《关于复杂紧急情况下提供人道援助的莫洪克标准》（The Mohonk Criteria）规定的人道为"无论何处有人遭受痛苦，均须予以救助，尤其要注意人口中最脆弱者，例如儿童、妇女和老人。必须尊重和保护所有受害者的尊严和权利。"[7]

　　国际红十字与红新月会定义的人道是"在任何有人遭受痛苦的地方防止和减轻这种痛苦……以保护生命和健康，确保对人的尊重"而努力。

1.1.3　与灾难相关的概念

1. 突发事件

　　我国《突发事件应对法》第三条规定："突发事件，是指突然发生，造成或者可能造成严重社会危害，需要采取应急处置措施予以应对的自然灾害、事故灾难、公共卫生事件和社会安全事件"。

　　美国国土安全部对"突发事件"的定义："一种自然发生的或人为原因引起的需要紧急应对以保护生命或财产的事或事件（Event）。它可以包括如重大灾难、紧急事态、恐怖主义袭击、荒野和城市火灾、洪水、危险物质泄漏、核事故、空难、地震、飓风、龙卷风、热带风暴、战争相关灾难、公共卫生与医疗紧急事态，以及发生的其他需要紧急应对的事件（Occurrences）"。

　　欧洲人权法院对"突发事件"（Public Emergency）的解释是："一种特别的、迫在眉睫的危机或危险局势，影响全体公民，并对整个社会的正常生活构成威胁"。欧洲人权委员会也认为，"Public Emergency"必须是现实和迫在眉睫的，影响波及整个国家和社会正常生活的，继续受到威胁的，危机或者危险必须是异常的以至于采取正常措施或限制办法已明显不足以控制的局势。

　　我国《突发事件应对法》"按照社会危害程度、影响范围等因素"把突发事件分为四级：特别重大、重大、较大和一般，但未作出明确的分级标准。这就出现了与《国家应急预案》

分离的情况，现行《国家应急预案》及其分级标准，过于注重事实性损害，把损害的社会危害简单化。事实损害一定等于严重社会危害的情形确实有，但是比较少。多数事实损害是否构成对《突发事件应对法》上的严重社会危害，需要考虑一定区域内的多样因素。如果忽视特定区域内多样性因素的差别，仅仅根据事实损害一概而论，势必混淆平时管理与应急管理的区别，远离应急管理的本质要求。

对不同层次突发事件的定义，不仅仅是学术问题，这是理解灾难本质最必需的第一步。所以，我们将突发事件分为灾难（Catastrophic）、灾害（Disaster）和应急事件（Emergency）三个级别。本书主要研究灾难和灾害的应急救援。

2. 应急事件

应急事件（Emergency）最早使用于第二次世界大战期间的医疗领域，之后随着灾害、种族和国际冲突、流行性疾病的频繁化，应急事件被社会领域的学者逐渐扩展到上述领域，而且具有泛化使用的倾向。

美国 FEMA 定义的应急事件（Emergency）：一个危险的事件，一般能在地方层面上管理。美国《斯坦福法案》为联邦救助而定义的应急事件（Emergency）：由总统决定的，在任何时间、任何情景下，在美国的任何地方发生的需要联邦政府介入，提供补充性救助，以协助州和地方政府拯救生命、保护财产、公共卫生和安全，或者减轻、避免灾难所带来威胁的事件。但实际上，联邦政府宣布的应急事件非常稀少，而且联邦救助局限在特定领域，故该法案定义的应急事件是最低级别的危机，社区就能充分管理。

所以，应急事件是突然发生在社区或地方范围内，动用社区或地方政府的力量即可控制和处置的危险事件。

3. 灾　害

联合国国际减灾战略（International Strategy for Disaster Reduction，UN/ISDR）2004 年给出了灾害（Disaster）的一般定义：灾害是由于社区或社会功能的严重破坏，造成了广泛的人员、物质、经济和环境损失，且此类损失超出了受影响社区或社会使用自有资源所能应付的能力范围[8]。

美国《斯坦福法案》第一百零二条对"重大灾害（Major Disaster）"的定义是：在美国任何地方爆发的任何自然灾害，包括飓风、龙卷风、暴风雪、洪水、潮汐、地震、火山爆发、地裂、崩塌滑坡、泥石流和干旱。或者任何由各种原因引起的火灾、水灾、爆炸等，并由美国总统决定的，任何对公共安全造成足够严重的损害，而必须按照本法案的规定来组织各个州和地方政府及其他灾难救助组织共同来减少损失、伤亡、困难以及人们所遭受的痛苦。

灾害（Disaster）这个名词已广泛应用，有时甚至造成误用而难以与危害（Hazard）相区别。比如我们经常听到这样的说法"灾害是不可避免的"，这实际上混淆了灾害与危害的概念。

危害（Hazard）是具有潜在破坏性的事件、现象或人类活动，可能带来人员伤亡、财产损失、社会和经济破坏或者环境退化。脆弱性（Vulnerability）是社区对危害影响的敏感度（susceptibility），反映灾害发生时系统将危害冲击力转换成直接损失的程度。

灾害是危害（Hazard）、脆弱性（Vulnerability）条件以及不能充分减少风险潜在负面后果的能力或措施等三者相互作用的结果。当危害对社会系统带来的负面冲击超过了社会的应对能力而无法控制时，灾害就发生了。灾害是否存在或灾害影响的广泛程度取决于危害冲击造成脆弱性的降低是否超过社会脆弱性所能容忍的限度，灾害与脆弱性的关系如图 1.2 所示。

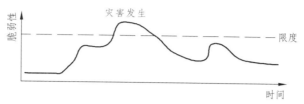

图 1.2　灾害与脆弱性的关系

4. 灾　难

灾难（Catastrophe）是一个沉重的名词。灾难是一种巨大的、人类不可抗拒的自然力，或是人的行为失误造成人类生命财产损失的，而现有资源又不能及时应对的事件。

美国的国家应对计划（National Response Plan）对灾难（catastrophe）的定义是：任何由自然原因或人为原因（包括恐怖主义）造成的，对人员、基础设施、环境、国民士气以及政府职能造成严重影响的，有大规模人员伤亡、严重损害或破坏的事件。

灾难可以被定义为能产生广泛严重影响后果的事件，此时社区的应对能力遭到了极大的破坏。灾难从影响的范围可以分为受灾地区可以自行处理的灾难和需要外界或者全球援助的灾难。国家能否处置好灾难主要取决于政府和社会的能力以及人们的脆弱性。例如一场很小的灾难都能够对海地和索马里产生重要的影响，但对日本的影响较小，这是因为日本拥有很好的灾难响应机制。

虽然有些危害（如地震）是不可避免的，但很多危害是可以避免的。人道物流可以提高社会的防灾抗灾能力，增强社区的灾难响应性，减低社区的脆弱性，让社区更加鲁棒，这样人道物流就可能使危害得以消除或减弱，就能实现降低灾难发生的可能。

5. 灾害与应急事件的区别

灾害与应急事件的区别只是在程度上，而不是在性质上，例如，一个较大的汽车事故（应急事件）与 9·11（灾害）的区别在于伤亡的数量和响应的资源。灾害与应急事件在性质上有四个方面的不同。

（1）机构的协调统一。

在应急事件中，一般利用社区资源就可以处置，至多需要当地政府的协助。但在灾害中，因当地社区可能没有应对处置经验，需要包括公共和私有部门的多个机构快速地与多个不同的工作组形成协调的工作关系。

（2）独立权的丧失。

在灾害中，会出现超越常态管理的优先运作结构形式，同时也有应急非常权力取代物权的现象，例如征用私有资源或者拆除受损建筑。这些应急非常权力通常不会在日常的应急事件中行使。

（3）公私结合的程度。

灾害的救援要求使用社区可用的所有资源，使得公用资源与私有资源的界限可能变得模糊。这一点在物流领域就显得格外突出，私有企业有更好的装备可供调遣，且能寻找到关键资源。所以私有部分在恢复重建服务中能扮演重要的角色，这些在应急事件中较少发生。

（4）对机构冲击的应对。

在日常应急事件中，政府的正常运行机制一般不会受到严重的影响。然而在灾害中，当地政府不仅要给市民提供救援响应，还要处理事件对自身运作带来的影响。政府连续性工作应急预案就成为恢复公众服务的关键，如果这种预案与公众应急预案没有很好地协调的话，其实施可能与公众应急预案相冲突。

6. 灾害与灾难的区别

灾害和灾难在五个方面有质的不同。

（1）对建筑物的影响。

在灾害中，许多住宅仍可使用，难民可以被朋友、亲属或志愿者收留。而在灾难中，社区里的绝大多数或所有住宅被严重破坏，造成人们流离失所。

（2）对地方政府的影响。

在灾难中，由于优秀的公职人员的殉职以及办公设施和通讯系统的损害，地方政府陷于混乱，即地方政府通常获取资源的系统就不能再运作了。

（3）对当地社区援助的影响。

在灾害中，最直接的援助来自于未受影响的其他社区。在灾难中，大面积区域受到影响且当地社区不能相互援助，需要中央政府的集中资源来救助许多社区。

（4）对社区职能的影响。

灾难事件不仅破坏了受灾社区的基础设施，还破坏了如学校等社会设施，其损害程度远远超过灾害事件。相对于灾害，灾难明显延缓了恢复常态的时间。

（5）对政治进程的影响。

由于有形设施的损坏和社会结构的混乱，灾难会带来平时会忽略的政治问题，如地方政府的贪污腐败、官商勾结等。

1.1.4　与人道物流相关的概念

1. 物　流

我国 2001 年颁布的《物流术语》国家标准对物流的定义是：物流是物品从供应地向接收地的实体流动过程。根据实际需要，将运输、储存、装卸、搬运、包装、流通加工、配送、信息处理等基本功能实施有机结合。

美国物流管理协会（Council of Logistics Management，CLM）现更名为美国供应链管理专业协会（Council of Supply Chain Management Professional，CSCMP），在 2002 年对物流的定义：物流是供应链运作的一部分，是以满足客户需求为目的，对商品、服务及相关信息在产出地和消费地之间实现高效率、高效益的正向和反向的流动以及储存进行的计划、执行与控制的过程。

2. 人道救援

国际法目前没有给出人道救援明确的定义，也没有关于这一现象的专门性文件。但国际法的一些理论和实践与人道救援相关，有一些文件和公约涉及人道救援，其中，各国政府以及联合国机构所奉行的人道主义原则被列入了联合国大会第 46/182 号决议案《加强联合国人道紧急援助的协调》。

国际人道主义法研究所编制的 1993 年"人道主义援助权利指导原则"（圣雷莫原则，San Remo Manual）列举了人道援助所应当具备的三个条件，即博爱、中立、公正。

我们定义的人道救援为：主权国家政府、国内及国际组织乃至个人基于人道主义观念向遭受自然或人为灾难的国家或地区提供紧急救援物资、现汇或派出救援人员，帮助灾区应对灾害造成的困难局面的援助方式，主要目的是拯救生命，缓解不幸状况以及维护人类尊严。

3. 人道物流

在 2005 年 Thomas 首先提出人道物流（Humanitarian Logistics）的概念，Thomas 是 Fritz 研究所的执行董事，给出了人道物流的详细定义：在救灾情况下，以满足灾民迫切要求、减轻灾民痛苦为目的，对商品、材料及相关信息从产出地到灾区之间实现高效率、有成本效益的流动和储存所进行的计划、执行和控制过程。他认为人道救援物流的主要功能包括计划、准备、采购、运输、仓储、配送、追踪回溯和报关清关等，主要参与者为政府、军队、志愿者、捐献者、救助机构和其他非政府组织（NGO）组织[9]。

Thomas 的定义强调了端到端（End to End）的视角以及面向灾民的供应链方法，因此与商业物流的定义是一致的。该定义后来被几乎所有研究人道救援物流的文献所引用，没有人再作定义。然而该定义也有不足之处：既然是人道救援物流，在定义中应当体现出"人道"二字的意义，在该定义中没有说明。

因此本书界定的人道物流，是在 Thomas 对人道物流定义的基础上，对照《物流术语》对物流的定义，根据"人道"的博爱内涵，按照如下定义展开本书的研究：人道物流是指在人道救援中，为了挽救生命，支持所有人的基本需求以及维护人的尊严，在救援物资、设备、人员、资金和信息从供应点到受灾地的公平、高效率、有成本效益的流动过程中，本着博爱、中立和公正三个准则，不以盈利为首要目标，将计划、准备、采购、运输、储存、装卸搬运、配送、信息处理等功能有机结合以满足受灾民众需求的过程。

1.2　研究意义和内容

1.2.1　问题的提出

面对灾难救灾中的诸多问题，国家逐渐意识到物流在抢险救援中的重要作用，并开始着手制定相关的法律法规。2006 年 1 月，国务院发布《国家突发公共事件总体应急预案》；2007 年 8 月，全国人大通过了《突发事件应对法》；2009 年 5 月，国务院发布的《中国的减灾行动》白皮书以及 2010 年 2 月全国人大通过的《国防动员法》，都开始强调抗灾救灾物资储备网络与调用、救灾物资运输保障、应急救援队伍体系和应急响应机制等有关救援物流中的一些关键环节的建设。

人道物流是抢险救援行动中非常重要的组成部分，占据着80%的救援行动份额[12]。与单纯的物流活动相比，人道物流在灾难抢险救援中具有举足轻重的作用，它突出表现在和死神抢时间、救人命、争效率、高效益的关键行动，其重要作用已逐步被国内外救援机构所认可，具体体现在：

（1）对当前和将来抢险救援运作和计划的绩效（效率和速度）起关键作用，是生死攸关的运作。

（2）在灾难救援事前准备和快速应对之间、在采购与配送之间、在总部和现场之间起桥梁作用。

（3）能对救援物资进行有效处理和追踪，能为救灾效果的分析研究提供丰富的数据。能监控供应商和承运人的有效性、灾难响应的成本和及时性、捐赠商品的适合性等各方面情况。

（4）是任何抢险救援运作中最昂贵的部分，救援总费用的80%～90%被分配到救援物资和配送成本上（Wassenhove，2006），同时决定着抢险救援行动的成功与失败。

人道物流的主要参与者包括政府、军队、志愿者、捐献者、救助机构和其他NGO组织，在抢险救援中他们共同采用相同的流程和配送渠道，因此面临着需求目标模糊、人力和资源缺乏、救灾环境不确定性和准备响应零时差的挑战，问题的复杂性远远超出了单纯的物流活动。此外，在未来50年内自然灾害将增加5倍，自然灾害抢险救援的需求也将不断增加。因此，基于自然灾害抢险救援的复杂性和艰巨性，以及人道物流在抢险救援中的重要地位，如何科学地规划人道物流体系，增强人道物流系统的应急保障和应急反应能力，就成为提高自然灾害防灾和减灾系统稳定性、灵活性和时效性，降低自然灾害对人类社会的危害的关键问题。

1.2.2　研究意义

最近几年，国外学者正在试图运用商业中已经日臻成熟的物流管理理论来管理突发的国家或者城市的应急事件，人道物流是随之产生的一个新的学科方向。人道物流被应用于灾难救援管理和应急管理，并独立于应急物流，同时涉及政府、军队、志愿者和NGO组织等的人道物流，已发展成为新的学科方向。

然而对人道物流的研究目前尚停留在理论研究上，并且其定义、内涵，与商业物流和应急物流的区别及其基本结构都尚未有清晰的定论。人道物流在国内外的研究才处于起步阶段，研究成果也主要集中在如何将军事物流和商业物流中与人道救援实施环境相类似部分的移植研究，还处在调查研究和案例研究阶段，还没有形成与灾难管理相配合的理论体系，因此人道物流的研究具有重要的理论价值。

同时，结合我国自然灾害和行政管理的现状与特点，建立符合我国国情的人道物流体系，激发社会凝聚力，通过建立多元化、多层次、多种渠道和全过程的社会参与机制，将政府单纯主导型的救援方式向政府-民间协同方式转型，是应对各种自然突发灾害，实现国家安全和经济可持续发展的一个必不可少的重要举措，因此人道物流的研究具有重要的现实意义。

研究人道物流的学术价值在于：

（1）人道物流有可观的经济重要性，由于每年需花费大量救援资金，其中浪费大约占到40%，研究人道物流不仅影响生命，而且能高效使用资金。

（2）人道物流的核心能力是敏捷，能快速应对不同的灾难。商业物流可以从人道物流中学习响应快速变化情景下的敏捷策略、适应策略、快速启动和改变供应链结构。

（3）人道物流需要擅长不确定性管理，管理因灾难发生引发的中断。商业物流可以借鉴其脆弱性评估和不确定性管理技术。

1.2.3 主要研究内容

1. 自然灾害救援中人道物流特性分析

根据自然灾害人道物流救援的多方参与者的特殊性、环境的特殊性、供需的特殊性和供应链模式的差异性，系统分析人道物流与军事物流和商业物流的不同之处、研究人道物流的典型特征和人道物流所面临的挑战。

2. 灾难管理不同阶段中的人道物流的研究

针对灾难管理全生命周期，包括危机前对策，即预防减灾（Mitigation）和事前准备（Preparedness）；危机后对策，即快速应对（Response）和恢复平常（Recovery）等四个阶段，研究不同救援阶段中的人道物流的参与者、人道物流救援空间和环境、人道物流救援链结构、人道物流配送网络结构和人道物流运作流程。

3. 人道物流各方参与者之间协同机制的研究

分别从人道物流协同的方向、人道物流协同的层面、人道物流协同的深度三个方面分析人道物流协同的动因，人道物流协同的外部环境影响因素和组织内部影响因素，研究人道物流协同类型与灾难管理生命周期的最优匹配，提出了人道物流的协同模式，实现一个交互管理、理解建构、偏好讨论和达成一致的社会-技术循环，。

研究政府（行政部门和军队）、社会（人民团体、民间组织和志愿者）以及国际救援机构等多方参与者协同工作框架和动力学机制。研究建立在《国家自然灾害救助应急预案》和《中华人民共和国突发事件应对法》框架下的相应规律、保障机制、运作管理及实现途径。

4. 敏捷（agility）人道物流的研究

敏捷供应链是市场敏感强、配送速度快、提前期缩短等基于时间竞争的不稳定市场环境中产生的新管理方式。救援机构工作在不可预测的、动荡的以及需求、供应和评估高度不确定性的环境中，迫切需要将此概念引入人道物流，建立敏捷人道物流系统可以提高救援的及时响应性和柔性。

研究延迟策略和解耦供应链策略，制定连接基本预测和客户驱动策略之间的解耦点，平衡国家战略储备自上而下的救援（延迟原理）和根据需求信息自下而上的救援（BTO）。建立基于敏捷人道物流的灾难响应模型：一个基于国家战略储备的自上而下的精益救援过程和一个根据需求信息的自下而上的敏捷救援过程,研究这两个过程延迟策略和解耦策略,研究制定在不同救援阶段这两个过程的交汇点,即连接基本预测和客户驱动策略之间的解耦点的解决方案。

5. 构建我国人道物流体系

分析灾难管理与人道救援的特点,研究不同阶段与多方参与者中的人道物流的特点和类型,研究人道物流的特点、类型对系统设计的影响,人道物流系统的要素、特点和设计原则。提出人道物流系统的结构、运作流程、协同机制和快速反应机制,包括人道物流系统的目标、系统的约束条件,支撑环境、系统的结构与层次、系统的功能和反馈控制机制。

结合我国自然灾害和行政管理的现状与特点,在《国家自然灾害救助应急预案》和《中华人民共和国突发事件应对法》框架下,研究相应的体制改革和管理创新,研究建立多元化、多层次、多种渠道和全过程的人道物流的发展对策和政策建议。

1.3　国内外研究现状

1.3.1　人道物流研究机构与平台

美国的弗利兹研究所(FRITZ Institute)是最早开始研究人道物流的专门机构之一,也是目前最著名的人道物流研究机构之一。弗利兹研究所成立于 2001 年,是一个致力于与政府、非营利组织和企业共同合作以提高灾难应对速度和重建速度的非营利组织。自 2003 年开始,弗利兹研究所就每年在日内瓦组织一次人道物流国际会议(Humanitarian Logistics Conference),来自于世界各地的人道组织的决策者和学者一起讨论人道物流的发展,该会议迄今为止已经举行了多次。在 2005 年的人道物流国际会议上,与会者签署了《马可·波罗申明》(MARCO POLO DECLARATION),成立了人道物流协会(Humanitarian Logistics Association),该协会为了促进人道物流的理论和实践发展而努力,并负责制订人道物流的行业标准。在人道物流软件(Humanitarian Logistics Software,HLS)开发上,弗利兹研究所也作出了卓越的贡献:由弗利兹研究所与国际红十字会共同开发的人道物流软件在 2003 年就已经正式投入使用,2007 年已经发展到第二个升级版本 HELIOS。人道物流软件可应用于人道组织的供应链服务,其作用体现在四个方面:提高人道供应链上的物资周转率、提高救援组织决策者对时间的使用价值、提高人道组织之间的合作水平、提高捐赠的收益价值。国际红十字会在摩洛哥地震、海地和多米尼加洪水中都使用了该软件,事实也证明红十字会的物资周转速度的确有了一定程度的提高。HELIOS 现被红十字会用于其在印度尼西亚、斯里兰卡、马尔代夫和缅甸的物资协同,它已经帮助红十字会将灾难的反应时间缩短了 30%;不仅如此,OXFAM Great Britain(英国乐施会)也已经开始在 20 个国家使用 HELIOS。最后,弗利兹研究所与英国皇家物流与运输学会(Chartered Institute of Logistics and Transport)联合提供专门的人道物流课程,通过这些课程的学员可以得到弗利兹所颁发的人道物流从业资格证书(Certification in Humanitarian Logistics)。

除弗利兹研究所以外,比较有名的人道物流研究机构还有芬兰汉肯商学院(HANKEN

Economics School）与芬兰国防大学共同成立的人道物流与供应链研究所（Humanitarian Logistics and Supply Chain Research Institute，HUMLOG Institute）。该研究所出版的《人道物流和供应链管理》（*Journal of Humanitarian Logistics and Supply Chain Management*）是目前唯一的人道物流专门期刊，也是得到业内广泛承认的人道物流权威期刊。英国的 HELP 论坛（Humanitarian & Emergency Logistics Professionals，HELP Forum）每年都开展人道物流的学术研讨。另外，麻省理工大学运输与物流研究中心下属的人道物流研究所（MIT Humanitarian Response Lab）、美国佐治亚理工大学工业与系统工程学院下属的健康与人道物流中心（The Georgia Tech Health & Humanitarian Logistics Center）及欧洲工商管理学院的人道研究小组（INSEAD's Humanitarian Research Group），也都开展了人道物流学科理论体系研究和相应的人道物流管理课程，近年来它们发表的论文为人道物流的理论发展作出了很大的贡献。

除这些学术机构以外，联合国在人道物流的实践上也取得了一定的成果。联合国联合物流中心（The United Nations Joint Logistics Center，UNJLC）是由联合国机构间常设委员会（IASC）于 2002 年成立的人道物流平台，其主要任务是协同突发事件发生后机构间的物流活动、监测影响救援效率的物流瓶颈、汇聚和传播物流信息和协调货机。该平台下属的物流集群（Logistics Cluster）网站在 2010 年的海地地震中为各救援组织之间的相互交流提供了大量物流信息，在很大程度上提高了各救援组织之间的合作水平。

1.3.2　人道物流的学术研究

由于人道物流的研究起步较晚，有关学术研究的文献在 2005 年以后才出现[13]，但发展非常迅速，目前能够检索到具有影响的学术论文和专著为人道物流的研究开拓了广阔的空间。其中许多国外的科学期刊开始设置专栏，鼓励学者对人道物流进行研究：

（1）Transportation Research Part E（2007，Vol. 43 No. 6）

（2）International Journal of Services Technology and Management（2009，Vol. 12 No. 4）

（3）International Journal of Risk Assessment and Management（2009，Vol. 13 No. 1）

（4）Management Research News（2009，Vol. 32 No. 11）

（5）International Journal of Physical Distribution & Logistics Management（2009，Vol. 39 No. 5/6/7 and 2010，Vol. 40 No. 8/9）

（6）International Journal of Production Economics（2010，Vol. 126 No. 1）

（7）OR Spectrum（2011，Vol.33 No.6）

（8）Socio-Economic Planning Sciences（2012，Vol. 46 No.1/2）

（9）Production and Operations Management（2014, Vol. 23, No. 6）

2011 年，Journal of Humanitarian Logistics and Supply Chain Management（JHLSCM）创刊，到 2014 年共出版了 7 期，为人道物流理论研究提供了专门的交流平台。

1.3.3　人道物流的研究现状

我们通过对 ISI Web of Science，IFORS Search Engine，Business Source Premier，Emerald，

ABI/Inform，Cambridge Scientific Abstracts IDS，Compendx Engineering Vilage2，Scirus，Econbase，Civil Engineering Database，CNKI 等数据库对如下关键词：humanitarian，logistics；humanitarian aid，supply chains；disaster relief，logistics；disaster relief，supply chains；disaster recovery，supply chains；emergency，logistics；emergency，supply chains 分别进行组合检索，发现在学术期刊上关于人道物流的研究论文还非常少见。

目前能够检索到具有影响力的学术论文和专著为人道物流的研究开拓了广阔的空间。本书着重分析如下三个方面的研究现状。

1. 有关人道物流基础理论的研究

Von Wassenhove 于 2006 年在学术期刊上发表了有关人道物流的第一篇学术论文，分析人道物流面临的复杂运作环境，认为人道物流能否成功响应灾难的关键在于准备，提出了人道物流在准备阶段的 5 个关键元素：人力资源、知识管理、流程管理、资源和社区，指出人道物流可以借鉴商业物流中的标准工具和技术（如库存控制和延迟制造），商业物流可以借鉴人道物流中的敏捷策略、脆弱性评估和灾难管理[10]。

下面综述人道物流的特点及实施环境、人道物流所面临的挑战及解决挑战的措施、人道物流与商业物流的区别与联系。

（1）在人道物流定义方面。

在人道物流的概念提出前的 20 世纪 90 年代就已经有学者开始认识到物流在灾难救援中的重要性，并开始从理论和实践两方面分析物流在灾难救援中所面临的挑战，这时候的灾难救援并没有侧重于"人道"二字，例如 De Ville de Goyet[14]，Long & Wood[15]等。在 De Ville de Goyet 看来，灾难救援中物流所面临的挑战主要集中于灾难管理后期的供应管理。Long 和 Wood 则认为供应管理贯穿于灾难管理的每个阶段；2001 年 PAHO（Pan American Health Organization）和 WHO（World Health Organization）虽然没有直接使用人道物流这个概念，却第一次用"人道"二字强调了灾难救援中的物流，指出灾难发生时相关组织在提供医药物资时首先要从人道的角度考虑灾民的需求，并在此基础上实施物流策略[16]；Pettit 和 Beresford 则指出灾难救援中的物流具有军事和非军事的混合特性，不同特性的物流应当有不同的特点，并且应当使用不同的物流策略模型[17]，这实际上是指出灾难救援物流具有两种特性，因此独立于应急物流单独提出人道物流的概念是有道理的。

2005 年 Thomas 首先提出人道物流（Humanitarian Logistics）的概念[9]。VanWassenhove 在 2006 年将人道物流定义进一步缩小为：人道物流是一系列为帮助灾害影响下脆弱性人民的过程和系统，包括动员人民、资源、技能和知识[10]。

联合国的世界粮食计划署（UN World Food Programme，WFP）是联合国物流集群（Logistics Cluster）的领导机构和最终执行机构，认为人道物流的主要功能包括计划、准备、采购、运输、仓储、配送、追踪回溯和报关清关等[11]。

以后有关人道物流基础理论的研究逐步展开，在这些研究中，多数文献均沿用了 Thomas 的定义。

（2）在人道救援物流的特点及实施环境方面。

由于灾害救援中需求与供应的巨大不确定性，不同救援物资按照其急切需求的程度、救援社会网络的状态、支持系统的状态以及救援需求的动态特性来决定不同类型的人道物流运作方式。如果将不同类型的人道物流作为一种同等概念进行分析，就会掩盖了其不同运作环境的复杂性和差异性，也很难了解到人道物流的独特特点并建立合适的分析模型。

Kovács 是人道救援物流相关基础理论研究的开拓者，Kovács 于 2007 年分析了人道物流的运作环境，从参与者、灾难管理阶段、供应链策略、运输及基础设施、时间效应、信息范围、供应商组成和控制能力八个方面分析了人道物流的特点，并提出了贯穿于灾难管理生命周期中人道救援物流运作的概念框架，认为"灾难救援"和"持续救助工作"中的物流是"人道物流"的子范畴[13]。Paulo Gonçalves 认为在大型灾难中，人道物流表现为复杂的动态系统，继承了动态系统的大部分特点，建立了人道物流的系统动力学模型，模拟了多反馈效果、长时间延迟以及决策的非线性响应等人道救援系统的复杂性行为，为人道物流实施不同决策提供了评估支持[18]；另外，Maspero 和 Ittmann 从参与者所扮演的角色、灾难的生命周期和人道交流空间三个方面分析了人道物流的特点，指出人道物流的一个重要特点是参与者，无论是 NGO、军队还是其他政府组织，都在一个共同的空间即人道交流空间内工作[19]。

Carroll 和 Neu 发现了人道物流的零和模型是造成人道物流的救援需求波动性、救援情景不可预测性和救援信息不对称性的原因。认为可以借鉴商业物流和军事物流的最佳实践来解决这些困难，即在简化人道物流的组织结构以提高灾难应对速度[20]。Jahre 和 Jensen 认为人道物流运作有三个特点：纵向协同和横向协同，稳定网络-临时网络-稳定网络的转换机制，物资储存以及活动区划分的集中式结构或分布式结构。将人道物流在应对阶段视为临时网络，采用投机/延迟的组合策略，加强人道物流的横向协同机制和纵向协同机制，能实现快速响应危机的能力与应对危机的成本效率[21]。

（3）在人道救援物流所面临的挑战及解决挑战的措施方面。

人道物流面临的挑战实际上是人道物流专家和救援组织所共同面临的挑战，首先是绩效管理，其次是救援网络结构设计、库存控制、需求预测、不同参与者之间的合作和协同、采购数量的不确定和资金限制。这些都是灾难环境下救援组织关注和急需解决的问题。Kovács 和 Spens 认为人道物流需要解决的核心问题是如何应对需求的不确定性、短期内需求的大量激增、即时配送伴随的高风险以及资源的极度短缺。在研究方法上，作者主张从纵向研究、交叉案例研究和概念驱动的调查转变到一般性框架和理论的研究，从多学科交叉的角度综合来自物流、运作管理、健康管理、地理学、管理科学、信息技术、灾难管理、公共政策方向的研究也是必要的[22]。

Thomas 和 Kopczak 总结了印度洋海啸救援运作中存在的"对物流重要性认识的缺失、专业救援人员的缺乏、技术的不当使用、制度性学习的短缺、合作的有限"等问题。从战略上为人道物流的发展提出了 5 项建议，即建立一个专业的物流园区，投资标准化的训练和检定，关注于绩效衡量，沟通物流的战略重要性，发展灵活的技术方案[2]。Kovács 和 Spens 认为人道物流的挑战来自于灾难发生的地区、特定的灾难类型、灾难救援的实际阶段和救援组织的类型。提出了应用利益相关者理论（Stakeholder Theory）帮助寻找潜在协同伙伴以减轻这些挑战的措施[23]。

人道物流中的参与者的数量和类型都远远比商业物流复杂，并且其结构并不是单一的链状，而应当是贯穿于整个灾难生命周期中的网络结构。Tatham 和 Pettit 从供应网络管理（Supply Network Management）的视角分析人道救援物流在灾难准备与灾难响应阶段以及协调方面所面临的挑战，认为通过加强准备阶段的选址和库存规划和物流集群（Cluster）协同方式可以提高人道救援物流的效益和效率[24]。Boin、Kelle 和 Whybark 从弹性供应链（Resilient Supply Chain）的角度分析了灾难救援的特点和挑战，认为应急预案、准备、自治、资源、信任和领导力是有效人道物流的影响因素[25]。

Tatham 和 Houghton 认为人道物流在灾难管理的准备阶段和应对阶段面临的挑战是"恶劣问题"（Wicked Problem）或"界定含混的问题"（Ill-defined problem），人道物流的固有挑战满足了恶劣问题的 5 个特征：只有通过解决或部分解决才能明确该问题，该问题的求解没有停止准则，其解决方案没有好坏之分，每个恶劣问题本质上都是独特的和新奇的，恶劣问题的每一个解决方案都是一次性的。提出了权威策略、竞争策略和协同策略可将恶劣问题转变化为驯顺问题（Tame Problem）得以求解[26]。

（4）在人道救援物流与商业物流的比较研究以及借鉴方面。

作为物流学科的分支，人道物流和商业物流必然存在着区别和联系。商业物流能最优化效益与效率之间的平衡，人道物流可以借鉴其理论技术实现前向快速配送。目前已有很多研究将商业物流概念应用到人道救援物流中，研究主题包括从绩效评价到客户服务，从设施定位、前置库存到车辆路径，从精益/敏捷理论到协同机制的应用。

Ernst 指出：商业物流的三个主要流程：需求管理、供应管理和库存补给管理虽然也存在于人道物流中，但人道物流中多数参与者并不以获得利益为动机，而是为消费者（受灾民众）提供救援需求，因此人道物流和商业物流最根本的区别在于各自提高物流效率的动机不同[26]，但人道供应链管理也应该向商业供应链管理吸取一定的理论和实践经验[28-29]。然而由于人道物流和商业物流在目的上的根本不同，人道物流管理并不能照搬商业物流管理的经验。Van Wassenhove 指出：由于灾难发生的不可获知性和参与者的多样性，使得人道供应链远比商业供应链复杂，但不可否认的是人道供应链也应当是敏捷的，适应性强的，并且具有契合性，和商业供应链一样，各参与者之间的协同水平在很大程度上决定了人道物流的运作效率[10]。

第一篇有关人道救援物流绩效评价方面的研究是 Davidson 开展的，Davidson 在其 MIT 学位论文中结合军事物流的绩效评价指标和人道物流的特点提出了四个关键性能指标：请求覆盖率、捐赠-发送时间、金融效率和评估准确性，并在 2006 年东亚地震的国际红十字会救援行动中进行了实证研究[30]。Beamon 和 Balcik 将商业物流的绩效评价体系移植到人道救援物流中，从资源绩效、产出绩效和柔性绩效三方面衡量 NGO 在运作救援链的绩效[31]。Schulz 和 Heigh 对国际红十字和红新月会（IFRC）物流部门的绩效评价工具（Development Indicator Tool）进行了案例研究，发现评估客户服务、财务控制、遵守流程和创新及学习四类指标可以持续改进 IFRC 的日常绩效[32]。

Oloruntob 和 Gray 首次系统地将商业中的客户概念和客户服务概念应用到人道物流中，通过人道竞争优势（Humanitarian Competitive Advantage）的分析，发现在人道物流中提高客户服务质量并不总是遵循着市场理论，其困难在于同质化严重、差异化不足[33]。

Pettit 和 Beresford 将商业物流的关键成功因素分析法应用到人道物流中，从战略规划、库存管理、运输与能力规划、信息管理与技术应用、人力资源管理、持续改进与协同、供应链策略等七个方面分析人道物流的关键成功因素。发现参与救援的众多参与者的决策并不仅仅是结构化的，而人道物流链中的文化因素往往对救援效果起着关键作用[34]。

Lodree 将经济订购批量（EOQ）引入到人道物流的库存控制中，研究了暴风雨来临前零售商应对瓶装水、非易腐食品、电池和手电筒等应急物资的库存计划。用 EOQ 模型分析了单供应点的前置库存控制策略和反应式库存控制策略的合适条件,认为面临巨大的浪涌需求和极高的再订购成本情况下,前置库存控制策略优于反应式库存控制策略;否则,则应该采取反应式库存控制策略[35]。

2. 有关人道物流协同机制的研究

人道物流的显著特点是有众多不同类型的救援组织参与其中,且任何一个组织都没有足够的能力来单独应对大规模灾难,需要协同完成人道物流任务。然而各救援组织在目标、任务、组织结构、运作方式和物流能力上的存在差异,将不利于救援组织间的物流协同[48];又由于救援组织间存在着潜在的竞争(争取资金和实物捐赠)等原因,虽然它们面对同样的困难,也相互了解,但却很少进行沟通和交流。因此,缺乏协同是人道物流面临的一大挑战。

人道物流协同方式主要分为横向协同(horizontal Cooperation)、纵向协同(Vertical Coordination)以及协同(Collabration)。

在横向协同方面,主要案例研究集中在国际救援机构的协调机构中,如联合国联合物流中心(United Nations Joint Logistics Centre,UNJLC)、联合国人道主义响应仓库(United Nations Humanitarian Response Depot,UNHRD)、国际红十字和红新月联合会的区域物流单元(The Regional Logistics Units of IFRC,RLU)和欧盟人道主义援助部的人道主义采购中心(The Humanitarian Procurement Centers of E CHO,HPC)等[49-52]。

对人道救援组织各自物流活动进行的横向协同,能实现规模经济和范围经济以及救援流程的改进,达到降低成本、缩短提前期和提高救援质量的目标。Schulz(2010)对三个人道物流横向协作案例(UNHRD、RLU 和 HPC)研究之后,认为这三者所建立的横向协同模式是以服务提供商方法为基础的。服务提供商承担采购、仓储和运输任务,将分离的物流基础设施和供应链合并为共有系统,视其他人道救援组织为客户,并为之提供专业化和高质量服务。同时这种横向物流协作模式还可以克服影响协作的 4 个障碍:视物流为核心竞争力,文化差异和相互不信任,对合作收益缺乏透明性认识,缺乏可得资源[52]。

集群是人道物流的一种横向协同机制,能提供协调运作模板。Jahre 和 Jensen(2010)认为集群是实施人道救援的各个活动领域,每个领域都有预定的领导机构,以及明确的功能定义(如水和卫生设施,医疗、避难所和营养等)。以 UNJLC 物流集群为研究案例,提出了人道物流集群的三个特征:指定的全局领导者、全局和当地的救援能力建设者、最后诉求的提供者。分析了集群在横向协作和纵向协调时出现的挑战,发现强调集群内部的协调会导致对其功能过度地关注,阻碍着跨集群的协调,从而减少了对灾民需求的关注;同时发现纵向协调的有效性在于要从战略水平上合并同一运作中的多条管道(供应链)[51]。

集群方法是联合国构建的人道协同和响应结构,协同的前提条件是救援机构能够共享信息,Altay 和 Pal(2014)认为集群领导可以作为信息枢纽,当集群领导能够给救援机构发布与之相关的,经过筛选后的高质量和可靠信息,救援机构愿意共享其信息,提高集群方法的协同效率[56]。

跨领域横向协同可以克服人道物流的三大问题:学习问题、战略问题和协调问题。Maon(2009)构建了企业与救援组织之间的三种横向协同模式:资金协同、能力协同和全面协同。

分别实例研究了联邦快递与美国红十字会的资金协同，英国沃达丰电信公司与世界粮食组织的能力协同，DHL 与联合国人道主义事务协调办公室的全面协同，研究表明跨领域协同的关键是企业社会责任[47]。

在协同机制方面，商业物流协同机制有四类：采购协调、仓储协调、运输协调和系统协调 4PL。其中采购协调分为供需联盟（例如快速反应 QR，连续补货 CR，供应商管理库存 VMI 和寄售方管理库存 CVMI）和联合采购；仓储协调分为共用标准化仓储和第三方仓储。

对于商业物流中成熟的协同机制是否能应用于人道物流中，Balcik（2010）从成本（协同成本、机会损失成本、运作风险成本）、对救援机构的技术要求和是否有利于救援环境等三个方面分析了将商业物流协调机制应用于人道救援环境的可能性。研究发现：联合采购和第三方仓储有较低的成本、较低的技术要求和有利于救援环境。供需联盟存在较高的运作风险成本和技术要求，大型救援组织采用这种机制的可能性较大。标准化仓储、联合运输和 4PL 方法具有较高的成本，较高的技术要求，不利于救援环境。相比而言，在救援环境中最容易实现和最有利的协同机制是联合采购和第三方仓储协同[48]。

救援物资主要来自前置库存、实物捐赠和灾后采购。前置库存成本通常较高，故灾后采购的救援物资所占比重是最大的，为了流水化采购流程，确保救援物资可得性、快速配送以及成本效益。Balcik（2014）研究了联合采购的框架协议（Framework Agreement），发现供应商能够提供较大的预留能力和较宽的地理覆盖范围，救援机构与之建立框架协议，有益于救援机构在重灾地区实施救援运作。与地理覆盖范围有限的供应商协商更小的采购承诺量在对重灾区和轻灾区实施救援的情况下是有价值的[55]。

3. 有关人道救援物流–精敏理论（Leagility）的研究

由于灾难的发生和影响难以预测，很难完全获得其概率，所以用不确定性来描述灾难特性。救援机构为了获得捐款人的信任和长期承诺，需要战略性地使用有限的救援资源，克服救援过程中的不确定性、脆弱性和复杂性。来自商业物流的精敏理论有助于人道救援物流体系高效率和高效益运作，提高救援的及时性和柔性。

为了克服救援过程中的不确定性，Charles、Lauras 和 van Wassenhove 利用了敏捷技术，认为在高度不确定性环境中能够持续的工作，最有效的方法是提高机构的敏捷性。详细构建了人道物流的敏捷"屋"模型（屋的基座是柔性，支柱分别是效率性和响应性，屋顶是快速而充足地应对短期变化），利用符号建模方法设计了人道物流的敏捷成熟度五级评估模型[44]。Kovács 和 Tatham 认为当灾难发生后，人道物流要快速地从灾前的精益阶段转变到救援的敏捷阶段，可减少救援过程中的不确定性[45]。

Oloruntoba（2006）提出了将敏捷供应链理论应用于人道救援物流中，并建立了初步的拉式救援的概念框架[26]。Chandes 于 2010 年提出了敏捷人道救援物流的五个组成元素：数量柔性、配送柔性、供应系统柔性、供应链活性、产品组合柔性，以应对救援过程中的不确定性[27]。

Taylor（2009）研究了人道救援物流中精益理论，将基于价值链分析（Value Chain analysis）的精益物流技术应用到救援运作中，从人道救援物流中客户价值、需求管理、时间压缩、库存管理、减少浪费和成本、识别产品缺陷等五个方面来提升人道救援的效率和效益[29]。

Pettit（2009）认为精敏技术是人道救援物流的关键成功因素，采用 Pareto 曲线法和解耦点方法等技术手段可以实现[25]。

Scholten（2010）研究了将精益技术和敏捷响应相结合用于指导人道救援物流的建设，面对不确定的救援环境和严肃的捐献者，通过市场灵敏度分析、虚拟整合、流程整合、网络整合、延迟策略等措施实现有效率、有效益、透明的人道救援物流[30]。

Oloruntoba 认为：人道供应链应当是敏捷的供应链，能够在灾难发生后的短时间内做出快速反应[21]；作为人道供应链的关键环节之一，NGO 在采购物资时，应当考虑到"精益"对采购策略的影响[22]。在这个敏捷的人道供应链中，自捐赠者到 NGO 或者政府的资金流是形成该供应链的基础，也是供应链稳定性的保证[23-24]。Carroll 构建了应对灾难时人道供应链的组织架构，认为应当尽可能地从组织架构上简化人道供应链的构成，以提高灾难发生时各参与者的应对效率[25]。

目前的研究尚属概念性的，还未发现与人道救援物流中的精敏因素变量定量化分析以及定量化的精敏多解耦点决策机制和求解方法方面的相关研究。

第2章　人道与人道物流

2.1　人道原则

本节将介绍博爱（Humanity）、中立（Neutrality）、公正（Impartiality）三个人道救援原则，解释这些原则是如何构造人道运作空间，并强调其将原则应用于人道的重要性和挑战。

2.1.1　人道原则

博爱（Humanity）、中立（Neutrality）、公正（Impartiality）作为人道行动的三原则已被广泛接受。这三个原则是由亨利杜南（Henry Dunant）在索尔费里诺（Solferino）战役（1859年）之后提出，最初用以保护士兵的权利。1864年三原则成为了日内瓦公约的一部分，1875年成为红十字运动的指导思想。大多数救援组织在这三原则所构成的人道主义行动范围内界定其角色，制定政策时遵守这三原则。

1. 博爱（Humanity）

博爱即"泛爱众"，救援中的博爱意味着要减轻人们遭受灾难的苦难，这是人道主义组织建立的重要原因。哪里有人类痛苦，哪里就要有应对。为了减轻痛苦，尊重和保护所有受害人的尊严和权利，就需要向灾区带去资源以实施人道救援。然而突发灾难会给当地基础设施带来强烈的负面影响，如交通设施、供电网络和通讯设施被严重损毁，给人道救援的实施带来困难。

人道救援面临的挑战在于：灾民需求发生的地点、时间、类型和数量均不可测；灾民需求往往在短时间内呈现爆炸式增长，且要求提前期很短；救援物资资源匮乏，救援物资难以在短时间内聚齐，人力、技术、设备和资金在灾难发生后的相当长一段时间内都处于紧缺状态。因此该原则有三层涵义：

（1）痛苦是普遍的，无法视而不见，必须做出反应。

（2）在所有开展的救援行动中尊重人类尊严至关重要。

（3）救援行动保护人的生命和健康的方式有推广国际人道法、预防灾害和疾病以及主动采取从食品援助到急救的救援行动。

所以博爱原则就是同情，就是伸出援手帮助和保护灾民，无论他们是谁或他们做了什么。博爱原则就是维护每个人的尊严，甚至包括那些被社会孤立的人。

2. 中立（Neutrality）

中立意味着提供救援应不带偏见或不附属于冲突的任何一方。站在中立的基础上，救援机构可能选择不参与当地的事务，不参加敌对行动或从事任何关于政治、种族、宗教或意识形态的争论。当安理会在《联合国宪章》的第七章框架内开展军事行动时，在冲突中联合国不能被看作为中立方，因为它能够通过暴力手段强迫别人的意志。

中立原则包含了克制的观念。为了接触到冲突受难者并与冲突各方展开对话，救援行动的各个组成部分必须避免卷入意识形态、政治或宗教争论。必须强调救援行动在军事上的中立性，以便让战斗员相信，援助平民和伤者或被俘的战士并不构成对冲突的干涉。

保持中立的立场也许是人道救援机构最具挑战性和昂贵的条件。在 2002 年南部非洲粮食危机中，联合国粮食计划署（WFP）的中立成本是相当高的。WFP 在这场救援中是领导机构，提供的玉米被认为是转基因改造，在赞比亚当局的眼里，这是不能接受的。赞比亚总统姆瓦纳瓦萨向国际社会表达了他的意见："仅仅因为我们的民众在挨饿，这并不意味着我们会用毒药养活他们"。在中立的基础上，WFP 被迫取消了赞比亚境内的所有转基因玉米救济，并暂停分配。被拒绝的玉米也被一一收集并磨成粉，以防止重新种植或饲养家畜，使得寻找和识别这些玉米新用途的成本高于油价。

为了满足紧急需要，WFP 不得不寻找替代解决方案进行了救援任务，重新设计了整个配送和采购策略；然后，WFP 寻找新的捐助者，获得由其提供的新食品，并支付运输成本。这样 WFP 开始在该地区进行历史上规模最大的现金采购业务，这些运作比 WFP 已设想的更加复杂。

南部非洲粮食危机告诉我们即使在紧急情况下也要注意规则和条件，人道援助和捐助方必须保持中立，即使有善意的初衷，人在痛苦时也不是对任何类型的救援行动都能接受。

3. 公正（Impartiality）

人道救援应当防止歧视，不得带有对民族、血统、性别、国籍、政治看法、种族或宗教的歧视、户籍的歧视和限制。所谓救灾就是救人，凡是在灾区受灾的人员都是救助的对象，救济苦难必须单纯地按需要进行，优先提供给有迫切需要的人们。

公正原则包含了以下三个相关概念：

不歧视受助者。不论宗教信仰、肤色、政治见解、国籍或贫富，任何人都可能获得救援行动的帮助。这就是人道含义的精髓。

比例性：优先援助最急需帮助的人。无论是治疗伤者还是分发食品，救援行动必须确保那些最需要帮助的人首先得到援助。只有进行独立评估，我们才能客观地评价谁的需求最迫切。

自身公正：排除个人偏见。救援行动的所有成员在执行人道工作时都必须撇开个人偏见和好恶，必须在客观的基础上作出决定，而不受个人情感的影响。

在 2013 年四川雅安 4·20 地震救援中出现了救援物资分配有失公正的现象。例如位于重灾区的天全县新华乡距离震中芦山县城不过十几公里，这里是到震中灾区的唯一通道，全部的救灾物资从新华乡政府所在地穿城而过，地震救灾一开始，它就是维系抗震救灾的生命线。但是直到灾后第三天，才有一支 20 多人的救援队和极少量的救援物资到达该县，但受灾群众急需的板房、帐篷等避难设施和食物、饮用水等基本生活物资仍未得到满足。救灾物资主要集中在震中区域的芦山县城，但同为重灾区的天全县所需救援物资几近被忽略[36]。因此，在人道救援中，物资的分配呼唤公正。

此外，在四川雅安地震救援中还存在另一种不公正现象：距离救援配送中心较近的受灾点获得物资的时间远远短于偏远地区，以及各受灾点获得首批救援物资的时间长短差别很大。例如震后第三天，位于受灾中心区域的宝兴县灵关镇中坝村1 000多人仍靠各自存粮支撑，救援人员和物资未能及时到达[37]。这不仅背离了人道救援及时拯救更多生命的目标，也容易造成灾情的扩大化。

2.1.2　人道运作空间

人道救援三原则本身并不是目的，而是用以达到救援目的的理念或方法。人道组织旨在按照人道救援三原则构建出能够正确地开展人道救援的运作空间。

中国的民间救灾能力非常不足，力量又分散，必须有一个平台空间进行资源共享，才能形成合理、专业的救援方案。在当地搭建救灾平台空间，可以动员当地的企业和公众来参与本地的救援，形成一个救援议题或者是热点，影响更多的人参与。尽管中国是一个灾害多发国，但灾害议题的社会化程度却远远不够，如果灾害议题能达到像艾滋病、PM2.5一样的公众普及程度，它所造成的损失也不会如此严重。

人道运作空间的主要挑战在于安全问题：自然灾难毁坏了基础设施，大量的救援活动（募集资金、采购和运输救援物品）不能安全地进入灾区；在不能完全评估灾难发生原因和后果的情况下，进行的紧急决策可能会产生集体压力；为争夺资金、资源、关键设施而相互竞争，为吸引决策者及媒体的注意而相互竞争，都可能会引发救援混乱。

人道运作空间的另一个主要挑战在于使命不同：救援机构的使命各不相同，人道救援机构要求人道运作具有柔性、能随机应变、冗余和打破常规；但公共部门（如政府、军队）要求例行公事、按章办事，按照自己理解定义的优先事项开展救援，这些并不一定总是以慈善或人道原则为动机的。

自然灾难带来的安全问题以及救援组织的不同使命，使得人道运作空间具有动态性和柔性，因此从建立到维持人道运作空间就成为一个艰巨的任务。依据博爱、中立和公正三原则定义的人道运作空间有实体层面的和虚体层面的，目的都是更有效地开展救援运作。

实体人道运作空间代表的是安全区，代表一个可以运作和自由进出的区域。灾民和救援人员在实体空间会得到安全保护，实体空间应该是安全的和畅通的。应急避难所和救灾物资储备库、救灾物资配送中心就属于实体人道运作空间。

虚体人道运作空间用于指导救援人员坚定地按照道德原则制定其决策，在该空间中救援人员彼此互动创造一个可以执行任务的环境。由于在自然灾难的救援中，政府和各方救援机构有着共同的基本目标，虚体人道运作空间就成为一个规则制定者，以形成一系列熟练和紧密协同的物流运作：储备灾民需求的物资、定位灾区、募集资金、采购所需物资、向灾区运送物资、给灾民配送物资。

图2.1中的三角形区域代表人道运作空间，人道三原则构成一个等边三角形结构（因为这三个原则同等重要）。维持三原则的平衡是人道救援机构所争取的目标。对人道三原则的妥协会影响到三角

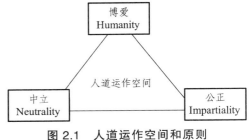

图2.1　人道运作空间和原则

形的大小和形状，进而影响了自然灾难的后果和救援机构运作的能力。

2.1.3　人道运作

人道运作是为了保全生命和减少损失，为灾区提供物资和技术的援助，也包括必要服务。人道援助没有种族、肤色、宗教、国籍和年龄等的差别，不以盈利为目的，并遵循《国际人道法》和《日内瓦公约》中的基本人权公约和法律，以帮助受灾地区恢复正常为目的。

建立在人道原则之上的人道运作有两个核心理念：所有受灾难影响的人都有权利尊严地活着并获得帮助；采取一切可能的措施来减轻灾难和冲突给人们带来的伤害。

1997 年，国际红十字会、美慈组织等人道救援机构发起了一项环球计划《环球计划——人道主义赈灾最低标准》（The Sphere Project），环球计划先后有 80 多个国家的 400 多个组织参与，共同制定和修订了人道主义宪章和赈灾救助最低标准，其核心就是对人道主义救助的技术标准和关键指标达成一些共识，以确保灾民有尊严的基本生活条件。不能因为他们受害了就要降低其生活条件，就要穿旧衣服、吃过期食品。

人道运作通常是在短时间内应对人为的或自然的灾难，如果政治条件和安全条件允许，人道运作还可以参与灾后恢复重建。环球计划把人道运作事项分为 4 个主要的以及 14 个次要的类型，4 个主要的人道运作包括供水和卫生推广，食品安全和食品营养援助，帐篷、避难所和非食品类物资，医疗和健康服务。表 2.1 列举的是人道运作的主要领域[38]。

表 2.1　人道运作的领域

人道运作主要类型	
供水和卫生推广	采购、存储和分发饮用水、启动移动储水车；卫生推广，排泄物处理，固体垃圾处理和排污系统处理
食品安全和食品营养援助	提供必要的食物、建立和运行医疗点和辅助食堂，也包括辅助食品加工设备，如锅炉、厨具和燃料
帐篷、避难所和非食品类物资	提供生活基础物品帮助社区响应恶劣的环境，如分发床单、毛毯、服装、床上用品和帐篷等
医疗和健康服务	提供基础的医疗防御传染病的蔓延如呼吸感染、疟疾、霍乱、脑膜炎等；卫生保健包括救生工作以及免疫和接种疫苗活动
人道运作次要类型	
人道机构进入	指人道机构进入灾区的许可，使人道机构能运输货物和服务到社区
保护个人	保护所有处在灾难中的人员，使之完全受尊重，遵守《日内瓦公约》和坚持《国际人权法》，努力预防和终止暴力，在安全地区建立难民集中营
遣送回国和重新团聚	家庭团圆的恢复，包括重新建立失散家庭成员的联系，集中被拘留或死亡人的信息，家庭的遣送回国，追踪下落不明的人等
疏散	组织人群疏散，如把孩子或其他特别容易受到伤害的人从危机、冲突或灾难区域中疏散出来
社会心理援助	社会心理援助对象是受到暴力的人、流离失所的人、难民以及受到心灵创伤的人
基础设施	重建、恢复或建立医疗设施、难民营地、食物和水的分发点、学校、卫生设施如公共厕所、废物处理区、水井等
基础支持系统	重建、恢复或建立基本生存支持系统，如水管线、下水道、供电设施、食品储存设施等
培训	培训也是人道机构的一个活动，培训对象是当地的物流和医疗人员等

人道运作涉及灾民生存需要、健康维护、安全保障密切相关的最低标准，执行这些标准有利于维护灾民的生存权，使每一个人都能得到食物、水和住所这些维持生命延续的基本需求。

人道运作强调公众参与，即鼓励全社区的灾民积极参与救灾计划的制定、实施、监控和评价，以实现有效的赈灾和灾后恢复。人道运作注重开发当地的人力资源，提高灾民对未来灾害的抵御能力，帮助灾民创造可持续的生存方式，减少人道主义救助所带来的负面影响，避免受助人产生依赖和环境破坏，努力建立受灾地区长效发展机制。图 2.2 表示了人道运作的逻辑关系。

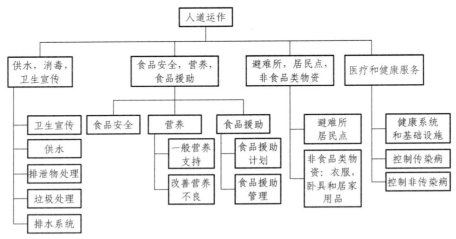

图 2.2　人道运作拓扑图

2.2　人道运作的挑战

在实践中维护人道运作空间非常困难。主要挑战来自于：目标不明确、影响难以度量、陌生的人道、政府与人道的关系、资金问题。

2.2.1　目标的不明确性

人道救援机构在努力构建和保持人道运作空间的时候，人道三原则的指导往往是模糊的。为了说明问题，让我们分析以下假设的例子。

假设在某次救援运作中，救援机构的援助工作是分配救援物资给两个相互冲突对立的阵营。第一个营地距离救援物资仓库较近，第二个营地则较第一个营地距离仓库远两倍且需求量还要更大。仓库能在一个星期内接受到所有援助物资，但仓库总储量无法满足两个营地的总需求。

当救援机构决定遵循博爱原则时，救援机构会尽快地向最大多数灾民配送其库存物资。在这种情况下，救援机构将会首先满足第一营地的需求，这是因为去第一营地的运输距离最短，然后再将剩余救援物资发送到第二营地。按照博爱原则，救援机构将不能完全满足第二营地的需求，这种决策将违背人道运作的中立原则和公平原则。

当救援机构决定坚守公正原则,救援机构会按能产生最大救援效用的方式配送救援物资。在这种情况下，救援将首先满足第二个营地的需求，这是因为第二营地的需求更大，然后再将剩余救援物资发送到第一营地。这种决策将违背人道运作的中立原则和人道原则。

最后，当救援机构决定采用中立原则，那么这两个营地将共享该仓库全部的援助物资。为了避免影响其他的原则，必须考虑两地距离和需求的差异，使两个营地获得的救援物资能与其需求和距离成比例。

由于人道运作空间是动态的（三角形的形状在发生改变），人道救援机构要根据不同救灾点的信息、灾民的条件和运输路线，确定不同人道原则的优先级。人道救援机构要能够在灾难应对的不同阶段中保持柔性，以适应人道原则优先级的交替变换和维护人道运作空间（根据需要推动三角形的角）[40]。

2.2.2　影响的度量

商业物流追求的是效率和效益。商业物流的效益是顾客需求被满足的程度，可用其创造的价值来测量，提高效益的方法主要以增强客户服务和提高客户满意度为主。商业物流的效率是指在给定的效益水平下资源利用的经济程度，提高效率的方法主要有快速响应、精益、时间压缩和降低成本等方法。

与商业物流不同，人道运作的绩效不是由效率和效益来评价的，而是取决于人道运作所带来的影响。这就意味着可能会不计成本地坚持人道原则，那么人道行动可能非常昂贵或者充满争议。然而如何度量人道运作的影响程度？衡量人道物流决策的影响？

许多与灾难管理相关的定性指标是难以量化的，比如"救灾防灾水平"、"风险降低程度"、"社区弹性提高程度"和"社区脆弱性降低程度"，如何测量这些指标就引起了长期辩论，在应急情况下由于众多因素的相互作用，哪些指标可以量化，当地社区的倾向性与应急情况的动态性如何得知。这些问题通常因基础数据和属性问题表现的缺乏而难以回答。

对于像人道物流这类面向过程和基于现场的活动，是更容易建立并商定可以提高其运作效益和效率的指标。人道物流的效益可由受益者需求得到满足的情况来确定，即由正确救援物资的及时发送来测量；人道物流的效率可用在给定的预算内发送救援物资的数量来测量。这些指标有助于识别可以改进的空间，并找出在哪些领域可以与其他机构合作从而有益于最优化利用资源。例如，世界儿童基金会因其杰出的采购能力而众所周知，世界粮食计划署非常擅长物流和分配。然而，这些基于现场的定量化指标（速度和成本）不能刻画整个人道救援系统的全貌，仅仅将人道运作缩小到一个技术层面的规模。

人道运作面临的挑战还包括如何将定量指标（与运作相关）与定性指标（与社会、经济、政治相关）联系到一起，以便能够实时警示人道组织注重其行动所产生的非人道影响；其他挑战就是难以预测任何一种人道援助对社区的长期影响，以及很难评估一个单一的人道活动与政治、社会和经济因素对危机处置的长期后果。

2.2.3　陌生的人道

社会往往仅基于灾难程度本身,或是危机的严重等级来关切事件,而不是考察灾难中"人"

的处境，忽视了灾难中个体的价值与权利，需求和情感，这是对人道理念的隔膜。而人道理念的缺失反过来又影响救援行动的开展[39]。

2013 年 7 月 22 日，甘肃岷县、漳县地区发生地震后，社会对地震灾难的关注度普遍不高。无论是媒体的报道还是民众的反应，都与同年的"4·20"雅安芦山地震有明显的差别，但实际上岷县漳县地震虽然震级低于芦山地震，但其房屋受损程度却甚之。由于岷县是国家级贫困县，地震经济损失小，震后启动的是国家三级响应。所以，虽然岷县当地受灾的实际情况比芦山严重，但政府可能投入的重建资源完全不同。民间的反应同样如此，壹基金在芦山地震后募集了 3 亿多元善款，但岷县地震后，虽然壹基金照样开通了支付宝、天猫公益店、腾讯乐捐、新浪微公益等所有的筹款渠道，却只收到 60 万元捐款，以至于想参与岷县的灾后重建都难为无米之炊。

2013 年 7 月的延安百年一遇的特大洪灾更是几乎无人关注。持续多日的强降雨对长期干旱的黄土高原造成严重危机。陕北地区的主要住房仍是窑洞，持续强降雨将黄土高原彻底浸泡后，很多窑洞都崩塌或成为危房，有的甚至只剩一地的稀泥。一些重灾地区断水断电，甚至彻底失联数日。可是，这场灾害在媒体和舆论中鲜见提及。

2.2.4　政府与人道的关系

任何层面的政府都对定义人道运作空间有重要作用。UNHCR 的 Ogata，从她在波西尼亚的个人经历来说，"人道主义问题没有人道的解决办法……人道救援对受害者处境的改善需要长期时间，但它本身并不是一种解决办法"。她的说法提醒我们人道救援与政治过程紧密联系，不可分割。而且，人道救援必须摆脱政治束缚，人道运作的重要目标是持续形成人道运作空间与人道运作条件。

汶川地震时，有一些基层政府对人道救援比较排斥，但经过几次灾害已经有所改观。"4·20"芦山地震后的一个显著不同就是，四川省抗震救灾指挥部发出通知，决定设立社会管理服务组。2013 年 4 月 28 日，社会管理服务组在芦山建立了省级抗震救灾社会组织和志愿者服务中心，主要负责对参与抗震救灾的社会组织和志愿者登记、备案，发布灾区需求，引导、组织他们有序投入抗震救灾并提供相关服务。随着工作不断推进和深化，雅安 7 个受灾区县相继建立了县级抗震救灾社会组织和志愿者服务中心，极重受灾乡镇设立了社会组织和志愿者服务站。省、市两级抗震救灾指挥部社会管理服务组在雅安雨城区共建的社会组织和志愿者服务中心正式挂牌，整合社会资源，对接重建项目，加强统筹协调，为社会组织和志愿者提供相应的信息服务[39]。

中国政府的党政机关在"4·20"芦山地震后，建立了社会组织和志愿者服务中心来协调社会组织和志愿者进入是对社会管理新模式的探索，拓宽了人道运作空间。政府与人道组织的互动和合作有了比较好的开始，人道运作要注重专业性和持续性。

救援的复杂现实决定了救援需要专业性，不专业的救援可能会激发村民矛盾甚至上访。人道救援组织在分发物资前需要到村子里去评估，确定数量和分配方案，然后做调拨计划，同时发放物资，保证一个村子有需求的人都能分配到。否则，如果有没领到，或者领到规格不一样物资的村民，可能分不清你是政府人员还是人道人员的，就跑去跟政府"闹"。这也就是为什么有的时候地方政府会认为 NGO（非政府组织）在添乱。

政府灾后的工作状态基本上是"白加黑""五加二"，没日没夜连轴转，这个时候恰恰需要专业的人道机构去搞社区建设。灾后的社区还有很多政府无暇顾及的需求和问题，芦山地震之后，这个老问题也仍然存在。

一般而言，灾难救援可分为应急响应、过渡安置和灾后重建三个阶段。汶川地震之后，应急响应阶段曾经涌入了大量人道机构和志愿者，但到了过渡安置阶段就有很多人撤离了，能在灾后重建阶段一直坚持下来的更是寥寥无几。实际上后两个阶段更需要人道救援机构的参与。

2.2.5 资金问题

募集资金是人道运作的最关键环节。红十字会指出，救援资金主要分配给关注度极高的救援项目而不是满足灾民基本需求，所以对危机的新闻报道直接影响着资金的募集。新闻媒体会在同时发生的众多新闻中选择最煽情的新闻作为头条新闻发布，对于媒体而言这是最有吸引力和最具卖点的。新闻媒体没有报道的紧急需求就很难引起重视，民众和媒体会逐渐淡忘危机的后期救援。这样一来，不仅是最紧急的需要可能被忽略，而且准备和长期发展也会被忽略。

由于人道救援机构筹集资金主要来自捐赠，捐赠人影响了开展人道运作的地点和方式。捐赠人更青睐短期救助而不是长期援助，捐赠人经常还会指定其具体用途。这种指定用途的捐赠变成了一种工具，能够用来确定他们在特定领域和部门内的投资，同时还要求救援机构按照捐赠者的优先级而不是救援现场最紧急的需求来花费资金。如此，人道运作就可能进入了一个服务提供者关系网，捐赠者会损害了人道运作的正当性。

例如，政府就要求救援商品必须在其所属的国有企业中采购。也可以要求购买当地生产的商品（主要需要可能是药品），或购买其所属的实验室生产的药品（可能与当地供应商相比更贵）。

指定用途的捐赠只能用于其最初的目的，随后又发生新危机救援行动得到的捐赠就可能不足了。在印度洋海啸后，法国救助组织无国界医生组织号召人们不要再为海啸灾难捐钱了，并且提醒人们关注世界其他地区的紧急情况，尤其是那些被媒体忽视了的。人道运作本身也需要帮助，比如对救援流程改进研究、信息系统和基础设施等长期投资，以及提高救援机构柔性的投资等，但这些与具体救援运作无直接关系的投资受到捐赠者的严格限制。

2.3 人道物流体系

人道物流完成一次成功的人道运作就是能在短时间内，用最少的资源，满足受灾民众的紧急需求、并持续地降低其脆弱性。其关键元素是及时发送关键救援物资。在灾难发生时，物流活动（募集资金、采购和运输救援物品等）已在灾区外启动，为了快速进入灾区，人道物流需要广泛的参与者相互协作快速构建人道物流网络，尽可能快地给灾民发送最急需的物资。一个有效的人道物流网络是一系列熟练和紧密协同的任务组成：储备灾民的需求、定位灾区、募集资金、采购所需物资、向灾区运送物资、给灾民配送物资。

2.3.1　人道物流网络结构

2008 年汶川地震和 2013 年芦山地震的救灾实践发现，完善的人道物流网络正是救援物资及时、充足、快捷供给的基础。它不仅要考虑救援物资的储备、转运效率，还要注重统一调度和合理分配，同时兼顾物流各个环节中的成本经济性。在汶川地震和芦山地震救援中均出现了救援物流短暂性的不足和有待提高的管理分配效率问题。为此，建立现代化人道物流网络成为当务之急。

在人道物流网络中，主要的物流活动有准备、计划、评估、呼吁、动员、采购、运输、仓储和配送等。这些活动分为灾前的人道物流（准备阶段和减除阶段）和灾后的人道物流（应急响应阶段和恢复重建阶段）。灾前的人道物流主要进行采购、运输和储备等活动，而灾后的人道物流主要是采购、运输和配送等活动。如图 2.3 所示是人道物流模型。

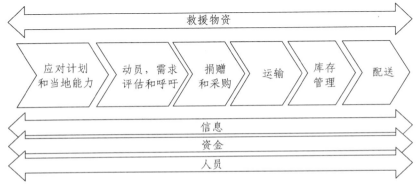

图 2.3　人道物流模型

人道物流网络中的物资从来源可分为灾前储备物资、灾后捐赠物资和及时采购物资，当灾难发生后，人道物流就是在最短的时间内将所需物资通过区域配送中心、当地配送中心、救助物资集散地、避难所等，依次送到所需救助的灾民手中，并将受伤的灾民从灾区运出，从而将灾害对灾民的影响降到最低。在这个过程中，需要进行完善的计划、协调、控制和管理，使得物资在采购、储存、运输、装卸配送和信息处理等流程中更有效率和效益地运作。因此人道物流网络的构建主要集中在设施选址、库存和物资配送等方面。

人道物流网络的结构在不同的地区根据不同的政治、经济和文化的差异会呈现一定的差别，但总体上是基本一致的。人道物流网络模型如图 2.4 所示，主要网络活动如下：

（1）救援物资物料和资金获取。

人道救援物资可以从当地购买或从全球购买，这两种选择各有各的优点，当地物资有较短的提前期和较小的物流成本，全球购买可以大批量采购和较低的单位价格。除采购外，另一部分物资和资金来自捐献者的捐助。

（2）物资供应点的建立。

灾前，人道组织在区域配送中心和当地配送中心中建立救援物资储备库，救援物资储备一般是多层次安排的（如全球级、地区级和国家级等）。许多救援物资集散地和中转配送点以及临时救灾物资分发点在灾后设立。

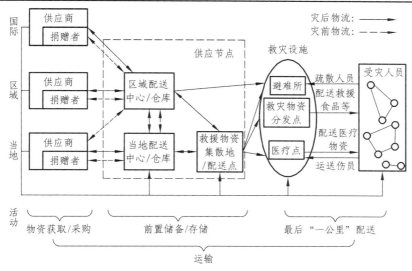

图 2.4 人道物流网络运作模型

（3）救援物资配送。

人道物流最主要的任务是为受灾人群提供生活必需的救灾物资以及把受伤人员运到医疗救助点。储备库存和救援物资集散地的物资运输到受灾地区避难所和临时救灾物资分发点，再通过末端配送发放到灾民手中；同时将受伤人员通过人道物流送到医疗救助点。

（4）运输和配送。

运输和配送是人道物流最主要的功能，是连接人道物流网络各过程的纽带。各级配送中心之间的物资运输特别是末端配送是连接整个人道物流网络末端的核心，主要为受灾人群和机构配送物资，同时运送受伤人员，以及处理受灾的废料等。但是受灾地区生命线的损坏常常制约运输资源和大规模物资运输。

2.3.2　人道物流参与者

灾难救援中有许多不同类型的参与者，参与者彼此相互独立，在特定领域有其自己的资金来源、自己的目标和使命。

1. 政府主导的应急救援队伍

国务院新闻办发表《中国的减灾行动》白皮书表明我国已初步建成了应急救援队伍体系。主要由政府、骨干突击力量、专业队伍、辅助救援队伍、民间组织、基层自治组织六个大类组成，能在政府的统一指挥下开展应急救援、运输保障、生活救助、卫生防疫等应急处置行动。如图 2.5 所示。

（1）政府。在灾难救援过程中，政府起着核心领导作用。重大灾难发生后，国务院组织成立救灾指挥部，控制着整个供应链物资调度和管理，通过各种渠道了解灾区的需求情况，通过应急物资储备库，给救灾物资发放点和受灾群众避难所发送运送物资信息。政府下属的交通运输部门负责救灾物资的运输；医疗卫生部门负责伤员的治疗和灾区卫生防疫；水利水电部门负责保障灾民的水电供给等。

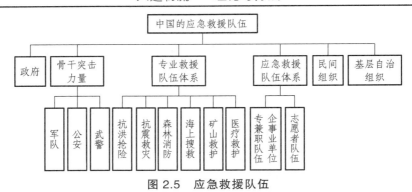

图 2.5　应急救援队伍

（2）骨干突击力量。他们能完成救援工作中一些特殊的任务，例如：武装保护、桥梁和道路的修护、信息共享、空运、陆路货运等。其中军队所提供的物流和安全保障能力是任何组织都达不到的。近年来，军队和人道救援组织之间协作加深，形成了一种典型的军民协同方式，使双方能在优势和能力上互补和学习。

（3）专业救援队伍体系。抗洪抢险、抗震救灾、森林消防、海上搜救、矿山救护、医疗救护等专业队伍是灾害救援队的基本力量，组成专业队伍的成员都经过专业的培训，明确自身所扮演的角色。

（4）辅助救援队伍体系。以企事业单位专兼职队伍和应急志愿者队伍组成应急救援队伍辅助力量体系。企业为灾害救援提供资金、产品、资源、技术和知识等，与其他人道组织建立合作伙伴关系和开展项目，提高企业的声誉，推动企业的商业发展。捐赠者出于宗教信仰、个人动机、媒体关注、政治目的等进行捐赠。而志愿者是一种特殊的捐赠者，志愿者自愿地、不计酬劳地参与到灾害救灾过程中，付出自己的劳动和技能。志愿者有正式和非正式两种，正式的志愿者是通过志愿者组织参与到灾害救灾过程中，而非正式志愿者自发参与到救灾过程中。

（5）民间组织。在中国，政府主导整个救灾过程，只有与政府联系紧密的如中国红十字会等组织能够快速参与救灾，而相对较为弱小的草根 NGO 由于得不到信任，很难全面地参与到整个救灾过程。

（6）基层自治组织。基层自治组织包括社区居委会等类型的组织，灾难发生后，社区居委会会自行组织捐款捐物等，给灾害救援尽微薄之力。

2. 人道物流的参与者

人道物流的参与者一般有国际救援组织、当地政府、军队、地方救援组织、捐献者、供应商、物流提供商、联合国机构和NGO。他们有各自不同的目标、任务和物流能力，但任何一个组织都没有足够的能力来单独应对大规模灾难。一般来说，可以将人道物流参与者按地区分为国内参与者和国际参与者两大类。国内

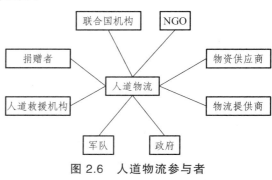

图 2.6　人道物流参与者

参与者，如受灾国政府、军队、地方企业和地方人道救援组织等。国际参与者，如联合国机构、国际援助机构、区域外的非政府组织等国际人道救援组织，如图 2.6 所示。

（1）军队。

军队已经成为全世界灾难救援中的一支非常重要的力量，参加抢险救灾是各国军队的一项重要任务。军队能够为救援工作提供其独特的能力，例如武力保护、信息共享、桥梁与道路修复、空运、陆路货运和医疗卫生系统等。对于灾难救援来说最重要的是军队提供的物流与安全保障能力。军队的物流是面向任务的，能够快速地调动大量的物资。军队的这种物流能力是其他组织无法达到的，也正是灾难救援过程中所急需的。

在我国，军队包括中国人民解放军、中国人民武装警察部队和民兵预备役组织。在灾难发生时，军队通常作为先遣救灾队伍，深入灾区，摸清受灾情况。在普通救援组织无法到达的地方参与抢救生命、分发救灾物资、稳定安抚受灾群众的工作，发挥出了主力军和突击队的核心作用。我国政府于 2001 年 4 月 27 日成立了中国国际救援队，中国国际救援队由中国地震局、38 军某工兵团、武警总医院组成，主要本着人道原则，参与灾难应急救援活动。

在人道物流中军队主要作用有以下 3 个方面：

第一，军队维护秩序，保障安全。为灾民和人道救援机构提供安全的环境。

第二，军民协同人道救援。主要涉及提供技术、后勤支持、基础设施建设。这种军民协同主要是受救援需求的驱动，救援需求是军民协同的充分条件。在这个需求驱动的协同模式中，军队活动和人道组织都有一个共同的目的——人道救援，这也是确保军民协同能够持续的重要条件。在过去的十年里，军队与人道救援组织的合作伙伴关系有了很大的发展。如联合国军民运作中心（Civil Military Operations Center，CMOC）就是协调军队与民间组织的机构，同时又在一定程度上保留了民间组织的自治性。他们彼此在优势和能力上的互补和学习，促进了军队对人道救援组织知识创新和奉献精神的尊敬，也增进了人道救援组织对军队卓越的物流能力的认同。

第三，军队直接对需要救援的灾民提供人道救援。这主要是指在人道救援中出现真空，而又没有人道救援机构能够填补或者人道救援机构不能及时进行填补的情况下，军队执行这些任务以满足人道救援的需要。

（2）政府。

政府可以分为受灾国政府与援助国政府。灾难发生后，一般是由受灾国政府负责灾后救援的协调和引导工作。一个政治稳定和开放的政府能够促进救援行动协调地、有效率地进行。例如，在 5.12 汶川地震和 4.20 芦山地震的紧急救援中，我国政府在第一时间对全国的人力、物力、财力进行了大规模动员和调配，并成功地展开了救灾工作，得到了全世界各国普遍的认同和赞赏。另外在汶川地震的紧急救援中，还得到了许多国家的各种援助。日本、韩国、新加坡、俄罗斯等国政府派出国际救援队伍进入灾区参与了最前线的救援。援助国家政府积极主动地响应国外灾难，除了纯粹的人道考虑外，主要有两个原因：一是一场毁灭性的灾难可能造成的事件链，可能会对其他国家造成直接的或间接的不利影响；二是灾难可能会导致受灾国内部经济混乱和政治动荡，从而会扰乱国际贸易和世界金融市场。

（3）人道救援组织。

人道救援组织主要由三类机构组成：

一是国际组织（IO）。IO 是由政府间机构建立，在国际层面运作（如联合国儿童基金会，世界粮食计划署）。

二是非政府组织（NGO）。NGO 是一种广泛的非盈利组织，其动机来自于人道主义和信仰价值观，通常与政府、联合国、私营企业独立。NGO 在法律上不同于联合国机构和其他的 IO，它们拥有自己的章程和使命。NGO 可能是两种方式：授权 NGO 和非授权 NGO。授权 NGO 是在危难发生区域被主要的国际组织或东道国官方承认，并批准在灾区工作。非授权 NGO 是没有正式承认或授权，因此被认为是私营组织。这些组织可能是某个 IO 或授权 NGO 的下属组织，也可能是从私人企业和捐赠者那获得基金的组织。

三是国际人道主义组织。它包括的组织如国际移民组织，红十字国际委员会，红十字和红新月国际联合会等组织。这些组织授权援助和保护受灾民众。

大多数人道救援组织都是非盈利性的机构，专门从事灾难救援活动，以人道援助、重建和发展为目的。它们在采购、医疗、援助、与当地社区互动、卫生设施和处理流离失所人口等方面具有优势。救援组织的经费及救灾设备、物资大多来自社会各界捐赠，因此，救援组织一般按照捐赠者的意愿开展救援工作。

这些人道救援组织还可以按地域分为国际和地方人道救援组织。灾难发生后，国际人道救援组织一般都希望与地方 NGOs 进行交互与合作，但当有些国际人道救援组织在受灾国有分支机构或者合作伙伴时除外。因为地方 NGOs 更了解受灾地区的需求和地区特点，如果国际人道救援组织与地方人道救援组织合作的话会获得很多好处，特别是在需求评估方面和最后一公里配送上。

全球五大国际人道救援组织如表 2.2 所示。

表 2.2　　全球五大国际人道救援组织

名　称	简　介
世界宣明会 （World Vision）	世界宣明会是一个国际性基督教救援及发展机构。援助项目以儿童为中心，为其家庭及小区带来长远改变；援助不分宗教、种族及性别；工作遍及 100 个国家，帮助超过 1 亿人；超过 90% 的善款收入用于灾难救援及社区发展
救助儿童联盟 （Save The Children Alliance）	救助儿童联盟是一个为儿童权利奋斗的独立的慈善组织，救助儿童联盟为实现儿童权利而奋斗，以及时持久的改善全世界儿童生活状况为己任。目前该组织已经有了 28 个成员国家，在 120 多个国家开展救助项目
国际关怀组织 （CARE International）	国际关怀组织是一个非政治的非宗教的人道主义组织，目标是对抗全球的贫穷，保护和增进人类的尊严。对自然和人为灾难进行应急救援是 CARE 的一项重要的工作内容。目前该组织有了 12 个成员国家，在超过 65 个国家开展救助项目
国际乐施会 （Oxfam International）	国际乐施会跨越种族、性别、宗教和政治的界限，与政府部门、社会各界及贫穷人群合作，一起努力解决贫穷问题，并让贫穷人群得到尊重和关怀。"助人自助，对抗贫穷"是乐施会的宗旨和目标。国际乐施会由包括香港乐施会在内的 13 家独立运作的乐施会成员组织，全球有超过 3 000 个的合作伙伴，在 100 多个国家开展救助项目
无国界医生组织 （Medecins Sans Frontiers）	无国界医生组织是一个由各国专业医学人员组成的国际性的志愿者组织，是专门从事医疗援助的人道主义非政府组织，是全球最大的独立人道医疗救援组织。无国界医生的救援行动不分种族、政治及宗教，目标是为受天灾、人祸及战火影响的受害者提供援助。在 19 个国家设有地区办事处，国际协调办公室位于瑞士日内瓦。无国界医生现于全球约 70 个国家进行救援

　　近年来，在我国重大灾难救援过程中，NGO 的地位和作用越来越被大家认同。例如，"4·20"芦山大地震中，以壹基金为典型的民间组织快速应急响应，迅速募集资金、物资，积极调运到灾区，在灾后恢复阶段做出不小的贡献，彰显了社会慈善的力量。

　　（4）捐赠者。

　　捐赠者是为救援行动提供大量的物资（实物和资金）支持的个人、企业或组织。近年来，各种基金、个人捐赠和企业（公司）捐赠成为多数救援组织资金的主要来源。捐赠者进行捐赠可能是出于个人动机、宗教信仰、政治目的或者是媒体的关注。捐赠者（而不是救援对象）通常被认为是救援组织的顾客。捐赠者一般会对自己的资金、物资流向有明确的意愿，例如，资金捐助给某一特定区域。同时，捐赠者希望自己的资金、物资能有立竿见影的效果，而忽视了救援组织的建设。这并不利于捐赠者和救援组织之间的协调合作。捐赠者对应急救援的高效要求促使救援组织协调机制的建立和完善。

　　志愿者是一类较特殊的捐赠者，志愿者自愿地、不计报酬和收入地付出自己的劳动和技能来参与灾难救援。志愿者有正式和非正式之分；正式的志愿者是通过志愿者组织参与志愿服务的；而没有通过志愿者组织参与志愿服务的就是非正式的志愿者。根据估算，在我国"5·12"汶川地震救灾期间入川志愿者有 130 万人次；四川省内志愿者达 300 万人次。据中国社会工作协会志愿者工作委员会专家测算，在其他省市参与赈灾宣传、募捐、救灾物资搬运的志愿者超过 1 000 万人[41]。

　　（5）企业（公司）。

　　企业（公司）在灾难救援中可以是捐赠者、物流服务提供者或供应商。在人道物流中主要是指企业（公司）作为物流服务提供者或者供应商。企业（公司）出于社会责任向人道组织提供资金、产品、人力资源、知识和技能，还可以为人道组织更好地准备和调动物资提供后台支持。目前越来越多的企业（公司）选择与人道组织开展长期项目和与人道组织建立伙伴关系。通过合作，企业（公司）除了获得好的声誉外，还能获得学习机会和推动商业的发展。例如，TNT 与 WFP 开展的"Moving the World"倡议；还有 FedEx，DHL 等物流服务提供者也纷纷与人道组织进行合作[42]。目前，越来越多的公司正在参与到人道主义工作，因为它们看到了灾难造成公司业务流程中断时的惊人损失，认识到参与灾难救援来减少造成的经济影响具有很好的商业意义。此外，企业也感受到了来自消费者、雇员以及为展示良好的社会形象带来的压力。

　　企业（公司）与人道组织之间的关系可以分为单纯的慈善关系和商业关系。慈善关系如企业（公司）向人道组织进行捐赠或者结成战略伙伴关系。商业关系如企业（公司）作为人道组织的供应商、物流服务提供商等。例如，可口可乐公司多年来与红十字会和其他人道组织建立了很好的伙伴关系。灾难爆发后，可口可乐公司能够立即转换生产线来进行瓶装饮用水的生产，并能利用自己的配送网络迅速地送达指定地点。再如 FedEx 与心连心国际（Heart to Heart International）合作建立了 4 个全球应急响应中心，每个应急中心都存储了基本的救援物资，如临时住所、饮用水和医疗用品等。这使得心连心国际在灾难发生后能快速地将救援物资送到灾区。通过 FedEx 的物流支持，心连心国际可以在 24 ~ 72 小时将救援物资送到世界上任何角落。仅 2007 年，FedEx 就帮助心连心国际运送了价值 1.07 亿美元的医疗用品到世界各地。另外还有 UPS 和 DHL 等公司都与人道组织合作，提供免费的或者是优惠的运输服务[43]。

在我国，物流服务商主要包括：军队、武装部队专用运输组织；政府部门临时调用的社会运输力量。"4·20"芦山地震中，在前往宝兴县道路尚未抢通之前，成都军区派出多架直升机前往，摸清受灾情况，运输救灾物资。除中国邮政及邮储银行开通赈灾包裹、救灾汇款免费服务之外，包括顺丰、申通、圆通、中通、韵达、全峰等多家民营快递企业，以及卡行天下、德邦物流、安能物流、传化公路港等干线运输企业，还包括蚂蚁物流、四川宅急送、新杰物流、成都双流空港物流园、招商局物流集团成都医药有限公司等成都本地仓储，都参与开通"绿色救援通道"，利用自身服务优势为救灾物资提供免费寄递服务。

2.4 人道物流的运作特点

2.4.1 人道物流的运作环境

由于灾难的发生和影响难以预测，灾难发生后通常会造成灾难发生地环境不稳定，例如地震后短时间通信中断、道路损毁等。因此人道物流的运作环境是极度不确定的和动态的，给人道物流运作带来了很大的困难。

人道物流的实施环境可以总结为以下五点：

（1）需求发生的地点、时间、类型和数量均不可测，很难完全获得其概率，所以用不确定性来描述其特性，对救援需求量很难进行实时预测，造成灾民需求和期望的评估困难。

（2）需求往往在短时间内呈现爆炸式增长，且提前期很短，经常出现供应与需求的不匹配和冲突；救援工作的过分集中和短期化。

（3）及时准确的配送关系到受灾民众的生命，其价值不可量化；这就需要在没有获得灾难发生原因和后果的信息下，作出紧急决策，可能出现不公正的救助分配。

（4）救援物资难以在短时间内聚齐，人力、技术、设备和资金在灾难发生后的相当长一段时间内都处于紧缺状态。

（5）由于灾难的不确定性，不完全的运输网络、安全问题和非常有限可靠的信息，使得在灾区外已启动的大量物流活动（募集资金、采购和运输救援物品）不能充分地进入灾区。

例如发生在 2011 年的海地地震主要是城市灾难，虽然救援机构有应对偏远乡村灾难的经验，但在处置城市灾难还是显得经验不足。人道救援面临着许多困难：海地国家政府已失去了领导立即响应的能力，领导力的缺失导致了混乱和安全问题。在基础设施、装备和资源的获取上出现了巨大的瓶颈，机场和道路等基础设施的通行能力远远不足，清运垃圾的装备稀缺，轮船不能靠岸，燃料资源难以获取。在救援响应的第一个月里，车辆需要排队等候数小时才能加上油。如图 2.7 所示。

为了达到救援目的，人道物流必须识别以下问题。

（1）灾难救援中的人群需求、运作需求以及组织需求（比如需要什么？需要多少？什么时候需要？哪儿需要？）

（2）基础设施的可用能力。

（3）可用资源（物资、人员和信息）。

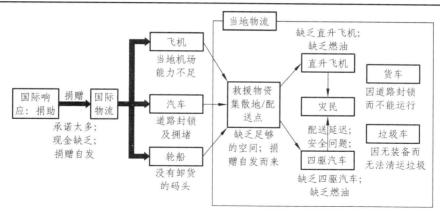

图 2.7　海地地震的应急响应

（4）阻碍和促进救援效果的因素。

（5）潜在灾难地区的社会、文化和环境特征。

2.4.2　人道物流与商业物流

商业物流的三个主要流程——需求管理、供应管理和库存补给管理虽然也存在于人道物流中，但人道物流中多数参与者并不以获得利益为动机为消费者（受灾民众）提供需求，因此人道物流和商业物流最根本的区别在于各自提高物流效率的动机不同，如图 2.8 所示。

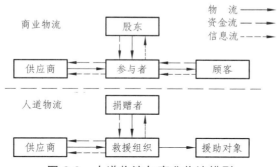

图 2.8　人道物流与商业物流模型

从图 2.8 可以看出，商业物流的上下游参与者之间存在一种买方与卖方的交易关系，买方根据产品的质量、价格、服务和可得性等因素选择卖方，支付资金获得物资，同时两者供应信息与需求信息共享，双方进行博弈合作，以达到利润最大化。在人道物流中，物资的获得性决定灾民的生死存亡，但需求者是没有支付能力的灾民，没有物资的选择权，需要人道组织无条件支付物资给予灾民，不存在资金的逆向流动。同时人道物流的终端用户是灾民，而不是供应商和承运人的客户或捐赠者。但捐赠者通常被救援组织认为是其客户，使得人道物流的终端用户对救援机构没有正常的投诉机制。

正是由于实施环境中不寻常的路径、安全问题、设施能力的变化和需求不确定性等，以及有限的资源难以应付大规模救援行动，使得人道物流具有不同于商业物流的特性。人道物流与商业物流的区别总结如表 2.3 所示。

表 2.3　人道物流和商业物流的区别

	商业物流	人道物流
需　求	相对稳定，可预测，有固定数量，发生在固定地点	需求发生的时间、地点、需求数量和类型都不可测。需求仅能根据灾难发生后的伤亡状况而粗略估计
提前期	由供应商—制造商—配送中心—零售商所形成的链条决定	需求的发生时间就是灾民的需求时间，但实际提前期仍然由物资流动的链条决定
配送网络结构	决策配送中心的数量和地点的方法已经比较成熟	突发事件的不可测导致做出决策非常困难
库存控制	决策库存水平的方法已经比较成熟	需求数量和地点以及提前期的大范围经常波动导致库存控制困难
信息系统	已经比较成熟	信息通常是不可靠、不全面甚至不存在的
战略目标	在低成本的条件下生产高质量的产品，达到企业利益最大化和顾客满意水平最大化	减少生命的损失和灾民所遭受的苦难
绩效评价系统	一般采用资源评价方法，例如最大化利益或最小化成本	一般采用结果评价方法，例如反应时间和满足灾民需求的能力
需求的类型	产品	物资供应和人员

2.4.3 人道物流与军事物流

　　军事机构是自上而下的垂直结构，强调命令和控制，具有标准化的行为准则和清晰的职权和责任纲领。在灾区，军队利用专业的救援人员和工具进行救援工作，并稳定受灾民众的情绪，维护治安；在物资配送点和发放点，军队保障物资的运输通畅，防止争抢等现象发生；在重建中，军队领导并协助地方政府进行重建工作，使灾区尽快恢复正常。

　　灾后的人道物流和战时的军事物流都是动态的，都是为了应付多样性、差异性的不确定事件。军队和人道组织必须具有足够的灵活性、较短的前置时间、快速的响应以保证在战争或灾难发生后短时间内在战场或灾区建立稳定高效的物流网络。

　　军事物流与人道物流相同点分析如表 2.4 所示。

表 2.4　军事物流与人道物流相同点分析

军事物流与民用物流相同点
运输：通过运输工具从供应点向需求点运输
响应：物流速度快、准确，响应快速
库存：具有一定的物资储备能力
系统：各自有一套完整的物流体系
物资：平时都储备有食品、饮用水、药品和油料

军队与人道组织都有尽量降低伤亡的目标,但军事物流与人道物流仍存在不小的差异性,如表 2.5 所示。

表 2.5　军事物流与人道物流相异点分析

军事物流与人道物流相异点		
	军事物流	人道物流
物资储备	帐篷;棉被;大型救援机械;医疗器械	小型救援器械;捐赠物;采购物资
运输能力	主要依靠卡车和直升机进行物资运输,运输能力有限并且不适宜远距离救援,适合最后一公里运输	主要依靠铁路、航空和公路进行物资运输,个别大型救援组织有大量物流基础设施,适合干线运输、部分配送运输和终端配送
人员配备	武警交通部队、水电部队、工程兵部队以及其他快速反应部队	众多人道救援参与者流动性大,缺乏训练
临时配送点选择	可选择军用设施,借用民用设施或临时搭建	使用民用设施
通讯能力	除电话以外,还拥有卫星电话,无线电等高科技通讯设备	电话通讯
指挥能力	能调动地方政府、民间企业及慈善机构人员	指挥安排人道救援机构内部人员活动

2.4.4　人道物流的特点

影响人道物流运作的因素有许多,包括:

（1）灾害发生的速度,可以像海啸那样突然发生,也可以是饥荒事件循序渐进;

（2）灾害提前预警的时间;

（3）社会系统和基础设施破坏的严重程度,即灾害的强度;

（4）影响社区破坏程度的灾害的规模和特性,如地震后的残片处理、暴雨之后的洪水等;

（5）灾害的持续时间,即从灾害发生到灾害结束的时间等;

（6）灾害发生的频率;

（7）灾害威胁的持久性（如像飓风这样的自然灾害或者人为战争都会导致大量无家可归的人）;

（8）灾难发生的概率。

这些因素决定了灾后应急响应阶段的人道物流具有有别于商业物流和军事物流的主要特点是环境高度不确定、需求紧急、决策生死攸关和物资资源稀缺。KOVACS 对人道物流的特点总结如表 2.6[13]所示。

表2.6　人道物流的特点

类　别	特　点
目　的	救援受灾群众，减轻灾害
参与者结构	参与者众多，之间没有明显的联系，以救援机构和政府为主导
灾难管理阶段	准备、应急响应和恢复重建（减除、准备、响应和重建）
基本特征	灾难发生的时间、地点无法预测，救援物资和供应商经常变化、大规模行动、非常规需求和在大规模应急情况下的各种约束
供应链模式	救援物资供应由最初响应阶段的"推"模式，到需求准确评估后的"拉"模式
交通运输和基础设施	基础设施经常被破坏，运输能力有限并可能出现堵塞现象，"最后一公里"配送非常困难
时间要求	零提前期，时间的拖延可能导致生命的消亡
信息系统	信息往往是不可靠的、不完整的或者不存在的
供应商选择	供应商的选择是有限的，有时甚至不需要供应商
绩效评价系统	基于结果的绩效评价，如反应时间或者满足受灾地区的需求
过程控制	由于有限环境的复杂性，缺乏对运作的完全控制

2.5　人道物流的独特特征及挑战

为了揭示出自然灾害救援背景下人道物流的独特特征，我们需要对物流进行整体系统的研究。从整体上看，物流是在一系列使能系统支撑下进行的社会-技术活动。物流活动包括三个基本组成部分：社会网络、技术活动以及可依赖的支撑系统，即各个参与者组成的社会网络（包括运送者、司机、接收者、仓库保管者等）在运输、信息等支撑系统下处理一系列技术任务（库存管理、路径规划、价格制定），对技术活动进行管理、控制和协调。三个部分互相连接，任何一个组成部分都会影响整个物流系统的运作绩效，任何一部分的破坏都会带来整个系统流程的终止。

基于这个原因，我们必须站在整体的角度从社会成本、物料汇聚、决策架构、需求模式、社会网络的状态、支撑系统的状态和物流活动频率与数量等7个维度对人道物流独特特征进行阐述[46]。人道物流的独特特征如表2.7所示。

表2.7　人道物流的独特特征

特　点	商业物流	人道物流
目　标	最小化物流成本	最小化社会成本（剥夺成本+物流成本）
商品流来源	独立的	物料汇聚
决策架构	由少数决策者控制的交互性合作	无交互性合作，多个独立决策者
需求的了解	有一定的确定性	动态的、不了解的
社会网络状态	正常	严重破坏
支持系统（运输）	稳定的、运作的	受影响的、动态变化中
物流活动数量	重复的、相对稳定的、大量的	一次性的、大波动、小数量的

2.5.1　社会成本 = 物流成本 + 剥夺成本

在商业物流中，参与主体在正常的市场环境中进行经济交易，期望在运作环境限制的条件下最小化物流成本。但人道物流的关键是通过高效率救援运作救助和帮助更多的人，关注的是由于物资配送延迟给灾民带来的痛苦度。剥夺成本可以被用来作为衡量由于救援物资或救援服务的延迟而带来痛苦度的一种指标，它被认为是配送延迟造成的外部社会效应。这种人道救援目标不同于政府官员将救援工作当作本地的政治工具以提高其治理政绩，救援组织用救助行为提高自己的社会地位等。

社会运作是由个人或者组织的内部效应以及外部环境造成的外部效应一起组成的，因此如果建立的决策数学模型没有考虑外部效应的影响，模型将不能确定最优的配送决策结果。即如果我们要确定最优的配送决策，我们必须利用社会成本（物流成本+外部成本）的概念将外部因素考虑到目标函数中。

在灾后人道物流中，灾难本身导致了灾民的痛苦，然而当人道组织进行救援决策时，通常会产生两种外部社会效应，第一种是灾民获得了救助而痛苦度减少的积极社会效应；另一种是灾民在特定的时间内没有获得物资造成痛苦度（剥夺成本）增加的消极社会效应。它代表的是配送策略的机会成本。所以人道物流必须同时考虑物流成本（运输成本、库存成本和处理成本）和由于配送策略延迟造成的剥夺成本。

剥夺成本有两个特性。第一，剥夺成本是非累计性，即物资缺少一段时间后的整个需求并不等于各个时期需求之和。例如，一个四五天没有吃饭的人在获得食物后是不可能吃四五天的食物的。第二，剥夺成本是非线性，即在自然灾害的最初阶段，物资的缺少不会给灾民的身体造成重要的影响，灾民的生理机能在某种程度上会下降，痛苦度会逐渐增加，因此剥夺成本是非线性的、滞后。所以许多学者用配送惩罚、公平限制、最小配送频率等方法来表示剥夺成本是有缺陷的。

从经济学的角度来讲，成本和收益是相关的，即收益的获得是以成本为基础的，成本的利用可以以相应收益的获得进行衡量。所以个人幸福收益的获得可以用一定成本的花费进行衡量。通常，剥夺成本可以用个人资本（human capital）和愿意支付能力（willingness to pay）两种方式进行衡量。其中个人资本评价的是个人的未来收入能力，愿意支付能力评价的是为了获得某种幸福、益处、生存而愿意支付的资金数量。

2.5.2　物资供应：物料汇聚

商业物流和人道物流中最重要的而且又总被忽视的差异在于物资是如何送达目的地的。在商业物流中，这个过程是确定的。商品从生产者到客户的物料流动过程是按既定配送路线执行的，物资供应和需求都是相对确定的，参与者可以控制物流运作过程。

在人道物流中，这个过程为物料汇聚。救援物资的获得途径有前置库存物资、灾后及时采购、捐赠者捐赠等三种途径，特别是在每次灾难发生的初级阶段，世界各地不同的捐赠者（政府、团体组织、个人）会同时将大量物资运送到灾区，这种情况被叫做物料汇聚。虽然物料汇聚可以给灾民带来更多的急需物资，但因为伴随着部分无用物资的自发捐赠，不仅要占用更多的人力和设施设备进行相关处理，而且还容易在灾难发生地引起拥堵等给救援工作带来复杂性，影响灾难救援效率。

泛美卫生组织 PAHO（Pan American Health Organization）通常将救援物资分为紧急的或者高优先权的物资、非紧急的或者低优先权物资和非优先权物资三类来处理物料汇集问题。紧急的或者高优先权的物资就是那种灾后需要立即配送的或者消费的物资；非紧急的或者低优先级的物资是那些暂时不需要但后期需要的物资，非紧急的或者低优先级的物资必须被分类、标签和储存直到需要。

而非优先权的物资包括：① 对于灾难、环境、时间和灾民都不适合的物资；② 不能有效地储存或者分类的物资；③ 超过了生产期限、腐蚀的物资；④ 没有合适的配送说明影响了配送效率的物资；⑤ 无用的或者没有价值的物资。

在大多数情况下，依据它们的特性，将它们烧掉、埋葬或者进行相关处理以为有用的物资提供储存空间。

事实已经证明，非优先权及无用物资的配送是影响救援效率的重要问题之一，被认为是第二次灾难。在雅安发生地震时，大量的捐赠物资从全国各地先转运到成都，作者有幸在成都蚂蚁物流做志愿活动，发现确实存在一些混装的、过期的物品，还有一些如狗粮等完全无用的物品。这些物资在分类、搬运和库存中均需要耗费一定的时间和成本，严重影响了救援物资配送的效率。

然而，非优先权物资并不是唯一问题，低优先权的物资如果运送的数量过多，也同样令人烦恼。如在灾难刚发生时，由于低温的影响需要帐篷，捐赠者就会送很多的帐篷过去，结果供应量超过了实际需求量，一旦温度上升就变成了需要解决的问题，此时的帐篷也就变成了没有优先权的物资。因此在灾后人道物流中要同时处理物料汇聚的问题，把主要精力和时间放在高优先权物资的处理上，以降低高优先权物资的配送时间和成本。

例如，捐赠的衣服问题。壹基金在 2013 年"4·20"雅安芦山地震后收到了各地寄来的超过 10 吨衣物，但却没法分发下去。首先，一些民众捐赠的旧衣物没有经过清洗和消毒，而灾区的环境更为脆弱，不干净的衣物有可能诱发传染性疾病，而壹基金既没有专业清洗消毒设备和人员，也没有这个时间成本。壹基金接收的旧衣物只能交给专门做二手衣物捐赠的人道组织消毒处理，再花费大量精力寻找到需要的人对口捐赠，进程非常缓慢。其次，这些人道组织收到包裹后无从判断里面是否含有违禁物品，夹带违禁品的事也曾经发生过，所以需招募大量志愿者去分拆包裹。而且灾区最缺的其实不是衣服，有的民众甚至将无力处置的捐赠衣物丢弃[39]。

再如，捐赠的方便面问题。灾区有一个笑话，大人吓唬小孩说"你再不听话就给你吃方便面"。说明方便面十几天后已经严重过剩。方便面可以应急，但三五天以后应该尽可能恢复正常的饮食习惯，应该援助米面油等正常食物。人道主义宪章的基本原则有明确的食品保障、营养及食品救助最低标准，例如美国的陆军工程兵团制定了每个人每天的最小消费水平，即一袋冰（5 公斤），一加仑水（4 公斤）和 2 顿即时食品（MREs）（1 公斤），也就是说每天有 10 公斤的物资供应。环球计划设定的最小标准是每人每天 7.5～15 公斤的水，从半公斤食物中获取（如玉米、大米和豆类等）2 000 卡的热量摄入[38]。然而，这些标准的设计都没有考虑灾民失去基本物资如衣服、炊具、餐具和药品等情况。我们对日本地震的幸存者进行访问获悉在灾害的第一周每人每天获得了大约 20 公斤的物资。也就是说，每人每天只要 5 到 20 公斤的食物需求就足够了。这些人道救助指标非常细化。但这些问题很难在我国公众层面探讨，民众觉得当地缺物资，自己千里迢迢捐过去的东西，政府和人道组织应该送下去，灾民应当感恩戴德地接受，这种观念是需要改变的[39]。

2.5.3　决策架构

在商业物流中，决策者在正常的决策架构下依照标准的流程程序、清晰的角色定义和责任分担来控制整个贸易活动，每个参与者都能明确自己的具体任务以及与他人的协作关系，都能遵守相关的准则和制度。也就是说，商业物流是由共用的信息系统、清晰的目标以及明确的激励机制而形成了一个成熟的、高度结构化的市场。

人道物流救援运作管理包括许多不同的参与者，这些参与者在文化、目的、兴趣、管理、能力和物流实践方面都有很大的差异。其中人道物流的主要参与者有政府、军队、救援组织、捐赠者、非盈利组织、提供物流服务的商业公司等。各参与者的关系如图 2.9 所示。灾后人道物流的运作环境是非正常的、高度动态性的，数千个供应链同时运作、竞争、干涉、合作，甚至为了获得有限的资源而相互竞争。因此在人道物流中如何协调不同性质的参与者，协作数千个分散的物流活动成为人道救援的一种关键和挑战。

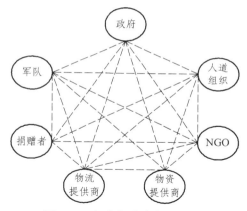

图 2.9　人道物流参与者关系

例如，在 2013 年"4·20"芦山震后仅三小时，军区、武警、公安、消防、民兵、卫生、通信、电力等已派出救援队伍 95 支，总人数达 28 971 人，几乎是 2010 年玉树地震所出动救援力量的 7 倍。巨大的人流物流让道路不堪重负。从地震当晚 7 点 30 分开始，进入芦山县城的分岔口飞仙关开始拥堵，车流蔓延近三十公里。在狭窄的山谷道路上形成一道红色的光带。交通成了当下最紧缺的资源。

很多志愿者和民间机构依然按照 2008 年汶川地震救援的有限经验，凭着自我感觉开着私家车到灾区，随机派发物资，这种粗放的民间救援自然影响系统化的救灾效率。而有序的引导和组织，依赖于信息渠道的及时畅通。"一方有难八方支援"的救援方式是汶川地震时留下的"经验"，玉树地震、彝良地震都是这一救援思路的延续。但"一方有难八方支援"的旧模式需要更加科学有序的组织和调度。"激情救灾"要向"专业救灾"转变。不做到建立在信息完全共享上的统一指挥，就不能实现专业救援。

联合国联合物流中心（United Nations Joint Logistics Centre，UNJLC）最早开展的行

动是对 1996 年 East Zaire 危机的救援，并在 2000 年的莫桑比克洪灾救援中产生了明显影响。UNJLC 由联合国机构间常设委员会（Inter-agency Standing Committee，IASC）设立和接受来自 IASC 的命令。世界粮食组织（World Food Programme，WFP）负责管理 UNJLC。UNJLC 自身没有单独应对危机的资源，这些资源由联合国各机构和捐献者的提供。UNJLC 获得的资源完全依赖于其他参与者对特定救援情景的感知，所以 UNJLC 主要起作一个协调员的作用，是一个中间机构，主要功能类似一个信息中心。如果救援参与者认为 UNJLC 能有所作为，会向其提供足够的信息，UNJLC 然后向其他救援参与者提供有用的信息。这样就要求 UNJLC 不仅要在每个特定危机中创建自己的角色，还要为将来的危机创建一个期望角色。

　　UNJLC 分配的资源取决于救援机构能够提供的物资量，以及愿意让其使用的物资量。这是具有高度的情景依赖的。UNJLC 的挑战是，在每个危机应对中，不必都要从无到有地建立起自己的角色。由于 UNJLC 不是一个重资源机构或直接权力机构，其成功的标准是如何让其他组织更有效地使用资源。其角色职能是：① 填补物流缺陷和缓解瓶颈。② 有顺序安排物流介入和投资。③ 收集和共享信息和资产。④ 协调枢纽和通道移动，减少拥堵。⑤ 提供详细的运输车辆和市场利率指标。⑥ 提供装备和救援物品供应商的信息。

2.5.4　需求模式

　　商业物流的需求模式主要目的是满足客户已知的或者预测的产品/服务需求，尽管需求模式有变化，但是基于基本需求的波动需求相对是比较小的。在灾后人道物流中，需求是物资和与救援有关的人员，需求物资的种类、数量、需求与受益者的匹配度等随着灾难发生的类型、时间、强度、地理位置、区域社会经济情况的不同而不同。大部分救援物资供给主体都是临时，不同渠道供应物资的质量、规格、包装等差别较大。

　　灾难发生时物资的需求通常分为两类：一类是满足灾民的需求（灾难产生的需求），另一类是处置灾难救援产生的需求（应对产生的需求）。美国联邦应急管理组织（FEMA）对卡特里娜飓风灾害救援的分析报告中指出 76%的物资需求都是处置灾难救援产生的（如运输工具、电力工具、机械、化学制品、医疗器具、油料等），这部分需求涉及灾难救援的所有活动如搜寻、救助、安全处理等，只有 24%是灾难本身产生的需求（如水、药品、食物、衣服等），这部分需求一般由人道机构、企业和捐赠者来提供。通常，应急救援产生的需求量远远大于灾民自身的需求量，甚至是后者的两三倍。

　　在 2008 年汶川地震中总计有 95 支专业救援队参与其中，但徒手作业的镜头几乎贯穿汶川地震救援的所有现场，由于缺乏救援设备，不能有效开展人道救援。

　　图 2.10 展示了飓风卡特琳娜发生后的需求模式。从图中可以看出，在灾害发生后的前 6 天物资的总需求量急剧增加，然后逐步降低。这种需求模式的变化基本与所有的商业物流都没有相似之处，唯一比较接近的商业物流模式就是处于产品生命周期的形成时期，如非常受欢迎的产品。在灾害发生的初级阶段，处置灾难救援产生的需求急剧增加，在第 3 天达到最高时需求开始降低；而由灾害导致的灾民需求则呈现一定的滞后性：在第 5 天达到最高，然后开始下降。

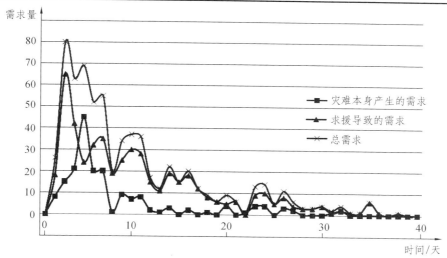

图 2.10 灾后人道物流需求数量[46]

另一个复杂的问题是关于牛鞭效应的存在。如在雅安地震中，由于道路破坏以及缺少信息系统的指导，灾害发生时灾区的需求信息只能通过当地志愿者或者灾民的手机利用微博的形式传达出来，通过在网络上的互相转载，灾民具体的需求信息被扩大，物资被频繁地运送到灾区，但是却不知道需要什么样的物资，需求多少，谁需要。大量的物资向灾区运送，造成了道路的拥堵，也给灾区物资发放带来了影响。即便通过各种途径运送到灾区，可能那里的需求已经得到了满足，浪费了运输资源，导致了某些真正需要物资的赈灾点依旧处于未满足状态。但在商业物流中，由于各参与者的物资计划信息共享、协调合作，使得牛鞭效应得到了控制，这在人道物流中是远远无法达到的。

例如，在 2013 年 4.20 雅安芦山地震后，一个"大 V"发帖说灾区缺奶粉，被转了 8 万多次。其实这个"大 V"没来过灾区，不知道他的信息是从哪得到的。地震第二天，一个洋奶粉品牌表示要捐 1 万罐奶粉，壹基金认为这个事情做不了——哪怕一个婴儿发 5 罐，也要发到 2 000 户人家。去过农村的人都知道，一个村有十几个婴儿已经很多了，得花多少时间和精力才能找到这 2 000 个婴儿，壹基金根本没有能力和精力完成。仅把奶粉从企业的仓库运到雅安很容易，但是要从雅安发到山区每个村子里的需求者，成本太高，难度太大[39]。

这种特殊的需求模式暗示了整合灾前预测与灾后订单驱动的好处。对灾害发生时的即时物资需求进行预测，不仅能够让订购的物资满足预测需求，还能够降低物资提前期。这和通过关键物资的库存前置和分散化决策降低提前期所要达到的目标一样。即使较差的预测系统也比灾后即时采购决策效果好。

例如，红十字与红月会国际联合会（International Federation of Red Cross and Red Crescent Societies，IFRC）以应对自然灾害为己任，是世界上最大的人道组织，在 2005 年，其开展的项目惠及 3 000 万脆弱的人们，协助国家会员（NS）响应 329 个重大紧急事件。IFRC 的供应链结构非常松散，由不同 NS 松散组成，通过在日内瓦的 IFRC 与供应商签订框架合同。在迪拜、吉隆坡和巴拿马各建立了一个区域物流单元（Regional Logistics Units，RLUs）。每个 RLU 都能提供一系列物流服务，储备有能为 2 万户发送救援物资的能力，能在任一突发事件发生后的 48 小时内为 5 000 家庭发放救援物资，以及 24 天内能为全球任何地点的 15 000 户家庭提供救援物资。区域概念的理念是降低因知识的缺乏和灾区的偏远造成的负面影响。

IFRC 建立区域物流单元的方法是：

（1）在靠近可能受益者的地方前置库存，在灾难时就形成了有稳定库存的区域仓库。

（2）区域单元通过区域供应链实现当地供应源。

（3）在区域单元训练人员实现当地的救援能力。

（4）将运作管理责任移交给区域单元。

区域物流单元的好处：

（1）缩短响应时间：储备够 48 小时/24 天消耗的关键救援物资。

（2）降低存储成本和协同成本：集中在一个地点存储不同会员国和其他组织的救援物资，共同使用办公和存储设施，允许更柔性地互换商品。

（3）在相同经费情况下，缩短的时间和节约的成本使更多的灾民受益。这是救援机构共同的目标。

2.5.5　社会网络的状态

物流活动的核心是所有涉及物流活动的参与者组成的社会网络。在正常情况下社会网络提供技术活动和支持系统，指导物流运作的各方面，如需求的确定、流程的协调、工具的操作使用、车辆路径的选择、运输、库存和工作人员的招聘培训等。但在灾后人道物流中外界环境的变化严重破坏了这个社会网络，参与者可能有伤亡而不能正常运作。更重要的是，运输和通讯支持系统的破坏影响了成员间物流与信息的连接，从而导致本来包括多种赈灾点连接的社会网络将被瓦解成为一系列独立的子网络或者是赈灾点减少的网络，从而影响物资的采购、运输与配送活动。如"4·20"雅安地震宝兴县因为道路、信息等设施的破坏，一度 2 天成为灾区的孤立点，无法与外界取得联系，救援队也无法进去，给救灾带来了严重的挑战。

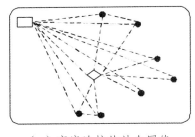 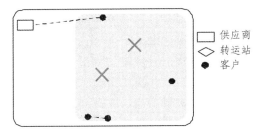

供应商 □
转运站 ◇
客户 ●

（a）高度连接的社会网络　　　　　（b）高度破坏的社会网络

图 2.11　灾难前后社会网络状态

图 2.11 描述了一个供应商、一个中转站和多个客户之间构成的社会网络关系。在正常环境下（见图 2.11（a）），它们之间物流的运作是正常的，社会网络是高度连接的，顾客能够及时和供应商/中转站进行关于物资配送方式、配送路线的协调。图 2.11（b）展示了灾后人道物流的情况，灾难的发生导致其中某些点遭到了破坏，失去了运作能力，只有未遭到严重破坏的点仍可以运作。

2.5.6　支撑系统的状态

在商业物流中，有成熟的需求预测技术和稳定的支撑系统，决策者可以时常优化产品的配送流程。然而，在人道物流中，遭到破坏的基础设施和有限的运输能力给灾后物资的配送带来了极大的挑战。在这种情况下，卫星图像和地理信息系统（GIS）等其他远程感应系统在运输方面起着关键的指导作用。

海地地震和日本海啸地震就是两个相反的例子。海地地震严重破坏了用于装卸运输货物的港口、码头和起重机设备。一直到几周后从美国运输来的浮动码头固定在港口才开始正常运作。机场方面也遭到比较大的破坏，虽然机场跑道保留了下来，但是通讯塔和航站楼都遭到严重损坏。便携式空中交通控制设备虽然能够重新运作，但是这个需要花费时间征得美国军队的同意。日本灾害发生后，仙台机场遭到海啸的攻击但是没有造成不可挽救的后果，地震发生一周后应急交通开启，一个月后部分航班开始启运。仙台港口也遭到了较大破坏，但是防洪堤保留了下来，使得一周后港口就启动了应急救援交通,燃料加油机 11 天后开始运作，三个月后国内集装箱交通投入运营，六个月后国际交通恢复正常。

受灾区域能够快速从灾害中恢复并重建基础设施特别是运输网络的内在能力是至关重要的。海地太子港地震数月后，废物碎片等依旧覆盖在街道和干线运输公路上。而日本地震中，连接日本东北高速公路到东海岸线的 16 条东西线路中有 15 条遭到损坏，国际路线中有 95%也遭到破坏，但是日本在地震后一周就清理完毕。这充分说明了准备阶段、应对阶段的工作以及拥有训练有素的救援人员和弹性的人口机制的重要性。

灾害发生后，只有通过频繁的信息更新对运输网络的状态进行评估后才能制定合适的配送计划。此时灾害发生的规模起着关键作用：巨大的洪水水灾完全不同于部分地区遭到破坏的海啸。从未遭受海啸破坏的临近地区将物资运送到狭长地带比 2010 年巴基斯坦一半地区遭受洪水袭击的配送相对更容易些。发生在城市和乡村的灾害导致的配送计划也是完全不同的。农村地区通常更自立，有更强的社会网络结构。

在这种情况下，能结合现卫星成像和其他远程感应设备的地理信息系统在提供运输设施状态方面起到关键的作用，特别是在灾后人道物流中。支持系统状态的不确定性建议我们应该把重点放在配送物资车辆的实时定位与跟踪上，并进行动态路径运输规划。静态路线规划应该被看作是能够将运输网络状态、车辆定位和需求等实时信息结合在一起的动态规划模型的基础。

2.5.7　物流活动的频率与数量

在商业物流中，尽管有时会发生一些突发状况，但大量的相对稳定的物流活动每天依据已经建立的系统重复运作，成员可以根据自身的需求情况进行重复优化。但在灾后人道物流中，需要的物流活动数量随着时间的变化急剧增加再降低。更大的挑战是这种需求的激增往往发生在社会网络和运输系统操作水平最弱、大量低优先权的主动的捐赠物资开始到达的时候。如图 2.10 所示，物资的需求量在灾难刚发生的前几天内急速增长，随着时间的流逝，需求逐渐减小。正是在这个需求激增的过渡阶段，最需要军队和商业提供的是如卡车这样的救援急需物资。因此需要人道组织在灾难发生前进行认真的规划、协调，并建立相关的程序。

2.6　本章小结

　　本章主要介绍了人道的原则、人道运作的挑战、人道物流的体系、人道物流的运作特点以及人道物流的独特特征及挑战，共五个部分的内容。其中，人道原则主要是博爱、中立、公正，由这三原则构成了人道运作空间，进而分析了人道运作面临的挑战。在此基础上，进一步提出人道物流的概念，阐述了人道物流的体系，即它的网络结构及其参与者；与商业物流、军事物流相比较，分析了人道物流的运作特点及其独特特征。

第 3 章　灾难管理与人道物流

3.1　灾难管理

　　人类历史上 20 个损失最大的灾难，有一半发生在 1970 年以后。其原因在于人口数量的快速增加，人员和资产在高风险地区的过度集中，急剧加强的社会和经济相互依存。这些形成了危害，危害就是对人类社会有潜在影响的事件。

　　灾难是危害对现实社会的实际后果，比如造成了民众的伤亡和干扰了正常生活方式。社会系统中一个灾难发生的可能性和后果的严重性随着系统的复杂性（相互作用组成元素的数量）和组成元素间精益程度或耦合程度（组成元素相互依赖和相互作用）而增加。灾难的严重程度是人类决策的产物，根据现实社会系统中备灾、减灾、应对和重建的水平，人类的决策要么增加灾害的严重性，要么减少灾害的严重性。

　　人道物流贯穿了灾难管理的整个生命周期，每个阶段人道物流的侧重点和特点均不相同，例如应对阶段的救援物资供应是"推"的，而需求可以准确评估的重建阶段则是"拉"的。其目标为：降低或避免人员、社会和经济损失；减少灾民疾苦；加快恢复。

3.1.1　灾难的类型

　　根据灾难成因可以将其分为自然灾难（地震、飓风、海啸、洪灾和火山爆发等）和人为灾难（恐怖袭击、化学品泄漏等）；根据可预警时间可以分为突发性和缓发性灾难（见图 3.1）。

　　（1）突发灾难。

　　灾难突然发生，几乎无法预测，预警时间很短或为 0。包括自然成因突发性灾难（例如地震、飓风、泥石流等）和人为突发性灾难（例如恐怖袭击、政变等）。突发灾难会给区域基础设施带来强烈的负面影响，如摧毁交通设施、供电网络和通讯设施。在灾难发生前，需要确定瓶颈和基础设施能力，以便灾后能快速准确地应对重建交通基础设施已成为人道物流项目的一部分。目前，主要采用敏捷物流应对突发灾难，重点聚焦在响应时间上，所以计划和前置库存等措施有利于快速有效地实施救援。

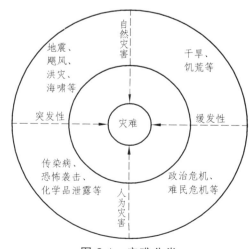

图 3.1　灾难分类

（2）缓发灾难。

长时间酝酿后形成，对此类灾难则允许一定范围的反应时间。例如干旱、饥荒等自然成因灾难，以及如政治危机、金融危机等人为成因灾难。目前，主要采用精益物流应对缓发灾难，重点聚焦在成本效率上。

从物流的角度将灾难救援分为两类：一类是疏散和营救；另一类是部署救援物资，如表3.1所示。

表 3.1　物流视角下的灾难救援分类

疏散和营救	部署救援物资
疏散意味着人员从受影响地区撤离到安全地区，或者住院治疗。 例如： （1）短期的局部灾难； （2）预警的灾前疏散； （3）快速住院收治伤员； （4）离开灾区，防止灾区进一步恶化	向影响地区输送救援物资和技术人员，该地区要么隔离，要么等待疏散和搜救。 例如： （1）流行病； （2）大规模灾难（如海啸）； （3）人员隔离（洪灾地区、SARS地区）

总的来说，人为灾难一般会涉及政治局势、经济环境等较复杂的因素，因此，大多数人道物流研究文献通常只采用突发性自然灾难作为研究背景，本书也只研究突发性自然灾难救援中的人道物流。

文明应当是具有自然属性的。人类也是自然的一部分，与自然不可分隔。自然系统包括了很多互相动态影响的子系统。可以将自然现象，例如地震、洪水、飓风、滑坡、火山爆发、海啸、森林火灾等归结为地理与气候子系统的波动。在自然灾难这个概念中，"自然"一词就很明显地将此时的灾难与"人类文明"区分开来。自然灾难只在现代人没有能力应对由于地理和气候波动带来的影响时发生。人类对自然灾难的应对缺失是造成各种损失的根本原因。

因此，自然灾难的发生与两个因素有关：

（1）地理与气候系统波动的幅度与频率所造成的社会影响；

（2）脆弱性，或者说某地民众应对灾难的能力。

特别地，当在特定的地点和时间时，（1）＞（2），则自然灾难发生。

图 3.2 展示了社会影响、应对能力和自然灾难之间的关系。社会影响曲线以下的区域表

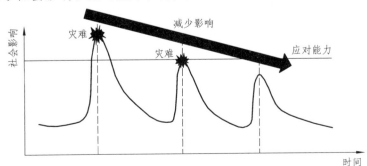

图 3.2　社会影响、应对能力和自然灾难之间的关系

示社会影响，包括人员伤亡、生活的负面影响和发展衰退。本书的目标是期望通过人道物流减少峰值影响以缩小社会影响曲线下区域面积，以及加快恢复速度。

灾难从影响的范围分为受灾地区可以自己处理的灾难和需要外地的或者全球援助的灾难。国家如何处理灾难更多地依赖于政府和社会的能力以及民众的脆弱性。例如一场很小的灾难都能够对海地和索马里产生重要的影响，但日本因拥有很好的灾难应对机制而影响非常小。

3.1.2　人道物流视角下灾难与灾害的区别

从技术层面上来说，灾难的特点有：
（1）社会结构框架的大部分或者全部遭到严重影响；
（2）能用于应急管理的设施和操作设备经常受到破坏；
（3）当地政府无法进行常规的工作；
（4）社区的日常功能被扰乱；
（5）临近社区无法提供帮助；
（6）大众传媒信息系统发挥更重要的关键作用；
（7）有持续的大量人员外迁。

灾难的发生并不一定表现出以上所有特征，但是多个特征的普遍存在意味着灾难的发生。例如日本海啸的影响，以及太子港地震（海地）都是灾难性事件的体现。

灾害的发生尽管会造成基础设施的破坏和灾民的伤亡，当地居民、政府和人道组织仍可以自己处理结果的事件。在救援应对中，涉及的救援团体数量比较少，当地政府有更多的自治和自由决策权。Joplin 龙卷风只摧毁了密苏里州的一个狭窄地带，而周围的地区都处于安全的环境中就是非灾难性灾害的典型例子。考虑到人道物流的运作，灾难性事件发生时大部分物资的供应必须从外地获得，而灾害发生时当地仍旧保留的一些资源（如卡车、当地政府结构、家庭储备等）成为应急救助的第一批物资。

表 3.2 总结了在灾害和灾难发生后的人道物流运作上存在的差异。

表 3.2　灾害和灾难的区别

类　型	灾　害	灾　难
本地库存的物资	少部分遭到破坏，现存的物资成为灾难应对的主要来源	大部分物资遭到破坏，本地库存物资无法满足灾难的需求
物资的需求量	需求增加，本地投机性购买物资成为一个问题	巨大的增加，在临近区域的投机性购买成为一个问题
商业供应链	部分遭到破坏，但仍能运作	严重遭到破坏，无法运作
本地配送	具有挑战，但仍能管理	环境极度复杂，无法掌控
总结	在灾害刚发生时本地救援足以应对，外地帮助会带来多余的物资	外地的捐献、采购是物资的主要来源

（1）本地库存的物资。第一个就是关于事件的发生对本地（商业和住户）持有的库存物资的影响。灾害发生时，本地大部分物资没有遭到破坏，本地物资的供应在灾害救援应对中起着关键的作用，但是灾难发生时，本地大部分物资遭到毁灭或者破坏，在灾害救援回应中基本没有任何的作用，只能依靠外界来源。如雅安地震灾难的发生，宝兴县、芦山县等 90%的基础设施遭到破坏，本地政府等相关部门基本没有任何救援力量，只能等待外界的帮助。

（2）满足灾民生存和应对灾难救援流程所需的关键物资数量，分别被称为灾害/灾难产生的需求量和拯救灾民产生的需求量。灾难发生导致的物资需求量往往大于灾害发生的物资需求量。灾害发生前后，一些企业或者个人为了防止缺货往往会囤积大量生活必需品，或者想从供远小于求的模式中牟取利润，或者为了自身消费，这就产生了投机性购买行为。而在灾难发生时，由于需要临近或者外界救援力量的支持，也容易在临近区域产生投机性购买行为，这都对人道救援产生了不利的影响。需求强度的增加往往会带来严重的后果。例如，2011 年"3·11"日本海啸灾难中，位于日本东北的大型零售商和食品分销商指出，位于海啸灾区周边城镇的企业在 2011 年 3 月灾难发生后的几天内获得的订单增加了一倍。这种行为反映了政府部门应该持有合适的需求物资以使得库存物资得到最好的使用。

（3）商业供应链。灾害/灾难发生前，商业供应链的运作维持着区域社会活动的正常进行。事件发生后，将会对控制物流活动的社会网络、用于物流活动的工具和设施、运输通信等支持系统造成影响。影响程度依赖于事件本身的强度。灾害发生时，只有部分社区遭到严重破坏，商业供应链仍能继续运作，遭到破坏的也可以快速恢复并提供物资供应，为救援提供保障；当灾难发生时，物流活动所需要的人员、基础设施等都遭到严重毁坏，无法运作，甚至可能需要几周才能恢复。

虽然在海地地震发生后一周内，本地制造企业陆续进行产品的生产，但本地的超市却花了至少两周的时间才开始进行营业。日本地震的影响更严重。从调查采访的信息获悉，在日本地震发生后，日本东北的最大食物分销商之一停止运营了 10 天，在第 10 天，企业才直接从配送中心那里获取物资。灾难发生 2 周后非灾区的企业才开始运作，而灾区的配送运作需要几个月才恢复。海地和日本的经验表明在事件发生后，让商业供应链立即投入运营操作是不切实际的，一旦进行运作，将会发挥很重要的作用。

（4）本地配送工作的复杂性。灾害发生后，由于受灾区域的规模和人口影响，本地的配送工作虽具有一定的挑战，但仍在管理范围之内。而在灾难发生时，本地的配送往往变得很复杂，主要原因有：大量的不同种类的物资；配送覆盖区域广；配送经过的地方基础设施遭到严重破坏；参与救援的物流团体数量多。如在雅安发生地震时，不同的社会公益组织、商业团体、专业救援组织在第一时间奔赴雅安，造成了道路的拥堵以及协调问题，在雅安通往天全县的道路由于不确定因素，使得配送工作具有很大的挑战性。

通过以上的讨论可知，在灾害发生时，控制物流活动的本地社会网络能够应对灾害的发生，本地的物资成为第一波救援资源，本地的供应链能够快速应对，本地的物资配送能够快速地组织。相反，在灾难发生时，本地的社会网络可能造成了严重的破坏，可利用的物资资源数量非常少，商业供应链可能数周都无法运作，物资的需求也急剧增加，需要复杂的配送工作以满足灾民生存和救援需求。最重要的是，大部分的物资和物流活动必须从外地得到帮助。

3.1.3 灾难管理的错误认识

人道救援不仅要洞察灾难的本质，更重要的是能够定位公众期望。公众期望是人道救援水平提高和成功指示器的关键驱动。研究受灾群众与救援机构在面临突发事件时的实际行为，有助于提高综合救援能力。由于灾难影片、没有根据的故事以及传统观念给广大群众以及政府决策人员带来了大量的错误认识，不利于应急预案的制定和救灾措施的实施。通过我们的调查研究发现以下认识误区：

1. 灾民情绪

通常会认为受灾群众容易产生惊恐情绪，会产生以自我为中心的状态。然而，经过研究发现灾民的实际行动恰恰相反。受到危机影响的人们通常会更关爱亲人和邻居，更具有创造力地处理灾难带来的问题。超过 90% 的灾难受害者是被私人个体而不是公共机构营救出来的。产生惊恐的灾民通常仅限于那些有巨大生命威胁的灾区内，并且持续时间非常短暂。

作为应急救助主体之一的灾民往往是应急救助的主力军。1976 年的唐山大地震中，被埋压在废墟里的约 60 万人中，有 20 余万是由当时从废墟中自行脱险出来的人自救互救出来的，而多达十数万人的救灾队伍从废墟中约救出 1.6 万人。

2. 灾区的犯罪率

通常会认为受灾群众会返回野蛮的状态，从而导致社会秩序的破坏和犯罪活动的增加。例如，在美国 katrina 飓风期间，危害社会安宁的行为确有发生，但只有 237 宗掠夺犯罪事件发生，比平时的犯罪率还低。灾民犯罪抢劫主要不是为了得到利益，更多的是灾难发生加剧了人们的报复心理，为发泄灾前就已存在的不平等、机会不公、压力大等现象。而实际上是灾民普遍地相互帮助，共享生活用品。

3. 灾民的心理

通常会认为灾难会冲击灾民的心理健康，认为灾民会陷于被动，有极度的精神创伤，以及不能够关心他人，从而在救灾时过度关心灾民的心理健康问题，同时提供过多的资源进行心理健康咨询。灾难确实会产生一些短期生理反应，如失眠、食欲不振、易怒、焦虑。研究发现灾难却很少给灾民带来新的生理或心理疾病。

4. 机构的行为

通常会认为灾难发生后，机构的工作人员因受到精神创伤，会影响机构功能的发挥，导致没有能力进行决策。机构能力的丧失会使政府权威恶化，引起社会恶化。然而研究发现灾民和机构都会立即集中精力处置灾难的后果并恢复平常。例如 1906 年的旧金山地震中，美国银行在两天内，在私人住宅里建立起临时办公室恢复营业。

5. 对灾民的信任

由于不信任灾民，导致突发事件发生期间错误地部署了资源。例如在美国旧金山地震火灾中，布置了大量的军队不是用于搜救、协助疏散或灭火，而是防止抢劫和其他无政府状态。在美国 Katrina 飓风期间，军队没有部署去分发救援用品，而是重建法律和秩序。

6. 通讯故障

一个常见的错误认识是救援机构间的沟通失败问题。在灾后报告中经常会出现救援机构间无法进行相互联络和沟通等相关内容的表述，并将沟通失败的原因归结为使用了缺乏互操作性的多种沟通技术。这种对沟通技术的频繁抱怨实际上忽视了救援机构本身就没有真正努力进行沟通这个事实。在灾难应对中，大多数沟通失败从本质上讲并不是因为技术问题，而是救援机构缺乏在灾难中扩展自身内部沟通机制的能力，也缺乏快速收集整理灾难信息，并将这些信息与其他响应机构和公众进行有效沟通的能力。因此，不能进行相互联络和沟通的原因在于是否投入，而不在于技术。

7. 灾民的影响

灾难是随机发生的，对所有灾民的影响都不是相同的。例如灾民不能得到疏散主要是由个人情况决定的，如低工资、缺乏资源、疾病等原因。根据应急管理"Stress makes you stupid"紧张会使人犯傻的规律。在危机时刻，灾民趋向于寻求简单化，渴望在他们熟悉的领导和社会机构指导下开展救灾减灾工作。所以给灾民创建或强加一个新组织机构会带来许多问题。

8. 突发事件等级的判断

调查研究发现，出现在应对响应阶段的问题很少来自于灾民，主要来自于试图救助灾民的机构。这是因为救援机构不能在本质上区分突发事件的等级，往往会错误估计灾后将要发生的事情，很容易导致过度的应对响应，甚至远远超过当地政府机构所能控制的能力。同时也容易过度依赖专家的孤岛判断决策，而不是采用更有效的共享会商决策方式解决问题。

9. "灾难悖论"

"灾难悖论"，即自相矛盾的地方在于拥有最少灾难应对经验的机构往往进行灾难最初的应对响应。当地政府在很长的一段时期内很难受到灾难的影响，也很少与其他有实际灾难应对经验的地方政府交流，具有最少灾难应对经验；省级政府拥有多个管辖区域，雇佣了庞大的有经验的员工。国家层面的灾难管理机构，如国家减灾委员会、国家安全生产委员会、中国爱国卫生运动委员会以及中央综合治理委员会由于要频繁地处理灾难，而被认为是最有经验的。虽然许多突发事件证明了这些经验非常容易过时，前期应对灾难积累起的经验教训也并不总是正确的。尽管如此，一个简单的事实就是许多地方政府用有限的经验来管理灾难，没有提前准备将常态运作扩展到性质已发生改变的非常态运作上。

10. 应急救援的军事模式

在我国的应急预案中植入了军事模式，在该军事模式中有清晰的指挥链建立起的控制机制。这种模式在现场响应层面还是非常有效的。

军事模式假定灾难时社会结构会崩溃，灾民会丧失其行为能力，只有强大的中央指挥系统才能保障救灾成功，因此所有的决策都必须集中，必须创建新的社会组织来恢复灾后的恐慌和社会失序。但实际上当地政府是应急响应的主要机构，不像军队那样，既不整体一致，也不等级分明，只是由多个部门组合而成，每个部门都有自己的职权和管辖范围，只能协调和合作开展救灾工作。

军事模型假定灾难是非常容易被识别出来的，认为只要激活新机构就能处置危机。不信任应急私人团体或志愿者的单独行动，不相信他们能作出有关他们自己福利的智慧决策，在危机决策中不会采纳他们的意见。在实际实践中，许多灾难会随时间而不断演化，可能已不同于早期对它的判断。

总的来说，灾难发生时人们会潜意识求助以往行之有效的行为和安慰，而不会想到做一些复杂的救助事情。有效的人道救援必须整合现有的社会结构，要相互协调解决问题，而不是强加权威。要用协调与协同代替命令与控制，决策要分散和包含。灾难虽然会造成慌乱和组织的解体，但不是社会混乱，灾民寻求的是连续性，他们寻找灾前的组织结构，寻求这些组织的扩展而不是创建一个新的组织。简单地讲，灾民要做他们曾经所做的。

3.1.4　灾难管理的生命周期

由于灾难救援行动是相当不确定性的和复杂的，需要正确管理才能启动和实施救援行动。因此灾难管理是人道物流成功完成救援行动的至关重要因素。

联合国开发计划署（The United Nations Development Program，UNDP）把灾难管理定义为"一个对灾难准备和应对的广泛名词，包括灾难发生前后的一切活动和对灾难带来的风险和后果的管理"。美国联邦应急管理署（FEMA）提出了"灾难管理生命周期"理念，"灾难管理是一个循环过程"是这一理念的核心思想。在"灾难管理生命周期"的每一个阶段，FEMA对国家应急管理系统进行必要的指挥与支持。

灾难管理是由四个阶段组成的一个循环流程，贯穿于整个灾难管理生命周期，从减除或预防减灾（Mitigation）、准备（Preparedness）到灾难爆发的应急响应（Response）和灾后恢复重建阶段（Recovery），如图 3.3 所示。这种四阶段的分法最初是 1978 年美国州长联合会（National Governors Association）关于应急准备项目报告提出的灾难运作管理观点综合起来的，是目前广泛接受的灾难管理周期理论。

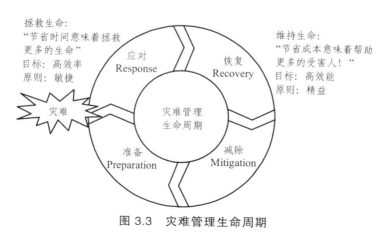

图 3.3　灾难管理生命周期

➢ 减除阶段是关于减少社会脆弱性的法律或机制，是指采用各种措施防止和减少灾难的风险，主要是关注减少或消除风险的长期措施。

➢ 准备阶段是关于在灾难爆发前期发生的各种运作。这些准备活动对于灾难应对的成功实施特别关键，这是因为要在灾前构建好物理网络、信息与通信技术系统、协同基地等。其目标是避免灾难发生后极可能出现的极严重后果。

➢ 应对阶段是关于灾难发生后立即实施的各项活动，如物资动员、救援物资的供应等。有两个主要目标：第一个目标是是立即激活"静默网络"或"临时网络"实施应对；第二个目标是尽可能在短时间内恢复基本服务，给尽可能多的灾民发送救援物资。这些运作尽可能在灾难发生后 72 小时的最佳救援"窗口时间"内完成。

➢ 恢复阶段是灾难发生后的不同运作。其目标是从长期的视角来解决问题。

灾难管理四个阶段之间不是相互独立的，而是紧密联系和重叠的，也就是说各阶段的分界线是模糊的。如图 3.4 所示为灾难管理生命周期运作时间轴。

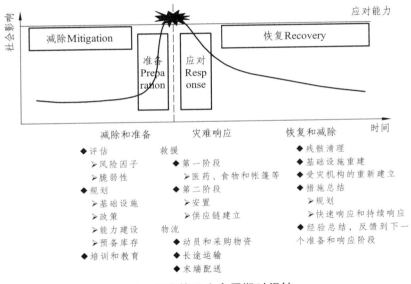

图 3.4　灾难管理生命周期时间轴

首先，不同阶段的运作事项对于不同的人群来讲可能在同一时间点上发生，比如，在灾难管理中恢复重建，灾难减除和物资准备可能会同时进行。

其次，一些灾难管理运作可能不止涉及一个阶段，如受灾后的房屋重建，既涉及灾难恢复阶段也涉及灾难减除阶段。

灾难管理各阶段的划分并不是一个阶段完成后下一个阶段才开始的相互独立的情况。在实际的操作中，尽管恢复阶段和减除阶段的具体运作事项不尽相同，但是恢复重建和灾难减除很多时候是并行运作的，产生的作用也有很多一致。准备阶段和应对阶段也有部分是同时发生的，因为当灾难发生时人道物流要以准备阶段的物资人员和体制为依托快速建立人道物流运送物资和运出受灾人员。

灾难管理生命周期充分考虑了各阶段的关系和重合，在灾难发生前有对灾难的减除和准备，灾难的减除主要是对风险和脆弱性的评估，灾难的准备主要是对基础设施和响应能力的建设和加强，对应急的预案、体制、机制和法律的制定，对预备库存的选址和实施以及灾难前全民减灾防灾意识的培养和教育，灾难发生后灾难响应的主要工作是救援和物流支持。灾难发生后的几周到数年的时间主要是恢复重建的工作，同时也是对以后灾难的减除。

灾难管理生命周期的定义和运作内容见表 3.3。

表 3.3　灾难生命周期的定义和运作内容

灾难生命周期	内容描述	任务实例
减除阶段 Mitigation	采取措施降低未来灾难的影响，减轻灾难的后果，预防未来灾难的发生	■ 实施建筑标准、建筑法规 ■ 设置安全改进措施，安装预警装置 ■ 在可能发生洪灾的地区提高建筑水平 ■ 在灾害易发区开展政府支持的灾害保险
准备阶段 Preparedness	在灾难发生前采取相应措施发展和提高危机应对与运作能力	■ 准备各种灾难应急预案 ■ 实施应急人员和公众的培训计划 ■ 建设必要的应急避难场所 ■ 设计可能的撤退路线，并进行演习
应对阶段 Response	灾难预计发生或已发生时，通过政府的组织管理，及时针对任何危险提供有效的应对措施，采取行动抢救人员，避免财产损失和人员伤亡	■ 实施预案、协调各级政府部门进行救援 ■ 实施紧急事态法案 ■ 激活紧急事态行动中心 ■ 组织人员紧急撤退，提供食物和暂居地 ■ 向国民发布灾难警告 ■ 提供紧急救济、搜寻和救援
恢复阶段 Recovery	恢复生活支持体系和基础设施服务系统	■ 清除废墟，修复基础设施 ■ 提供紧急的、临时性的安置建设 ■ 重建公共设施和社区康复 ■ 灾后重新规划

3.1.5　中国灾难的全过程循环管理

在中国灾难被归属于突发事件，在《突发事件应对法》第 3 条规定"突发事件，是指突然发生，造成或者可能造成严重社会危害，需要采取应急处置措施予以应对的自然灾害、事故灾难、公共卫生事件和社会安全事件"。

《突发事件应对法》第 2 条明确规定："突发事件的预防与应急准备、监测与预警、应急处置与救援、事后恢复与重建等应对活动，适用本法"。

《突发事件应对法》规定了一种"全过程循环型"的应急管理体制，即根据突发事件的生命发展周期来配置各类应急主体的职责和职权，或者说，使得各类应急主体的职权和职责能够覆盖到突发事件的发生、发展直至消灭整个过程。并用专门章节对各类应急主体在突发事件发生与发展的不同阶段的职权和职责作了详细规定。全过程循环型的应急管理体制的定义与运作如表 3.4 所示。

表 3.4　全过程循环型的应急管理体制的定义与运作

全过程循环管理	目标描述	职权与职责实例	与灾难管理生命周期的对应
预防与准备	避免和减少突发事件发生的诱因，在人力、物力等方面做好准备，提高应对突发事件的能力	制定应急预案与应急规划（17 条）；建立与健全应急保障体系（20 条）；建设和培训应急救援人员（26 条）；普及应急知识与应急演习（29 条）	减除阶段 Mitigation 准备阶段 Preparedness
监测与预警	对潜在突发事件进行监测，将突发事件消灭于萌芽状态；及时评估应急信息，保障公民知情权；采取相应措施，控制突发事件的蔓延和发展	建立监测网络与信息数据库（37 条）；建立突发事件信息报告制度（38 条）；建立与健全监测制度（41 条）；建立健全预警制度（42 条）；发布突发事件的警报（43 条）	准备阶段 Preparedness
处置与救援	消除突发事件的危害性，避免财产损失和人员伤亡，防止发生次生或衍生事件	实施各类应急性救助措施（49 条）；实施各类应急性限制措施（50 条）；实施各类应急性保障措施（52 条）	应对阶段 Response
恢复与重建	恢复正常生活和基础设施服务体系，减轻危害后果，总结经验与教训，预防未来突发事件的发生	巩固应急处置工作成果（58 条）；评估损失，制定重建计划（59 条）；组织实施善后工作（61 条）	恢复阶段 Recovery

《突发事件应对法》在全过程循环型的应急管理体制中对应急资金、救援队伍、物资储备、宣讲演练等事前准备工作缺乏保障性措施，该法规定了预防为主的原则，但其中的相关规定大多只提到了工作目标，而缺乏实现这些目标所必须采取的具体措施及相应的保障性规定，或者虽然有规定，但缺乏必要的硬性约束，这突出表现为：

首先，应急资金缺乏保障，作为应急资金重要来源的财政预备费经常被零散地用于各种开支，一旦发生重大突发事件，实际可以动用的资金难以满足需要。

其次，专业应急救援力量在编制、业务素质、技术手段、装备水平等方面难以满足实际需要。

再次，物资储备不足，应急物资的监管、生产、储备、调拨和紧急配送体系尚未完全建立，尤其是各类应急物资的储备和生产能力储备在多数地方没有得到重视。

最后，应急宣传教育、培训与演练的时间、频次没有明确要求。

《突发事件应对法》在全过程循环型的应急管理体制中对"恢复与重建"缺乏系统的制度安排，对"恢复与重建"的规定过于笼统，没有充分考虑到恢复重建可能面临的各种法律问题。

首先，政府之间的职责界定不清。该法仅规定受突发事件影响地区的人民政府可以向上一级人民政府请求支援，上一级人民政府根据实际情况提供支援或组织其他地区提供支援。但中央政府与受灾地方政府之间、支援地政府与受灾地政府之间的责任分担原则和办法有待明确。否则，容易出现过度依赖中央政府和对口支援地政府的情况。

其次，该法对重建规划、补偿、安置、救助等涉及公众重大利益的事项缺乏指导原则，程序规制也不充分，难以妥善协调、平衡各方利益。

　　最后，事后调查评估缺乏系统的制度设计，难以查明原因经过，总结经验，追究责任。例如，汶川地震发生后，一些遇难者家属强烈要求追究建筑工程质量的责任，但由于缺乏有关规定，难以妥善处理。

3.2　灾难管理规划模型

　　灾难管理强调对资源和责任的组织和管理，这些资源和责任是用于减少灾难对人道方面的影响。

3.2.1　灾难管理战略规划模型

　　所谓战略，实质上是组织的资源、能力等内部因素与外部不断变动的环境、机会之间的动态作用。战略规划着眼于组织发展与外部环境变化的相互作用机理，系统考虑组织的未来发展、长期目标和规划远景，注重从日常管理、常规管理转向未来的发展管理和危机管理。

　　灾难管理战略规划的目的：不仅仅是挽救生命、保护财产和环境，更重要的是通过灾难管理战略任务减除风险，有效地处置风险，为当地政府和社区增值。

　　灾难管理战略规划的服务对象：虽然灾难管理战略任务的根本目的是为市民谋福利，但市民不会直接成为其服务对象。灾难管理战略规划是直接为作为一个实体的社区服务的。灾难管理战略任务的真正客户是组织机构实体，如部门领导和地方首长。

　　战略规划的过程就是对机会的追索（发现机会、评估机会和利用机会）、对组织资源（人力、物力、信息等资源）的配置、对外部风险（可见和不可见风险）的规避的过程。

　　图 3.5 所示的是灾难管理战略规划模型，自上到下由 6 个层级的部分组成：愿景、使命、战略、目的、目标和行动。

　　◇　愿景（vision）：通过内部与外部分析，回答"我们想去哪儿"，执行组织机构的使命，并完成使命。

　　◇　使命（mission）：回答"我们做什么"，通过实现战略来履行使命。

　　◇　战略（strategy）：为履行使命而制定的一个长期计划。回答"怎样才能从这里到达我们想去的地方"，通过完成战略目的来实现战略。

图 3.5　灾难管理战略规划模型

　　◇　目的（goal）：是协助长期规划和测量进度的指导原则。回答"我们如何测量我们的进度"。

　　◇　目标（objective）：是完成目的的关键结果，行动产生结果。回答"我们怎样完成它"。

　　◇　行动（action）：是战略规划过程的最终结果。用于实现目的，最终达到机构使命的完成。

　　一般来说，愿景是相当稳定的，其生命周期为 5～30 年。使命也是相当稳定的，持续 3～5 年。战略一般是 5 年，会随着目的和目标的改变而经常进行年度调整。

　　例如：美国加州的一个战略规划：针对潜在突发事件的南加州消防资源组织战略规划（Firefighting Resources fo Southern California Organized for Potential Emergency，FIRESCOPE）。

　　FIRESCOPE 的愿景：发展和增强加州及全国范围内的消防服务伙伴关系，促进利用公共的全灾难管理系统，通过技术的创新应用，应对有计划和无计划的事件。

　　FIRESCOPE 的使命：

　　（1）向应急服务办公室（Office of Emergency Services，OES）主任提供专业建议和技术协助，应急服务办公室的消防及救援部门需要完成下面的纲要。

　　◇　全加州范围内的消防与救援合作（互助）协议计划；

　　◇　全加州范围内的消防与救援合作（互助）协议系统；

　　◇　互助的使用与应用；

　　◇　应急服务办公室的消防及救援部门人员配备需求；

　　◇　政策与项目；

　　◇　设备与装备项目。

　　（2）维护 FIRESCOPE 的"决策过程"系统，保持全加州范围内的连续运作，开发和维护 FIRESCOPE 开发的突发事件指挥系统（Incident Command System，ICS）和多机构协调系统（Multi-Agency Coordination System，MACS）。

　　◇　改进在较大突发事件中协调多机构消防资源的方法；

　　◇　改进在突发事件中预测火灾行为和评估火灾、天气、地形条件的方法；

　　◇　改善突发事件管理的标准术语；

　　◇　培训使用 FIRESCOPE 开发的系统；

　　◇　公共地图系统；

　　◇　改进突发事件信息系统；

　　◇　区域运作协调中心。

　　战略规划是一种方法，通过识别目的、目标，固定责任来完成。进行风险评估、风险减除以及考量为实现战略任务相应的资源需求，建立起社区期望达到的长期目标，确定相应的责任人。简单地说，战略规划就是战略目的（goals）和战略目标（objectives）的集合，让每一个战略目标都贡献于使命的完成，最终完成愿景。战略规划描述了灾难管理战略任务中各部分将如何实现。例如，一个战略是在灾难运作中心中要协调一个响应的所有阶段（减除、准备、应对、恢复重建），那么战略规划必须包括与目标相关的投资计划和人员培训等。

　　（1）战略目的（goals）又称战略总目标（general objective），是战略规划的宏观指导方针，是战略的表述，是社会集体决定所做事情的反映，是战略规划转化为实际行为的纽带。战略目的在战略规划中不会驱动灾难管理任务，而是被灾难管理任务本身驱动的。战略规划通过一种机制将灾难管理任务中各个不同部分协调在一起，确保它们为共同愿景一起工作。

　　（2）战略目标（objectives）又称战略性能目标（performance objective），是战术的表述，将战略目的分解为更细的工作分配或任务，界定项目中各成员的角色和责任。战略目标是战略规划最主要的部分，其关键是保持其客观性和可测量性。

　　一个战略目标应包括以下内容：

　　◇　用简明的术语描述要完成的任务，简明措辞，能容易地确定战略目标。

　　◇　分配需完成战略目标的职责。如果将职责分配给单一机构或个体，就会避免职责混淆。

最好把职责分配给负责一个工作小组（特遣部队）的领导机关而不是直接分配给工作小组（特遣部队）。因为领导机关是负直接责任的，而工作小组（特遣部队）是不会负责的。

◇ 时间轴和重要阶段有助于测量进程。没有重要阶段报告的战略任务将会被逐步忽视，或将被更急迫的任务取代而推迟。

◇ 预算估计是完成战略目标的需要。预算有硬成本，如购买装备，预算有软成本，如人工成本。没有成本估计的战略任务是缺乏现实性和可实现性的。决策者要实现战略任务的现实性和可实现性，就必须理解战略任务所需的资源，并愿意提供这些资源。

◇ 经费来源的建议。如果战略目标中没有成本的描述，那就不可能完成。"这里没有经费了"会成为其被延误的理由。

3.2.2　灾难管理的战略阶段

在灾难管理生命周期中，分为四个战略阶段：减除（Mitigation）、准备（Preparedness）、应对（Response）和恢复（Recovery）。

（1）减除（Mitigation）战略阶段，定义了一个灾难管理的开始点，是灾难管理的基石，减除战略目标是减少或消除潜在的危险的影响，主要指减少影响人类生命、财产和环境的自然或人为风险，更强调主动降低风险发展为危机的概率。在减除阶段，我们要在日常工作中采取措施，着力降低社会的脆弱性，如严格执行建筑的安全标准和建筑法规、疏散处于灾害易发区的人口、城镇布局尽量避开地震断裂带、设置安全改进措施、安装预警装置、在可能发生洪灾的地区提高建筑水平、在灾害易发区开展政府支持的灾害保险等。同时，我们要对所在区域经常性地进行风险、隐患的排查。对于重点的危险源，我们要进行持续的、动态的监测，并开展有效的风险评估。

（2）恢复（Recovery）战略阶段，定义了一个灾难管理的期望结束状态，使受灾难影响的社区恢复到可接受的正常状态，恢复生活支持体系和基础设施服务系统。主要包括清除废墟、修复基础设施、提供紧急的临时性的安置建设、重建公共设施和社区康复、灾后重新规划、控制污染、提供灾难失业救助。

（3）应对（Rresponse）战略阶段，链接减除战略与恢复战略的关键过程。应对战略就是在灾难预计发生或已发生时，通过政府的组织管理，及时针对任何危险提供有效的应对措施，采取行动抢救人员，避免财产损失和人员伤亡，社区立即应对事件的影响，维护社区的功能，启动短期恢复。主要包括实施应急预案、协调各级政府部门进行救援、实施紧急事态立法、激活应急行动中心、组织人员紧急撤退、提供食物和暂居地、向公众发布灾难警告、提供紧急救济、搜寻和救援等。

（4）准备（Preparedness）战略阶段，减除战略、响应战略和恢复战略是应急管理战略模型中的一个连续统一体，这三个战略描绘了适合社区愿景的成功响应所需的能力。为了消除实现这三个战略的阻碍，准备战略就要建立提高社区所需响应能力的机制。准备战略是提高应对突发公共事件能力的阶段，在危机发生前采取相应措施发展和提高危机应对与运作能力，主要包括制定准备各种灾难应急预案、建立预警系统、成立灾难运行中心、建立物流管理战略、实施应急人员和公众的培训与演习、建设必要的应急避难场所、设计可能的撤退路线并进行演习等。

图 3.6 所示为灾难管理战略阶段的层次关系。图 3.7 描述了灾难管理战略阶段的前后关系。

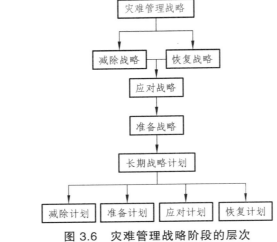

图 3.6　灾难管理战略阶段的层次

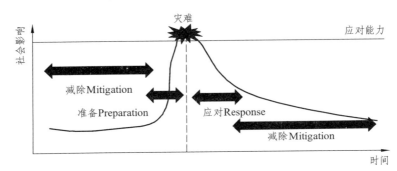

图 3.7　灾难管理的战略阶段

　　例如，一个行政辖区政府通过危害评估发现有 10 000 名群众受到潜在洪水的威胁。

　　（1）减除战略：行政辖区政府决定减少洪水威胁区域的人口数量，修复年久失修的堤岸，限制在洪水影响区建设。这样期望处于风险中的人口从 10 000 人减少到 7 000 人。随后制定这 7 000 人的疏散计划，期望疏散的时间从 8 个小时减少到 5 个小时。

　　（2）恢复战略：行政辖区政府制定清晰的应急废墟清理授权。疏散人群重返计划。估计有 1 000 市民需要永久重新安置。

　　（3）应对战略：行政辖区政府需要疏散和安置 7 000 名市民。

　　（4）准备战略：行政辖区政府只有安置 3 000 名市民的能力，需要转移 4 000 名市民到邻近行政辖区。估计需要 3 000 人的临时住房，1 000 人的长期住房，培训 1 000 名安置房建筑工人。

　　在战略计划方面，行政辖区政府识别出下列工作必须完成：

　　◇　提交新的应急废墟清理法案；

　　◇　制定减除计划及疏散路线；

　　◇　制定安置房计划，与邻近行政辖区签订互助协议；

　　◇　制定应急应对计划的安置房使用细则；

　　◇　制定疏散计划的道路与运输工具识别计划；

　　◇　制定重返计划；

　　◇　与红十字会一同培训 1 000 名安置房建筑工人。

3.2.3　灾难运作计划

灾难管理就是要使有效的规划变为现实。战略必须转化为实际应用以指导战术上和操作上的响应。战略的根本表达是灾难运作计划。如果没有运作过程、物流和资金的支持，灾难运作计划是无效的。

灾难运作计划不仅包括生命安全的应对，还包括连续性和恢复，如图 3.8 所示。包括四个部分：

◇　应对计划：在灾难行动中，分配各职能部门的职责；
◇　减除计划：建立短期和长期的减少会消除危害影响的行动；
◇　恢复计划：制定社区恢复的服务、项目、实施以及制定恢复基础设施的优先级和策略；
◇　准备计划：在危机发生前采取相应措施发展和提高危机应对与运作能力。

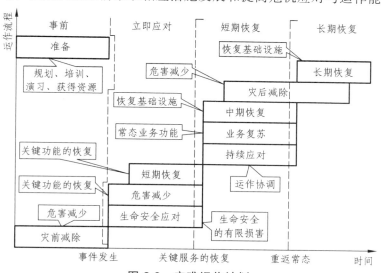

图 3.8　灾难运作计划

灾难运作计划是同时执行的，必须协调以确保一个计划的活动不会影响到其他计划。因此，灾难计划者必须考虑多计划同时执行的管理问题。与此同时这些灾难运作计划有一定的层次管理，要满足人类需求的自然顺序，如要某层的计划有效的话，其底层计划必须对其支撑。例如，立即的生命安全应对计划失败的话，持续性和恢复计划就没有意义。如图 3.9 所示。

如果减除计划成功，则应对和恢复行动的需求要么减少要么取消。社区就能快速恢复正常，运作有限中断，并且成本低。

并不是所有风险都能防止，总有没有预见潜在风险的或低频率事件发生，因此社区需要突发事件的立即应对行动能力。

应对计划为个体幸存做准备，持续性计划为政府业务幸存做准备。两者都为事件从发生过渡到长期恢复运作架起桥梁。

图 3.9　灾难运作计划的层次

一个差的或者是根本不存在的减除计划就意味着灾难对社区产生更大的影响，在灾难运作时就需要更多的人力和物资协调。

不充分的应对计划就会导致灾难救援混乱，限制社区管理应对的能力，限制社区从持续性运作获得资源的能力。

如果连续性计划失败，那么恢复运作可能就会被延迟或期限可能被迫缩减，因为社区不能得到充足资金重建基本职能。

恢复计划直接影响重建的速度和方向，可能决定组织的生命力。

3.2.4 灾难运作双循环模型

灾难管理生命周期由减除、准备、应对和恢复四个阶段组成。这四个阶段可分为灾前的前摄式循环和灾后的反应式循环，前摄式循环包括减除和准备两个阶段；反应式循环包括应对和恢复两个阶段[47]。如图 3.10 所示。

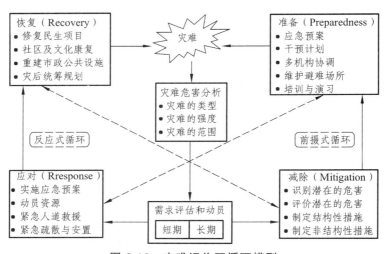

图 3.10 灾难运作双循环模型

图中实线表示灾难管理双循环，虚线表示可能重叠或并行发生的灾难管理阶段，如恢复阶段和减除阶段中各自的运作事项可能在同一时间点上并行进行，或者某些灾难管理运作同时涉及到恢复阶段和减除阶段。同样准备阶段与应对阶段也可以同步发生，准备阶段为应对阶段提供物资人员和体制，实现快速运送人道救援物资和运出受灾人员。

人道物流贯穿了灾难管理的整个生命周期，每个阶段人道物流的侧重点和特点均不相同，例如常态人道物流网络主要集中在灾前的减除与准备阶段（如需要"推"的、精益的供应链技术等），临时人道物流网络放置在灾后的应对与恢复阶段（如需要"拉"的、敏捷供应链技术等）；常态人道物流网络是灾难管理的业务连续性计划，开发和维持能在应对与恢复阶段提供资源的相关参与者；临时人道物流网络是部署与调度，从多个常态机构中汇集资源，建立运作，决定合适的前置库存，动员国内外的参与者加入到网络中。

临时人道物流网络有三种形式：项目式、重叠供应链式和资源组合体式。项目式的临时人道物流网络需要与常态系统签订临时合同，形成跨组织项目，重点是组织流程而不是结构和计划。重叠式的临时人道物流网络需要增加常态系统的柔性以适应不同情景，比如在救援运作中就有可能在一个组织内同时运作数个供应链，处置数个项目。资源组合式的临时人道物流网络需要分清一个常态网络中组织资源之间的边界，组织资源有业务单元、业务关系、物理资源（产品和设施），需要研究如何用常态网络中的这些资源构建临时网络。

根据需求类型、主要任务和网络类型，可以总结人道物流在灾难管理四个阶段的特点如表 3.5 所示。

表 3.5　人道物流在灾难管理各阶段的特点

阶段	减 除	准 备	应 对	恢 复
周期	长期：连续	长期：连续	短期：数天—数月	中期：数月—数年
特点	以政府为主导；需要大量资金支持；注重持续性	注重库存前置，需要制订总体的战略规划，运作较为具体（不仅仅是制定规划或政策法规）	持续时间短，事务繁杂，变化性极强，协同性高，人道物流快速支持	政府主导，与减除阶段运作事项有重叠，人道物流的持续支持，大量资金支持
参与者	以当地灾难管理者为主导，当地所有公民、灾难评估专家、人道物流服务者等	当地的灾难管理者和当地的人道救援机构和物流服务者	全方位：一般包括捐献者（个人和企业）、本国（本地区）政府、国际性人道组织、军队、物流服务提供者等	以本国（本地区）的灾难管理者为主导，建筑、基础设施服务提供者，援建机构，人道物流服务提供者
网络类型	常态人道物流网络：精益	常态人道物流网络：精益	临时人道物流网络：敏捷/精益	临时人道物流网络：敏捷
需求类型	救灾物资储备仓库、应急避难所和救援指挥中心的建设所需物资等	特定的标准救援物资，前置储备的救灾物资	特定的标准救援物资：例如生活物资、医疗卫生物资、搜寻工具等	根据具体灾难情况而变化：例如建筑材料、生活设备
主要任务	确定社区需求；估计灾难条件；开发协同计划；完善通讯系统；建设应急避难所，救灾物资储备仓库选址；投资长期关系和团队记忆；合理化供应基地；制定物流提供商认证/选择准则；建立多功能团队；激励人道物流中的信任与承诺	选择供应商；选择物流服务商；救灾物资储备；建立或完善应急运作（指挥）中心；数据收集：对于每种灾难情景下需求分布、供应渠道能力分布和提前期等数据；决策问题：每个地点的储备量，疏散计划，采购计划，物流支持	灾难的数据评估；储备库物资的调运；确定优先及紧急救援物资；救援物资供应渠道和能力的可得性；采购救援物资总量；救援物资配送路径和调度；安置受灾人群；救援人员有效流动	房屋重建或修复；基础设施（公共场所、生命线，环境等）的恢复和重建
紧急程度	低	低	高：时间（提前期）就是生命	中等：政府和捐献者监督完成重建任务
优先项目	成本	成本	提前期	质量
绩效评价			市场共享 吞吐时间	客户满意度 财政指标

3.3　减除阶段中的人道物流

减除是灾难管理中前摄性的社会元素，减除阶段的关键在于要有一群人愿意按照指示说明进行人道物流活动。

3.3.1　减除阶段

减除（Mitigation）是灾难管理的基石，减除阶段应急管理的目标是减少或消除潜在危险的影响，主要指减少影响人类生命、财产和环境的自然或人为风险，更强调主动降低风险发展为危机的概率。

在我国人们对预防的重视不够，这是因为现实中人们很难判断未发生突发事件是因为做了有效的预防。对于官员来说，最优选择是救灾，次优才是有效地防灾。

美国在减除方面的研究较早也比较全面，如美国圣查尔斯县洪水案例。

美国圣查尔斯县（St. Charles county）在国家洪水保险项目中一直都保持着索赔的记录，该县有 300 000 人口，位于密西西比和密苏比河的交汇处，有一半的地区都处在洪泛区。由于农业的发展使得河流湿地面积减少，以及农民要求的联邦筑堤项目，加剧了该城的洪水风险。但当地却认为洪水是自然现象，不受人为的干预。1993 年发生的中西部（Midwest）大洪水使圣查尔斯县遭受到巨大的损失，超过 2 100 栋住宅被摧毁。洪灾过后，圣查尔斯县参加了密苏里收购项目（Missouri Buyout Program），该项目是 FEMA 支持的通过购买高风险地区的资产来减除风险损失的项目。从 1993 年到 1995 年，该城使用了来自于 FEMA 的危害减除基金项目（HAZARD MITIGATION GRANT PROGRAM）的 578 万美元和社区发展基金（COMMUNITY DEVELOPMENT BLOCK GRANT PROGRAM）的 88 万美元购买了 1 159 件资产。圣查尔斯县收购的这些在洪水中经常损坏的资产帮助该城避免了 1995 年的损失，在 2002 年的洪水时，该城受灾损失不明显，总统没有宣布灾难发生，但其他地区则遭受了非常大的损失。这是 FEMA 认为的减除战略成功的案例。

然而，该项目也有不利的一面：从 50 年代开始，该城就开始在主要的洪泛区修建三个活动房屋停放场和廉价住房，1968 年启动了国家洪水保险，但该城不愿意加固其廉价设施，于是一些低收入者乘机利用廉价住房，他们基本都住在被保险的活动房屋停放场里。1986 年，政府要求加固活动住房到可抵抗百年一遇洪水的标准，遭到当地市民和国家住房委员会的抵制。密苏比收购项目开始后，承受被收购失去资产压力，变成了低收入者。活动板房的拥有者得到了补助，然而租客们却什么都没有了。计划再修建居民区被抵制。唯一的选择是背井离乡，另觅他处。2 800 个无家可归的家庭离开了该县，在其他地方定居了下来。

美国圣查尔斯县洪水案揭示了减除的复杂性：即使如国家洪水保险项目这样完备的计划也不一定十全十美，而简单地"减除"风险并没有那么"简单"，往往存在许多悖逆。减除战略不只应当考虑减除风险的方法，也应当考虑实施这些措施后带来的后果。

在减除阶段的主要工作内容包括：加强土地、建筑、工程的标准化管理；组织实施减灾建设项目；进行灾害风险评估；监测、监控风险源，排查隐患；进行减灾防灾教育、宣传、培训等。

　　根据"十五"、"十一五"期间我国突发公共事件应急管理现状的分析情况来看，在减除阶段我国灾难管理的重点任务为：完善公共安全风险评估工作机制；加强公共风险沟通；加强应急管理培训工作。

3.3.2　减除阶段中的人道物流

　　目前，人道机构募集的资金更偏向于应对阶段，95%的资金花费在灾后。然而世界银行估计在减除阶段和准备阶段每花费的 1 美元，将节约应对阶段和恢复阶段的 7 美元成本。如果将从整体自然灾害循环周期来全面统筹就会实施更有效的人道救援。

　　在减除阶段，人道物流的特点为：

　　（1）参与者：减除阶段的特点是定义减除机会，制定减除计划，启动连续性改善计划。所以参与者以当地灾难管理者为主导，当地所有人员、灾害评估专家、人道物流服务者等为辅助。参与者之间的联系较为松散。

　　（2）人道需求：救灾物资储备仓库和应急避难所的建设所需物资和资金等。在此阶段物流强度低。

　　（3）人道空间：依据博爱、中立和公正三原则构建应急避难所和救灾物资储备库为主的实体人道运作空间，以及有共同物流运作目标的虚体人道运作空间。

　　（4）人道物流结构：建立常态人道物流网络，采用精益策略，以降低成本为主。

　　（5）主要任务：确定社区需求；估计灾难条件；开发协同计划；完善通讯系统；投资长期关系和团队记忆；合理化供应基地；制定物流提供商认证/选择准则；建立多功能团队；激励人道物流中的信任与承诺。此阶段任务不紧急。

　　参与者能在一起制定出一个集体战略将决定灾难管理的成败。因此参与者共同组建的一个规划团队就成为一个资源中心和信息交流枢纽的高效领导者，这对于减少灾难影响是至关重要的。最重要的第一步是要获得高层管理者的支持，以及全体人员的风险意识。然后才能共同决定实体人道运作空间：合理的避难所选址和能力要求；应对设施选址和库存水平；前置仓库数量和选址；应急响应任务的动态分配和交通流疏散计划。虚体人道运作空间：建立跨功能的规划团队，明确责任和领导力，以克服对问题缺乏官方理解而可能造成的救援响应延误；分析人道物流能力和危害，加强风险评估；制定准备、应对和恢复阶段的交流计划；同意准备、应对和恢复阶段的绩效测量指标。

　　减除阶段的物资需求不再是必须为受灾人群提供，因此人道物流不需要多批量和很短的提前期了。一方面，人道物流提供持续的支持，使受灾地区的基础设施、经济等得到增值；另一方面，通过人道物流在减除阶段的运作，其自身得到进一步的改进和完善，从而形成新的人道物流，并会在准备阶段得到巩固。

3.4　准备阶段中的人道物流

　　2008 年 5 月的汶川大地震中，在 48 小时之内，中央救灾储备库的帐篷就已经被全部调空，而整个灾区帐篷缺口还在 80 万顶以上。已经建立的救灾物资储备体系不能完全满足救灾的需要。

当社会风险和脆弱性不能完全被"减除"时，则"准备"形成一种应对机制来处置这些不利因素。

3.4.1　准备阶段

减除阶段、应对阶段和恢复阶段为灾难响应提供了一个连续统一体，即分别定义了一个灾难管理的开始点、一个期望的结束状态和一个连接两者的流程。从本质上讲，这三个过程描绘了适合社区愿景的成功响应所需的能力。为了消除实现这三个阶段的阻碍，准备阶段就要建立社区应对能力的机制。加拿大和美国都设有专门的应急准备管理部门。

准备阶段一直都是政府应对突发事件的重点之一。1996年7月，加拿大萨哥纳地区发生了严重的洪水，造成10人死亡，2 618间房屋被毁，16 000人被迫离家，这次洪水也永久地改变了萨哥纳地区的地理形态。由于洪水发生时正好是萨哥纳地区的旅游高峰期，所有的节日均被取消，造成经济损失15亿加元。洪水退去后，当地民众谴责政府没有及时从肯诺伽弥湖水库放水，而政府则把一切归咎于糟糕的天气。而萨哥纳地区早在90年代就建成了2 000多个水坝，为什么还抵挡不住1996年的洪水呢？原因出在洪水发生之前的准备阶段：

（1）萨哥纳地区的2 000多个水坝是由25个公共及私有机构投资修建的。这些水坝没有共同的安全标准，且缺乏监管水坝的详细资料，水库员工没有接受过相关应急培训。例如Abitibi-Price水利公司在洪水发生后就承认在修建水坝时没有进行洪水模拟。

（2）萨哥纳地区的政府官员和民众对洪水应急没有太多经验，认为已有的水坝完全可以抵抗巨大洪水。

（3）水坝投资方、运作方和政府官员之间缺少联系和协调。地区各市缺乏沟通，没有建立突发事件共同应急计划的愿望。

我们从萨哥纳洪水的应急准备中可以提出三个问题：

◇ 政府准备了吗？

◇ 民众准备了吗？

◇ 企业准备了吗？

答案是都没有：市区政府之间没有沟通，没有获得水坝统一监理权；而民众缺少政府的引导，更加没有重视洪水的危害，应急准备又从何谈起？水坝投资和运作公司更是连水坝修建前必须进行的洪水模拟都没有进行。

虽然每个地方的情况都不一样，萨哥纳洪水揭示了准备阶段沟通和协调的重要性，2008年汶川地震凸显了救灾物资储备、应急指挥、应急救援队伍和应急避难所建设的重要性，然而无论是国外还是国内，应急准备的参与方都涉及三方：政府、民众和企业，而政府是主导，民众和企业在巨灾发生后短时间内虽然是主要的救援力量，但要让该救援力量最大限度地发挥作用，还是离不开政府的引导。

3.4.2　准备阶段中的人道物流

人道物流在准备阶段的目标是快速应对灾难，提前采购和前置救援物资能非常明显地提高激活救援计划的敏捷性。同时达成的纵向和横向协同协议能转化为运作计划。参与者知道自己的角色，随时准备行动。

准备阶段是建立或提高灾难响应能力的持续过程，如设计疏散路径和建立避难场所，准备救援物资，提高人道机构响应灾难的能力等。提前准备的救援物资种类较少，主要是保障生活的基本物资，如食物、医疗物资、水、环境保障设备、避难所等。由于很难预测灾难发生的物资需求，不知道本地市场或库存能否满足需求，以及本地的市场（或仓库）可能在灾难发生时被摧毁，因此需要准备从全球获取物资。例如，无国界医生组织（MSF）和红十字会制定了灾难响应物资标准，这些物资可以从全球的物资储备仓库中调用。人道物流为准备阶段的各项运作提供持续的支持；在准备阶段建立的各项基础设施又提高和改善了人道物流的运作环境；同时在恢复、减除和准备阶段人道物流的运作过程中，其自身又会不断更新和完善，最终形成新的人道物流。

在准备阶段，人道物流的特点为：

◇ 参与者：当地的灾难管理者、人道救援机构和物流服务者、捐献者和基金会；参与者之间的联系较为松散。

◇ 人道需求：特定的标准救援物资，前置储备的救灾物资；支持人道物流的基础设施（仓库交通工具）；救援基础设施（避难场所救援指挥中心等）和资金等。在此阶段物流强度低。

◇ 人道空间：依据博爱、中立和公正三原则构建应急避难所和救灾物资储备库为主的实体人道运作空间，以及有共同物流运作目标的虚体人道运作空间。

◇ 人道物流结构：建立常态人道物流网络，采用精益策略，以降低成本为主。

◇ 主要任务：选择供应商；选择物流服务商；确定救灾物资储备仓库地址；建立或完善应急运作（指挥）中心；建设避难所；志愿者招募和培训；灾难演习；数据收集：对于每种灾难情景下需求分布、供应渠道能力分布和提前期等数据；决策问题：每个地点的储备量，合同储备企业评估，疏散计划，疏散路径规划，采购计划，物流配送方案。此阶段任务不紧急。

人道物流需要准备五类工作，可用五个 B 来概括：Boxes（material，救援/救助物资）、Bytes（information，信息）、Bucks（money，资金）、Bodies（people，救援参与者）和 Brains（knowledge and skills，知识与技能）。贯穿于人道物流的主要功能包括计划、准备、采购、运输、仓储、配送、追踪回溯和报关、清关。如图 3.11 所示。

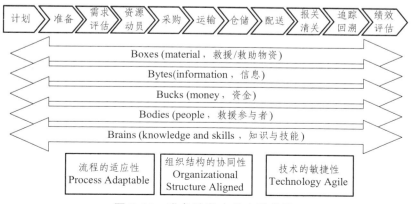

图 3.11 准备阶段中的人道物流

准备阶段包括的五个主要部分并且必须产生积极的效果，涉及救援物资、信息、资金、救援人员和知识技能。需要有较好的准备从而使五个部分的流动更有效地连接。例如，从具有充分接收能力的起点到最需要的地方的物资流，以及确保协作与协调的信息流和来自捐助的资金流。如表 3.6 所示为五个流动的目标。

表 3.6　人道物流的五个流目标

流的类型	目标
救援物资流	成本、速度和质量
信息流	先是信息不畅，后是信息爆满；相关信息的协调
资金流	流动性：让捐献承诺成为现金；基于需求的优先性
救援人员流	将救援人员带至灾区
知识流	让技术更能解决问题

（1）救援物资流。

在灾难发生的初期，救援物资要尽可能快地从四面八方送往灾区，尽管成本非常昂贵。稍后（通常是灾后第 90 天到 100 天）就要以合理的成本获得救灾物资，主要是在当地寻求更容易获得的物资。我们研究表明，大量时间和资源（有时多达 95%）浪费在等待物资运往灾区的路上。像灾难管理这一领域，减少这个浪费的比重可以使更多生命获救。但不是任何一个灾难都需要每一类型的物资，许多不请自来的捐助可能对于救援系统来说是个负担。因此，控制物资的流动和各方的沟通是提升救援效率和成效的重要途径。

所以流程与物流管理要成为一个救援组织的重要部门，采用新的战略（救援物资标准化、协议标准化、货物跟踪系统、库存管理等），实现从采购到规划、仓储管理、培训和汇报等全过程有效管控。

（2）信息流。

在灾难开始时信息是受限的，即使在灾难前已制定了很好的措施（这种情况很少）。在灾难的初期了解灾区的受灾情况和不同等级的需求都是很重要的。这是救援的基本理念和方向。有关灾区人口的需求（水、食物、药品、帐篷），以及满足这些需求的方法（仓库容量、机场或码头的数量、运输能力、电话会议）等相关信息是至关重要的。共享的信息可顺畅地协调并避免重复的工作，例如掌握谁会参与到灾难的救援中，各参与者有什么能力（领导机构、实施团队、还是各种机构的协调者等）。

（3）资金流。

虽然媒体对灾难区的图文报道可以让救援组织筹集到大量善款。但公众经常会疲于重复的呼吁或被新的灾难所分散，使得一个具体救援行动的资金可能提前枯竭。同时，资金不能合理的投入或分散，会导致援助依赖或妨碍灾区的重建恢复。

救灾资金的流动性是至关重要的。大多数的捐献承诺金要花上几天、几周、几个月甚至几年才能到达救援组织，而这些救援组织是需要用现金供给和履行对供应链伙伴的财政义务的。

所以筹款的准备策略是非常关键的。也就是说，找到资源去应对灾难相对简单，找到资金做好救灾准备则相对困难。筹集善款一向被人道组织相互竞争，这取决于公众对人道组织形象的认可和识别，以及对人道组织能力的了解。

（4）救援人员流。

由于人道组织高度依赖志愿者而导致其人员流动率非常高，从而影响救援，同时救援人员获得正确的灾难应对技能也是不容易的。这使得人道组织经常缺少经过培训的人员或者专家，以及难以对新人员进行训练。

所以这一部分需要仔细筛选以及招募经过充分训练的救援人员。为了留住最优秀的人员，在准备阶段人道组织要能够了解专业人士的动态，并需要在更明确的情况下对志愿者和借调人员进行安排。

（5）知识流。

当在高不确定的救灾情况下做出一个响应是需要专业知识的。每一次灾难都为救援知识转换和建设提供一次机会，这些知识可以从人道组织中获得，也可以来自于救援人员。大多数救援人员在完成一次灾难救援后又投身到另一次灾难救援，他们不能及时整理救援知识。

所以人道组织更应注重从过去发生的灾难中获得救灾经验，对救援知识进行整理并在组织中进行交流，以确保这些知识更明确，并使其作为组织文化的一部分。人道组织需要对知识的获取过程进行管理，并制定分享和利用救援知识的激励措施。这可以解决人道组织高人员流动率和救援人员培训难等问题。

3.5　应对阶段中的人道物流

3.5.1　应对阶段

在减除阶段中，从社区的危害要素和脆弱性两个方面综合评估了社区面临的风险，然后消除危害或减少它们的潜在影响。在恢复阶段中，确定应急行政的终点状态，即社区达到一个可接受的平常状态。把解除阶段和恢复阶段放在一起，需要应对阶段来连接。

许多行政辖区在应急预案框架下制定了应对计划，确保所有关键领域都不遗漏。应对计划的关键部分是：建立政府架构，固定各种应对功能的责任。主要需要解决的问题是在一个被不同管理者领导的单一运作中心内，如何协调应对计划；随后，如何化解计划之间的冲突，谁拥有最终仲裁权，谁来制定单一的应对行动计划。

立即启动的应对计划是相对短期的，行政辖区要快速地从应对阶段进入到持续解决恢复问题的运作中。主要解决的问题是在什么时候，应急行政工作从应急应对中心转移到更长期的恢复阶段。

由于在应对阶段中，没有确定救援的优先级，经常会引起冲突。虽然生命安全是应对的第一优先级。但应对运作是动态变化的，有些决策对受灾者有不利影响，如医疗拣选（根据紧迫性和救活的可能性等决定哪些人优先治疗的方法，Triage）和分配受限资源的强迫优先级。所以需要在应对计划中研究这些动态变化因素，确定人们有多大的妥协度，愿意容忍这些动态变化因素，以确保自己的幸存。

例如，1989 年旧金山的 Loma Prieta 地震中，Marina 地区是一个富裕地区，大量建筑倒塌，遭受到严重损害。作为安全考虑，政府决定从受灾地区疏散居民，禁止居民重新返回原居住地。计划立即拆除不安全的建筑，这是确保生命安全的第一优先级。然而，原居民非常害怕不能在他们家园被拆除之前重返家园，抢救他们的个人财产。最终，市政府屈服了社区的请求，允许每户有 15 分钟有护送的返回时间。

下面介绍 2003 年美国加利福尼亚州森林火灾的应对案例。

1. 背　景

美国媒体这样描述 2003 年加利福尼亚"风暴性大火"：这次森林大火在影响的广度和深度上来讲都是史无前例的，这次在 2003 年 10 月下旬发生的森林大火总共有加利福尼亚州的 5 个地区受灾（洛杉矶、圣贝纳迪诺、圣地亚哥、凡吐拉市和里弗赛得市），有 12 个主要火源，在持续两周的大火中，有大约 15 000 名消防员参与救援。在这次事故中总共造成 22 人和无数的野生动物死亡，200 多人受伤，烧毁了 4800 间房屋，3 000 多人无家可归，在这次救援过程中大约花费 12 亿美元，专家估计大约有 17 亿到 35 亿的保险损失。这次大火所烧的面积是过去 10 年平均值的 2 倍。

美国加州是森林火灾频发的地区，为预防特大森林火灾，加州在 2003 年以前就已经采取了一系列的减除措施，但是这些措施并没有发生特别好的效果。加利福尼亚州在 2003 年总共在预防森林火灾上的预算下降大约 5 亿 3 千万美元，而在这次发生大火的加州南部 5 个地区总共才得到 4 百万美元。这片森林占到美国国有森林的 17%，而且非常靠近居民聚居地，粗略估计有 750 000 英亩的土地被烧焦。

这次燃烧范围广，受害人数多的森林大火考验了美国的受灾地方政府、州政府以及联邦政府的救火和应对的资源储备。在这次救援中美国各级政府展示了救援的良好方法和措施，在对大灾难的应急管理中有很多好的应对策略和方法值得学习和借鉴。

2. 事态进展及救援过程

这次森林大火（于 2003 年的 10 月 25 日在加利福尼亚州发生）的应急救援前线指挥结构（The First Responder Command Structure）如图 3.12 所示。

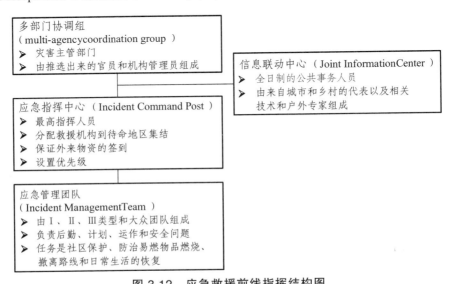

图 3.12　应急救援前线指挥结构图

对前线救援指挥结构的详细情况作如下解释：

多部门协调组是为了统一指挥在应急指挥系统（Incident Command System，ICS）下建立的临时机构，由推选出来的官员、机构管理员和高级部门主管，是事件的最高指挥部门。多部门协调组执行联邦政府的权利，协调资源需求，更重要的是集中指挥和控制权。信息联动中心设置于多部门协调组中，主要负责信息管理、媒体控制、确保向公众公布的信息是有前瞻性的、统一的。第 I、II 类型的事件管理团队被指派救火的具体运作。第 I 类型事件管理团队在 600 人以上，针对很大的森林野火，从事很复杂的后勤、财政、规划和运作问题；第 II 类型事件管理团队规模在 500 人以下，针对较小的野火，主要任务是在火灾发生前的社区安全防护。消防安全人员被分配到几个事件管理团队中，他们的任务是分析每个消防员的认知能力和保持清醒认识的能力，目的在于保持消防员在救灾过程中自身的安全。

一旦应急指挥中心的救援指令制定后，调度员、空中灭火团队、直升机、空中灭火机作为一个整体团队。开始空中协调救援很困难，因为空中援助没到，直到联邦航空局的援助到来团队的协调救援才顺利进行。美国国家火灾救援协调中心（National Interagency Fire Center）提供 7 500 万美元物资支持地面的救火行动。2003 年 10 月 25 日，联邦紧急事故管理局（FEMA）共发布 8 条火灾管理救助金项目，声明支持联邦、州和地方的联合行动。美国红十字会与地方政府合作开启 24 个避难所来帮助在火灾中失去家园的人。南加利福尼亚志愿组织、宗教组织等其他一些社会团体在受灾地区援助水、食物、帐篷等一些物资和提供必要的帮助。

到 2003 年 10 月 26 日，火灾共造成 11 人死亡，500 多个家被烧毁，30 000 人受到威胁，他们都被疏散的安全地带，消防员在 20 000 多英亩的地方展开救援。10 月 27 日美国时任总统布什宣布这个灾难为重大灾难，洛杉矶、圣贝纳迪诺、圣地亚哥、凡吐拉市和里弗赛得市得到国家的援助。FEMA 宣布国家应急救援队准备为临战状态，为灾后恢复预备物资，随着总统的重大灾难的宣布，国家应急预案完全启动。

随着应急预案的启动，从 10 月 29 日国家应急运作中心（National Emergency Operations Center）就临时扩充了附加信息和规划人员，其基本组成有美国陆军工程军团（U.S. Army Corps of Engineers）、应急支持中心、森林服务等。国家应急运作中心主要指挥救援运作和任务分配协调，所有的相关部门都集结建立在帕萨迪纳市的 FEMA 的联合灾害外地办事处，这里装有卫星通讯设备。帕萨迪纳市的 March 空军基地旁边是救灾物资集中存放地区。

到 2003 年 11 月 15 日，所有的火被扑灭，总共动员了 15 000 个消防员和 17 000 辆火灾救护车，还有少数救火单位留在人烟稀少的偏远地区观察和预防火源的再次爆发，直到 12 月初才撤离。美国各级政府和相关机构，国家投入的志愿者、地方志愿者和宗教组织开始评价损失，协调参加恢复工作，加快对受灾机构的援助交付。

3. 案例总结

这次灾难性的森林大火考验了美国联邦政府和地方政府的应急响应能力，这次事件的应对虽然有些不足，但是由于美国的应急体系完善，使得这次火灾很快得到了控制，应急指挥人员和应急队伍以及志愿者社会团体能够迅速地组织展开，使得这次救援还是很成功。

这次救援的成功之处在于：

（1）机构间的协调和合作。

南加州火灾的机构间合作协调的关键是先前已经存在的应急指挥系统（Incident Command System，ICS），ICS 建立的一般规则使在其中的各种团体能够建立有效的、集中的命令和控制系统，使系统的功能有效运行。在 ICS 中的联合演练在灾害中证明是非常有用的。

（2）应急指挥中心的集中命令和控制。

命令和控制作为大范围运作的支柱，在南加州火灾救援过程中起到了非常好的作用。尽管有很多困难和由于开始对灾害的低估使得启动缓慢，但是在救援森林火灾整个过程中的疏散、灭火、飞行运作都是在命令系统指导下完成的。

（3）应急通信系统发挥作用市民得到及时告知。

在持续的大火中通讯疏散公众，促使和协调在火灾地区的人员撤离非常困难，政府在开始通知居民时使用应急广播系统（Emergency Broadcast System），虽然它是免费且信息直达的，但是它在深夜使用时效果受到很大限制，即使只能通知到一个居民也能减少损失。在后来就使用了以计算机为基础的能够独立地运行的通信系统。

（4）媒体发挥重要的作用。

媒体的作用在救灾中被放大了几倍，用本地媒体带头进行组织间的统一协调帮助信息流有效和精确地流向公众。媒体被充分地利用来为公众传达火灾关键行动和重要的信息，疏散居民等。信息联动中心（Joint Intelligence Center）作为极其重要的连接媒体收集和发布了关键的信息。此外信息联动中心还传达信息给公众和突出志愿行动的方向。

这次救援的不足之处有：

（1）救援前期机构协调不够。

在救援前期虽然地方基层机构的训练对救援有所促进，但是在救火的前期还是产生了混乱，机构之间的联合响应虽然产生了一定的效果，但是没有形成真正的协调，信息和情报未能有效地沟通和传递，另外在救援开始阶段规划和后勤的运行很混乱，部分原因是资源获得体系和完整的地区对火灾救援和物资需求的行政困难。但是后来应急指挥系统（ICS）的实施使响应能有效地运行。

（2）信息系统运行不流畅。

无线电通讯互用性问题是森林大火救援中最大的问题，因为合作机构之间、命令和战术单位之间、空中和地上救援单位之间乃至同一个救援单位不同的救护车之间都有协调问题。原因在于在事件发生的前几年加利福尼亚政府消防部门把无线系统转化为 800 MHz 的了，这与联邦政府标准的 VHF（Very High Frequency）不相符。通信问题影响了指挥官对资源情况的正确认识。最终导致居民区、街道、有计划的行动和完整的任务都失去了对本地资源情况的掌握。移动电话在应对通信问题上用到很多，但是由于移动基站的烧毁，输电线断掉使得移动系统严重超负荷。

因此，应对是灾难管理的核心环节，在精心准备的基础上，根据灾难的性质、特点和危害程度，协调已有的资源和参与救援的各个部门，以及发动群众积极参与到应急救灾中来，还有就是怎样得到必要的资金支持。目的就是要最大限度地提高救灾的效率，尽可能地减少人员伤亡和财产的损失，控制和预防此类灾害的发生。灾害应对的关键点是如何让政府救灾管理体系顺畅高效地运行以及实现各种响应功能的融合。其主要任务是灾害应急救助响应，应急指挥联动协调和救灾物资和资金的满足。具体而言我国应从社会动员机制、应急救助响应机制、应急指挥联动机制、应急资金拨付机制这四个方面提高灾害应对能力。

3.5.2　应对阶段中的人道物流

应对阶段是在灾难发生后，以抢救人的生命和防止灾难扩大的阶段。在应对阶段中执行和应用准备阶段制定和建立的机制、法规、救援系统等，协调已有的资源和参与救援的各个部门，发动群众以及得到必要资金的支持，目的就是要最大限度的提高救灾的效率，尽可能地减少人员伤亡和财产的损失，控制和预防次生灾难的发生。人道物流在应对阶段中高水平的横向和纵向协同能力时可以顺利实施灾难计划、评估其管理和控制和确保交流。敏捷和重构的人道物流网络结构能快速处置变化的需求。

在应对阶段，人道物流的特点为：

◇　参与者：一般包括捐献者（个人和企业）、本国（本地区）政府、人道组织（国内和国际）、军队、物流服务提供者等。参与者之间的联系较为紧密。

◇　人道需求：特定的标准救援物资，例如生活物资、医疗卫生物资、搜寻工具等；救助受灾人员所需的基本物资（如：帐篷、水、食物、衣物被服等），交通工具。

◇　人道空间：依据博爱、中立和公正三原则构建以应急避难所和救灾物资储备库、救灾物资配送中心为主的实体人道运作空间，以及有共同物流运作目标的虚体人道运作空间。

◇　人道物流结构：建立暂态人道物流网络，采用敏捷策略和精益策略。

◇　主要任务：灾难的数据评估；储备库物资的调运；确定优先级紧急救援物资；救援物资供应渠道和能力的可得性；采购救援物资总量；救援物资配送路径和调度。此阶段任务紧急，把灾民送到安全的救助点，及时地把伤员转移到医院。

人道物流在应对阶段的运作：计划的实施，动员在准备阶段储备的资源。在对救援需求评估后，搜救团队和救援物品尽可能快地集结。

应对阶段中的人道物流共有 8 个运作：动员、评估与规划、援助管理、运输、解散、机构间协调、信息管理和质量监控。其相互关系如图 3.13 所示。

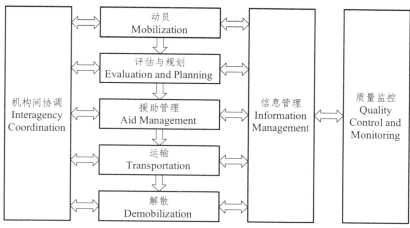

图 3.13　应对阶段中的人道物流运作

动员（Mobilization）：需要启动危机运作中心和招募主题领域专家，由此中心触发其他行动，管理救援人员和物资。为了动员到必要的资源，动员运作需要一直持续。

评估与规划（Evaluation and Planning）：灾后应对的最初运作，提供基本的运作计划。通过对灾情评估来识别灾难的范围和程度；通过物流评估，确定灾民的需求以及如何满足这些需求，识别灾区可用资源（可能的通行路线、终端能力、车队能力、配送中心和安置点的可能位置等），以及确定实施物流流程的可能性和最紧迫物流运作。

援助管理（Aid Management）：由获取、仓储和配送三个运作组成。获取流程和配送流程是援助管理流程的结果，同时又是运输运作的输入。获取运行有四个步骤：识别需求；详述产品和服务；获得资源和订单；供应管理以确保正确发送。配送有三种：从获取点到需求点的移动；同一机构内从一个地点到另一个地点的移动；配送到终端用户。该运作需要吸纳具有多学科技能和知识的专业人士参加。

运输（Transportation）：进入灾区的可行路线和内部通道，以及当地车辆的使用。

质量监控（Quality Control and Monitoring）：需要制定质量控制的标准程序，需要持续监控以改进其运作缺点。这样当新的需要优先考虑的事物出现或发现了错误后可以及时调整行动。

机构间协调（Interagency Coordination）：避免不必要的重复流程，避免人道机构在交通、存储和人员的竞争，以及促进信息共享来同步他们的运作和应对能力。

解散（Demobilization）是有序和有效地返还资源到其初始地点和状态。解散流程应尽快开始，以方便资源的统筹。由于灾情稳定和救援资源需求数量逐步减少，运作成本也随之减少，直到关闭危机管理中心完全解散。

图 3.13 表现了在灾难应对阶段中物流运作之间的连接关系，其顺序是动员、评估和计划、援助管理（包括救援物资获取、和配送）、运输和解散。这些流程相互连接，有时可能会重叠，也会成为灾难应对运作的一个部分。机构间协调、信息管理和质量监控流程之间是稳定地相互影响，紧密相关，共同建立数据采集标准和库存控制标准和标准工作程序。在援助管理流程中的质量控制和监控是为了确保充足的商品配送到正确的地点，避免损失。

表 3.7　人道救援行动与人道物流运作

	人道救援行动	任务	人道物流运作
	动员	建立灾难管理中心	动员、机构间协调
识别	灾情评估	确定灾难的范围和严重性	评估与规划、机构间协调、信息管理
	物流评估	识别灾区的可用资源和灾民需求，确定基本的人道物流运作	评估与规划、机构间协调、信息管理
搜救	首次救援	灾民定位和搜救，伤检优先治疗分类（Triage）	运输、机构间协调、信息管理
	灾民保护	识别风险区域，识别疏散和保护需求，标记可能的危险地段，发布预警及处置信息，识别可能的级联灾难	运输、机构间协调、信息管理
	灾民安置	提供饮用水、帐篷和救援物资，恢复进出通道，恢复水电通信设施	运输、机构间协调、援助管理、信息管理、质量监控
维持	援助管理	管理救援物资供应和灾民需求，管理安置点，建立评估和监控程序	运输、机构间协调、援助管理、信息管理、质量监控
解散	恢复常态	恢复灾区的功能，解散	运输、机构间协调、信息管理、解散

在人道救援实践中，人道物流运作是需要人道救援行动来实现，这些行动分为四类：识别、搜救、维持和解散。其中识别类包含动员、灾情评估和物流评估三个行动；搜救类包括首次救援、保护灾民和安置灾民三个行动；维持类只包含援助管理。表 3.7 描述了人道救援行动与人道物流运作的联系。

3.6 恢复阶段中的人道物流

在恢复阶段，使受灾害影响的社区恢复到可接受的正常状态，恢复生活支持体系和基础设施服务系统。主要包括清除废墟、修复基础设施、提供紧急的临时性的安置建设、重建公共设施和社区康复、灾后重新规划、控制污染、提供灾害失业救助。

恢复不代表社区恢复到以前的正常水平，因为巨灾造成的大规模的资产和社会损失，使得社区很难完全恢复到灾前水平；同时灾难为社区创造新的"常态"的机会，使社区过渡到新的"正常"。

3.6.1 恢复阶段

与减除类似，许多地方政府把恢复置于非常低的优先级，将恢复看作"最后要做的事情"，因此潜在的恢复问题产生了。例如，旧金山 1906 年的地震恢复工作究竟对 1989 年地震带来了哪些影响呢？

1. 案例分析

旧金山 1906 年灾后重建和对 1989 年地震影响。

1906 年 4 月 18 日，旧金山发生了地震和火灾，造成了严重的破坏，引发了巨大的恐慌：烧毁的面积是 1871 年底芝加哥大火的两倍，1666 年伦敦大火灾的 6 倍。城市发达地区的四分之三被毁，大部分基础设施破坏。地震使 500 多街区被毁，700 多人丧生，几百人失踪，数千人受伤，城市一半以上的人口（410 000）流离失所，7.5 万人逃离该市。财产损失估计为 5 亿到 10 亿美元（以 1906 物价水平），而其中火灾造成的损失比地震本身带来的损失还要大 10 倍左右，许多保险公司为赔偿而纷纷破产。地震和火灾后的大规模的救援努力持续了三年。

随着城市几乎被夷为平地，当务之急是立即开始重建。作为芝加哥的市长，詹姆斯·费伦参加了于 1893 年举办的芝加哥世界博览会，费伦非常欣赏建筑师詹姆斯·伯纳姆的概念，他带着伯纳姆来到旧金山，打算制订一个激进的重新设计旧金山计划——伯纳姆计划。鉴于设计过欧洲各个国家的首都，伯纳姆的设计包括宽阔的林荫大道、开阔的休憩空间、广阔的公园。一个大型文娱中心设在 VanNess 和 MarketStreets，九条宽阔的林荫大道由此向外辐射，由同心圆环形街道相连。地震后不久伯纳姆的计划就完成了。

伯纳姆计划有几个缺陷，第一，完成计划需要财产拥有者先卖掉现存的土地，再到新的地方购买新的土地；第二，伯纳姆计划没有考虑城市的经济中心，计划里没有商业、工业、海（湖）滨区域。但是强大的财政委员会主席费伦采纳了伯纳姆计划，并力推该计划。

灾民试图尽可能回到他们以前的状况。事实上他们有很强的适应性，开始对自己的家园进行恢复重建。在大多数情况下，恢复正常就意味着复制他们以前的状况。这就是为什么灾后的减灾难以实施，旧金山的市民根本不打算等到伯纳姆计划的细节定出后再开始重建家园。类似的问题出现在卡特里娜飓风后，灾民反对迁移到安全地区进行重建计划而坚持在原址重建家园。

市长费伦和他的支持者试图通过州宪法修正案，以产权交易的方式获得城市土地来实施伯纳姆计划。然而由市中区商业领袖组成的反对党不支持任何拖延的重建，在全州选举中否决了该修正案。反对党认为清查城市损失以及资产目录是一个漫长的过程，这意味着伯纳姆计划要经过一段较长时间后才能开始实施，这种拖延都会严重影响业务恢复和税收。最后私人财产权战胜了公共利益，伯纳姆计划被搁浅。

如果时间和政治允许，伯纳姆计划本可能将旧金山变成巴黎或者柏林一样的大城市。然而，在灾难发生后，根本没有足够的时间明确出该计划的法律依据和社会影响，从而使该计划做出妥协。此外，该计划还没有得到社会的充分支持，仅仅受到富裕上层阶级青睐，而冷静的商人认为该计划是不切实际的。

1989 年 10 月 17 日，美国旧金山发生又发生了里氏 6.9 级大地震，死亡逾 270 人，伤亡远低于 1906 年，当然也因为当天有 6.2 万群众在开阔的"烛台"公园球场观看第三届棒球比赛。这是本世纪美国大陆经历的第二次最大地震，仅次于 1906 年闻名全球的旧金山 8.6 级大地震。据测定，震中位于太平洋边缘的圣克鲁斯以北 16 公里。地震波及加利福尼亚州从旧金山到萨克拉门托的大部地区。

初步统计地震造成经济损失约 10 亿美元。另外，几百万居民受断电影响，计算机不能运转，交通严重阻塞，正常工作和生活受到影响。地震还损害了旧金山国际机场。公路、桥梁、机场、海湾快速铁路一时被迫关闭。旧金山及其附近地区，高楼大厦左右摇动，玻璃碎片四处散落。马里纳区发生大火，自来水管遭损害，救火工作受阻。

从案例中我们可以总结出以下几点：

（1）伯纳姆计划是在提醒人们恢复重建的规划，无论多么富有远见，也必须适应现状并得到社会的支持；

（2）灾民会自觉在原址恢复重建，但自己的重建只是照搬原先的状态，不利于以后的减灾，这要求政府能在灾民意愿的基础上给予指导和规划；

（3）灾民对自己的物权和城市整体规划会出现矛盾，因此在重新规划中要重复考虑对灾民利益的保障，如果无法保证需要给予合理的补偿；

（4）1989 年再次发生地震，人员伤亡和财产损失明显减少了，一方面原因是因为地震破坏力减小，更重要的是在恢复重建中已提高了社区抵抗灾难的能力。

（5）同 1906 年地震一样，1989 年的地震诱发的火灾仍然没有办法避免，同样造成了断电、停水等，自来水管遭损害直接影响了火灾救援工作的正常进行。随着时代发展对用电的依赖，造成了更大的隐形损失。

2. 恢复阶段

由于恢复阶段是灾难管理周期中的最后一个阶段，但是恢复不是一个单一过程，而是由一系列复杂过程组成，它们几乎是同时启动的。如果没有相应的恢复规划指导，可能导致恢复优先级的冲突和严重的政治和社会动荡。如果没有详尽的恢复计划，应对阶段的决策可能成为阻碍恢复的选项，严重地限制了社区发展的可行方案。在恢复阶段，提供了一个实现减除战略机会，故减除与恢复可以紧密地联系在一起。

一般来说，恢复可以分为四个阶段：

（1）应急期（Emergency period）：事故发生后的很短一段时间，重点处理即时损失。

（2）恢复期（Restoration period）：从应急期结束后到主要服务得以恢复的期间。

（3）重建替代期（Replacement reconstruction period）：重建资本市场和社会经济生活恢复到灾前水平的时间段。

（4）重建发展期（Developmental reconstruction period）：提供主要重建和未来增长的时间段。

恢复的四个阶段不是完全分离的，有一定的相互交叉和重叠，社区根据经济资源采用适合自己的恢复阶段和恢复任务。

3. 恢复任务

可以将恢复四个阶段的任务分解为长期活动和短期活动。

（1）短期活动通常为恢复基本服务的战术性活动，在灾难救援处置活动结束后立刻实施，并可得到立竿见影的效果，例如残骸的清理和基本基础设施的修复。强调将社区恢复到准常态水平。恢复的主要部分是利用国家灾难救助项目，援助个人和公众。短期恢复活动应该主要面对详细的损害评估（建筑物检查、桥梁与公路评估），建立与政府援助项目的接口。

（2）长期恢复是对社区未来有潜在影响的战略活动。与减除一样，需要社区有效的认可。这种认可必须在灾前获得，要充分考虑在灾后实施可能遇到的潜在障碍。相比应对阶段的利他主义，恢复期间的主要特征是优先级冲突化解，重点关注灾难救援中的所谓的不公平。

为了快速恢复到常态，社区会要求放松建筑法规的限定，这是一种提高社区恢复力的反直觉行动。地方政府为了避免缓慢的恢复影响到灾民，通常会同意社区的请求，采取快速行动。重点是获得工具和技术快速恢复原状，并快速支付国家救济款。快速重建的时间要求是很高的。

例如 1906 年旧金山发生的地震与火灾，灾前已有了新城市的布局规划蓝图，但灾后因为重建速度的要求，否决了灾前重建方案。

重建的悖论在于：在灾后的极短时间内明显没有足够的时间制定出一份重建计划，但公众在这时又对恢复与减除问题极其有兴趣。灾后的 30 天内是一个关键的时间窗，对建立恢复的管理机制和指导极其重要。所以灾前已制定的恢复战略就能抢占先机。

由于恢复包括多个过程，恢复阶段的主要任务为：

（1）社会恢复（Social recovery）：直接影响社区的问题。例如住宅重建、学校重开、社会服务继续等。要注意三个问题：一是严防次生灾害的发生，确保灾区公众的安全，如在拆除受损建筑物时设立警戒线；二是保障灾后供应，避免重要物资的需求突然膨胀；三是特别关注老人、儿童、残疾人等弱势群体，满足其特殊需要。

（2）基础设施恢复（Infrastructure recovery）：社区基础设施的物理恢复与重建，例如公共工程、土木建筑、道路结构等。

（3）经济恢复（Economic Recovery）：重建商业、吸引旅游者、刺激投资等措施恢复经济活力。主要从个人、企业和政府三个方面恢复经济：第一，个人在恢复重建中需要得到支持和帮助以维持生计，同时公众也可以通过购买行为拉动地区消费；第二，帮助企业尽快恢复或重建生产设施，提供有关决策与规划信息；第三，政府要发挥宏观经济的调控作用，对灾区企业实施税收减免政策，为个体经营者提供小额贷款等。

（4）环境恢复（Environmental Recovery）：清理危害物，废弃物填埋场增容，清除残骸等。

4. 恢复原则

在灾害恢复与重建活动中，要采取全面恢复（Holistic Recovery）的理念，不仅要重返灾前状态，还要增加社区的可持续性。其6个原则如下：

（1）保持或提高生活质量。

重大自然灾害往往会摧毁基础设施，给社会公众的生活质量产生严重的消极影响。由于生活质量是社会、卫生、经济和环境因素共同作用的结果，因而恢复重建必须要综合协调、多管齐下，以保证社会公众的生活质量为最低纲领，以提高社会公众的生活质量为最高纲领。

（2）增强当地经济活力。

经济活力是恢复重建的发动机。在大灾之后，灾区往往会陷入一个经济衰退的恶性循环，缺少经济活力就很难打破这个循环。灾区要合理利用政府的支持和社会各界的资助，同时塑造良好的形象，积极寻求外来投资与技术援助，振兴灾区经济。

（3）促进社会平等和代际平等。

恢复重建不可避免地要涉及救助资源和发展机遇的重新分配，必须体现恢复重建的社会公正性。还要充分考虑到未来的风险，替子孙后代着想，体现代际平等。

（4）保持或提高环境质量。

要在恢复重建中保护自然资源，维持生物多样性，预防与处置环境污染。

（5）在决策和行动中考虑灾害恢复力和减除战略。

恢复重建的过程应该是灾区恢复能力不断增强的过程，如增强建筑物的抗毁能力，把公众从灾害多发区转移出去并妥善安置等，体现减除战略的思想。

（6）决策时加入公众意见。

就是要在恢复重建的过程中吸纳所有突发事件的利益相关者参与决策，集思广益，准确地识别亟待解决的问题，更好地解决问题。公众参与的关键是及时、准确地发布相关的信息，平时培养公民意识、塑造公民精神。

3.6.2　恢复阶段中的人道物流

在恢复阶段，要确保灾民、基础设施和经济可持续恢复，还要构建持久的食品供应链，重建基础设施和财政援助。主要包括对灾民进行培训和心理辅导，持续地运送物资用于重建房屋、基础设施等。恢复阶段和减除阶段是息息相关的，很多的物流运作和灾难管理事项是相同的，这两个阶段没有明显的界线，但也不是完全相同。

恢复阶段占整个灾难管理周期的大部分时间，一般持续 3~5 年；也是资金占用很多的一部分。根据 2008 年 9 月中华人民共和国国务院通过的《汶川地震灾后恢复重建总体规划》，汶川地震灾区计划用三年左右时间完成恢复重建的主要任务，基本生活条件和经济社会发展水平达到或超过灾前水平，规划重建资金约为 1 万亿人民币。

恢复阶段的物资需求不再是必须为受灾人群提供，人道物流不需要多批量和很短的提前期了。人道物流的运作很多既是服务灾区恢复的各项事宜（如：房屋重建或修复、基层设施恢复等），又是服务减除阶段的运作（如减灾防灾工程）。物资的接受者包含三个欠佳的方面：

（1）采购部门采购的物资不经过储存直接应用在灾难恢复和提高灾难应对能力的工程上，如房屋和基础设施的重建，防灾减灾工程的建设。

（2）受灾人群和受灾机构的家庭恢复或单位恢复。

（3）受灾地区的废料处理，主要是指建筑废料的统一处理和重新利用。

对于资金流主要是人道物流在运作过程中的资金需求和对受灾地区人群和机构的补助和资金支持。资金的流动一方面资金接收组（政府和 NGO 组织的财务部门）交给采购组采购物资，资金随着物资流动；另一方面资金接收组将现金直接分配给受灾人群和机构。

在恢复阶段，人道物流的特点为：

◇　参与者：以本国（本地区）的灾难管理者为主导，建筑、基础设施服务提供者，援建机构，人道物流服务提供者、参与者之间的联系较为紧密。

◇　人道需求：根据具体灾难情况而变化，例如建筑材料、生活设备。

◇　人道物流结构：建立常态人道物流网络，采用敏捷策略和精益策略。

◇　主要任务：房屋重建或修复；基础设施（公共场所、生命线，环境等）的恢复和重建。

在灾难爆发开始时，便开始实施预先建立起来的恢复计划。主要的人道物流运作有：

（1）审查和实施恢复计划，以防止因未全面审视已建立起来的恢复计划，出现无效的发送服务和资源；

（2）确保持续性的风险管理，管理从应对阶段以来不断出现的交流和响应欠佳问题以及协调和投资缺乏问题。

（3）保持救援人员的持续救助。

（4）运作重构，以解决重建时的延误和缓慢。

3.7　本章小结

本章主要讲述了灾难管理、灾难管理规划模型，以及减除、准备、应对、恢复四阶段中的人道物流。明确了人道物流视角下灾难与灾害的区别，确定了灾难的类型、灾难管理的生命周期，描述了灾难管理的双循环式管理模式，提出了灾难管理规划模型，并进一步详尽地说明了减除、准备、应对、恢复四阶段中人道物流的主要任务及特点。

第 4 章　协同与人道物流

人道物流参与者数量众多，如政府、军队、救援机构和企业公司等，它们有各自的组织结构、规章制度、行为方式以及自己的物流体系。但是任何一个组织都没有充足的资源来单独应对大规模灾难。人道物流协同可以提高灾难救援的效率和效益，消除救援盲区，避免重复工作和资源浪费，还可以为灾后救援的战略决策提供框架和形成一个统一的战略方针。人道物流的协同应该首先明白为什么要进行协同，协同的目标是什么，进行协同将会面临什么样的挑战以及通过协同可能获得什么样的收益等问题。因此，本章将对人道物流协同的内涵、协同的挑战和优势进行分析。

4.1　人道物流中的协同

4.1.1　协同、协作和协调的概念

有关协同的概念最早是由 H. 伊戈尔·安索夫提出的，在他 1965 年出版的《公司战略》一书中，把协同作为公司战略四要素中的一个要素提出，同时确立了协同的经济学含义。随后很多学者进行了探索。但作为一门独立的学科"协同学"，则是由德国斯图加特大学教授、著名物理学家哈肯（H. Hake）创立的。在协同学中，哈肯把协同定义为：系统的各部分之间互相协作，使整个系统形成微个体层次所不存在的新质的结构和特征[53]。目前，协同学已被广泛应用于各个领域。

在这里我们采用协同工程理论对协同的解释：协同是指为完成单个个体（组织）无法单独完成的任务或者是为了获得更大的收益，多个相互依赖的个体（组织）一起工作的过程。协同不仅要求团队中的个体共享资源、共担风险、共享成果，更重要的是要有一个共同的目标（如救援受灾群众，减轻灾难）。协同可以分为"纵向协同"（协调）和"横向协同"（协作）。组织间协调、协作与协同行为关系如图 4.1 所示[54]。

协调（Coordination）：即纵向协同，是指管理和控制系统内各种行为或要素使其一体化的、和谐的运作，是系统上下层之间单向的、纵向的交互关系。针对供应链，就是指供应链上游企业与下游企业进行协同的行为，例如，一个救援组织同一个运输公司为运送救援物资进行的协同。如图 4.1 中 1→2、2→3 所示。

协作（Cooperation）：即横向协同，是指个体间通过共享资源的方法来共同工作的过程，而不是彼此间单独工作或者相互竞争；它是同层之间双向的、横向的交互关系。针对供应链，

就是指供应链同一层面中不同企业之间的协同，例如，一个救援组织同另一个救援组织为提供救援物品和/或服务进行的协同。如图 4.1 中 2→2、3→3 所示。

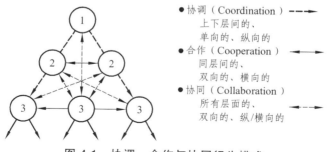

图 4.1　协调、合作与协同行为模式

协同（Collaboration）：是包含系统所有层面的、双向的、纵向和横向的交互关系。针对供应链，就是指供应链中组织间所有的可能互动形式，这些互动以共同意愿和主导为基础，通过协商达成伙伴协议，同时每个成员保持其合法权限和经济独立。如图 4.1 中 2→3、2→2 所示。

组织机构参与协同的原因在于能够获得进入一个特定市场或获取特定资源的能力，能够取得成本优势或/和专业优势，能够通过产品开发和服务提供的敏捷性而节约时间。协同增强了参与机构之间的黏结强度和相互依赖程度，但降低了个体机构决策的自治能力。协同机构之间的密切程度介于纯市场交易和机构内层级整合这两者之间，如图 4.2 所示。

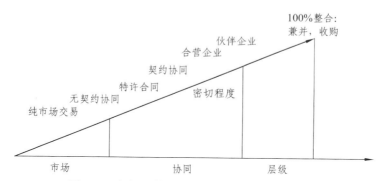

图 4.2　市场、协同和层级中机构的密切程度

协同是关于自主和独立个体机构间的相互匹配的结果或程度，实现协同有三种方式：

（1）价格机制的协同（市场式）。

（2）机构制度的协同（层级式）。

（3）协商的协同（协作式）。

其中在商业物流中通过一系列兼并重组，以减少参与者数量达到层级式协同的方法是不适合于人道物流的，因为每个救援组织有各自的使命和经费。

4.1.2　人道物流中的协同维度

在人道物流中救援机构的协同能实现资源的有效利用、系统级的协力效应和单个救援机构不能获得的益处。构成人道物流中协同维度主要为：协同结构、协同内容和协同程度，每个维度又有三个维度组成。如表 4.1 所示。

表 4.1　人道物流的协同维度

维　度		具体解释			
协同结构	方　向	横　向		纵　向	
	竞争关系	相　关		无　关	
	加入/离开	开　放		封　闭	
	伙伴数量	双向协同		协同网络	
协同范围	阶　段	减除阶段、准备阶段		应对阶段、恢复阶段	
	功　能	采　购	储　存		运　输
	行动的地理范围	当　地	区　域	国　内	国　际
协同强度	频　率	一次性	偶发的	定期的	固定的
	宽　度	交换信息	分离任务的协调	联合流程设计	共同组织架构
	深　度	计　划	实　施		监　控

1. 协同结构

（1）协同方向：协同可分为纵向协同和横向协同两个协同方向。

（2）竞争关系：在横向协同中，救援机构可能是直接竞争者；它们会为捐赠而竞争，不仅要增加捐赠资金的总额，还要扩大其自身的份额。由于捐赠意愿与救援机构获得的好评和媒体报道呈正相关，救援机构为了确保媒体报道，总是出现在灾区的热点地区，救援机构会就任务分配和责任范围产生冲突。直接竞争的机构在商业环境中是难以协同的，但在人道救援环境中，救援机构有着为灾民发送救援物资的共同目标，容易产生协同意愿。

（3）参加/离开：该维度用来描述机构参加或离开协同时有无障碍。当明确欢迎新成员加入协同时，参加协同是开放的；当不允许新成员加入，或当前成员设置明显的障碍时，参加协同是封闭的；当对离开的成员施加惩罚时，离开协同是封闭的；当脱离伙伴关系不会遇到不利影响时，离开协同是开放的。

2. 协同范围

协同范围描述协同伙伴所能覆盖整个人道物流链的程度。

（1）阶段：人道物流的协同要覆盖整个灾难管理周期的各个阶段。在灾前的准备阶段，人道物流是稳定结构。在灾后的准备阶段，人道物流是临时结构。

（2）功能：人道物流的功能有采购、仓储和运输三种，人道物流协同可以覆盖这三方面的一部分或者全部。如人道物流的仓储协同：共享仓库和必要的管理员工，在同一仓库合并库存以获得较好的价格条件。

（3）层面：协同按行动发生的地理范围，可以发生在当地、区域或全国层面。

3. 协同程度

（1）频率：准备阶段时协同是固定的和频繁的，应对阶段时协同是一次性的或偶发的。

（2）宽度：涉及协同任务的流程和组织结构。例如协同可能只是交换信息（如当前库存水平或供应商绩效），或者是伙伴间任务分配协议；协同可能是流程设计，如合并采购量以取得更好的协商价格；协同还可能是组织结构设计，如合并成员间采购部门。当组织结构发生改变时，协同宽度是最大的。

（3）深度：取决于系列任务完成（计划、执行和监控）情况。在流程设计和组织结构确定后，决策谁去做那件事。例如协同决策建立一个联合仓库（组织结构），决策是否自己运行（执行），还是外包给服务提供商而只执行监控功能。协同深度程度随着协同任务的增加而增加，按协同深度可以将协同分为三种：命令协同、共识协同和自然协同。

4.1.3　人道物流协同的方向

人道物流的协同方向也可以分为"横向协同"和"纵向协同"两个方面，如图 4.3 所示。

人道物流的横向协同，发生在人道物流同一层的参与者之间，是指这些不同的参与者之间的协同合作。如：救援与政府、军队以及人道组织之间的协同合作。也可以指的是资源和信息共享、集中决策、开展联合项目、任务区域分工、或以集群为基础的系统。每个集群代表一个不同的行业领域（如食物、水、卫生系统和信息技术）。如两个救援机构在同一地点执行类似的配送服务，不同人道物流相互重叠以达到规模经济。横向协同

图 4.3　人道物流协同的类型

的目标是基于规模经济效应、范围经济效应的原理追求各参与者的双赢局面。

人道物流的纵向协同是指这些参与者与供应商或物流服务提供者之间，从原点到接收点之间的协同合作。原点是经常变动的，可能是制造企业，也可能是捐献者。例如，一个人道组织与一个运输公司的协同。或者，同一组织中，善款的筹集活动影响着现场救援项目的开展。纵向协同的目标是实现成功救援，且追求整个人道物流效率和效益的最大化。人道物流中横向协同与纵向协同之间的具体区别见表 4.2。

表 4.2　人道物流中横向协同与纵向协同的区别

	横向协同	纵向协同
协同对象	处于人道物流中同一阶段的多个救援机构，对信息流、资金流和物资流中的活动和资源，分别在战略、战术和运作层面上进行协同。重点在于救援机构及其特定任务	处于人道物流中不同阶段的多个救援机构，对信息流、资金流和物资流中的活动和资源，分别在战略、战术和运作层面上进行协同。重点在于灾民和物流同步化
协同目标	为实现规模经济，降低单个救援机构的救援成本；有权获得更充分的物质资源和信息权限	降低整个人道物流的成本，通过平顺物流，提升救援效率和效益；但可能造成某些救援机构的成本增加

另外，人道物流的协同不仅仅是信息交流、资源共享等运作层面的协同，它应该深入到战术层面和战略层面。例如在过去 30 年人道救援机构都在设法改进救援协同（Kehler，2004）。联合国和救援机构建立了各种委员会和办公室，如人道主义事件协同办公室（OCHA），联合国联合物流中心（UNJLC）和机构间常设委员会（IASC）开展了各种项目，如中央应急基金（CERF）和联合呼吁程序（CAP）来加强协同。

人道物流的目标是救援受灾群众，减轻灾难。对于人道物流协同的目标可分为两个层次，即总体目标和具体目标。进行人道物流协同最根本的目标当然是为了救援受灾群众，减轻灾难，同时各方参与者还希望通过协同来提高灾后救援的效率和效益，消除救援盲区，避免重复工作和资源浪费。这就意味着在总体目标下面还有更加具体的目标，如节约成本和节省时间。在灾后应急响应的初期（特别是黄金 72 小时），生命正在受到威胁，这时时间的节省就显得特别重要。随着救援工作的逐步展开，成本的节约就会越来越受到重视。

4.1.4　人道物流协同的层面

人道物流的救援运作分别在国际层面、国家层面和现场层面等三个层面中开展：
（1）国际层面：包括联合国安理会，国家政府，救援机构总部，以及它们各自的捐赠者。
（2）国家层面：包括中央政府、当地政府、军队、救援机构的当地办事处和志愿组织。
（3）现场层面：包括现场救援人员、社区组织和灾民。

1. 国际层面

在这个层面中，协同是服从政治建设的需要。当国家政府没有足够的救灾能力时，会打开国门，邀请国际救援机构提供救援帮助。2004 年印度洋海啸中的印尼就是这样的例子，2008 年中国 5·12 汶川地震救援，中国政府也得到了国际社会的大力援助。

例如，联合国机构间常设委员会（IASC）在海啸发生后启动联合国联合物流中心（UNJLC），执行了部分灾难应对流程，主要任务如下：
（1）空运协调：在灾难救援的最初阶段，空运往往是唯一可行的方案，通过与当地空运管理部门的联络，提供及时、准确的空中运输运作信息。
（2）运输协调：协助建立空中和地面走廊，通过运输协调中心协助、控制货物和人员的运输，消除与军队的冲突。
（3）物流协调：建立机构间物流协调架构，支持不同运作层面物流活动。通过该流程，识别和解决影响整个人道救援的任何物流瓶颈。

2. 国家层面

在这个层面，最重要的挑战是利益相关者要赞同协同是成功运作的必需条件，并承诺让协同更有意义。

国际救援机构与国家政府的协同：受灾国家政府要欢迎国际救援机构进入该国所开展的协同活动，外国援助者不能被该国强迫，但必须遵守当地的法规。因此所有人道机构需要一起与当地政府紧密合作、和谐应对灾难。与此同时，还要与当地政府协商，取得它们对人道救援的支持。还要确保对援助绩效的监督以遵守中立和公正的人道原则。

各级政府部门的协同：需要建立国家层面上的人道物流集群，以协调人道物流的救援运作。民政部门就是人道物流协同的领导机构，是救援物资接受和发放的特定领导者、各级救援能力建设者（建立了从中央到地方的各级救灾物资储备库，以及与救援物资供应商签订了框架协议）和最后诉求的提供者（在灾区能迅速组成救援物资的接收点和分发点，独立完成灾难救援）。这样可以协调地方、军队、武警、中央部门及志愿者等各方救援力量，快速应对灾难，服务灾民。

例如在 2013 年四川芦山 4·20 地震救援中，就建立了省、市、县指挥机构三级合一的机制，省指挥、市安排、县落实，按不同职能处理不同层次问题；需与国家部委和其他省区衔接的事项，由省指挥部统一报国务院前线指挥部协调。各级政府在政府所在地都设置了指挥中心。政府调拨救灾物资和全国各地救助物资需统一运送到雅安多营镇华峰物流中心，接受民政部门的统一调度。同时机构和个人直接援助灾区需与政府部门对接，以获得民政部门颁发的道路通行证，并接受民政部门安排向灾区发放救援物资。

3. 现场层面

在这个层面，协同体现为个人相互沟通能力和领导力，需要正确地理解灾区的需求和具体情景，以及被同行视为领导的高认可度。协同成功的关键取决于能够了解当地的需求及其应对机制，成为一个好的协调员。主要的协调活动有：

（1）计划：建设避难所，配送救援物资，调查救援物资的公平配送，与当地政府和当地救援机构协调。

（2）组织：分配资源（预算、运输和人员），分解协调活动的责任。

（3）领导：招募和保留员工和志愿者，管理和发展员工，管理通讯和信息，管理账户和资金；建立有效工作关系。

（4）控制：处理日常活动，如抱怨、优先级设置、检测仓库、监控救援物资流动。

在现场层面，人道物流协同可以填补物流缺陷和缓解瓶颈；有顺序安排物流介入；收集和共享信息和资源；协调枢纽和渠道，减少拥堵；提供详细的运输车辆；提供装备和救援物品供应商的信息。

例如，在 2013 年四川雅安 4·20 地震救援初期，出现了救援物资发放不及时的现象，主要原因在于灾区群众的需求和物资配送能力信息不匹配。首先为解决进出灾区的交通拥堵问题，雅安民政局在多营的华峰物流中心设立了救灾物资收发中心，分流运输救援物资的车辆，缓解拥堵。然后为解决大量救援物资和救援机构设立的临时指挥部过于集中在芦山县的问题，成立了联合指挥部，汇集灾区需求信息，发现孤岛和被遗忘的村落，协调救灾力量，统筹优化救灾资源、分发救援物资。但还是出现了距离华峰物流中心只有 5.5 公里的大深村，和 1 公里多的下坝村，直到震后第 6 天才收到第一批救援物资。最后为加快救援物资发放流程，需要对层级式的民政救灾物资发放流程再造，做到直接配送。壹基金发现物流中转不仅会延长提前期，还增加了社会成本；雅安民政局在华峰物流中心也采取了不进行二次装卸的越库策略，避免中转，节约了时间。但是无论政府还是民间组织均缺乏与当地网络和资源的连通性，其救灾作用还是被堵在了"最后一公里"。

4.1.5　人道物流协同的深度

在人道救援中，协同的组织方式是用于管理救援机构的多样性，例如参与 2008 年 5·12 汶川地震的救援力量多达 300 万人，2013 年的 4·20 芦山地震也有 3 万余人，以及无数的救援机构，这些救援需要有效的管理和协调。多样性管理主要通过激励和信任建立，以及通过设定行为约束来实现。正确的激励能够通过市场机制实现参与者之间的经济均衡，行为约束可以通过规则制定来监控和改善参与者的行动。

在人道物流的特殊情境中，达成联合救灾的时间非常短暂，即使是实现同一个救援机构的不同分支之间的协同也是非常困难的。所以协同主要有三种组织方式：命令协同（Coordination by Command），集中方法；共识协同（Coordination by Consensus），任意一方不会因协作而变差的 Pareto 改进方案；和自然协同（Coordination by Default），仅仅信息共享。这三种协同方式的协同强度逐步减弱。

（1）命令协同：适用于集中系统，某单一的机构被授权建立一个协调中心，达成共同的责任领域和目标协定，按命令模式控制物流资源、集中汇集信息和决策所有机构的救援事宜。例如中国自然灾害管理由各级政府应急管理办公室综合协调，授权各级民政部门牵头管理各个政府部门救灾事宜。美国的 FEMA 负责管理和协调州和地方政府处理任何联邦灾难管理应对事项，主要使用的工具是援助矩阵 AidMatrix 管理和共享灾难救援的捐赠。联合国的人道事务协调中心 OCHA 主要协调实时应对事物，主要方式是在灾后迅速设立现场运作协调中心（On-Site Operations Coordination Centre，OSOCC），该中心作为当地总部为 UN、NGOs 和政府机构提供中央登记册（Central Register），该中央登记册包含 UN 能提供的专业人员、技术专家、救援物资、装备和服务等数据库。

（2）共识协同：适用于分散系统，当救援机构组成了一个救灾联盟，每个救援机构需要为相互共享信息、专家和责任等决策问题达成共识。两个救援机构之间的互动是横向协同，主要关心资源共享和联合决策。然而一个救援机构和供应商之间的互动则是纵向协同。协同方式可以通过一个伞式组织制定协同规则来实现。例如，联合国联合物流中心 UNJLC 就是处理物流事务的伞式组织，提供的服务有收集有关基础设施、能力可得性和灾难地图等信息；提供信息共享工具；追踪救援物资和设置救援物资发送的优先级；共享资源。在中国 2013 年 4·20 芦山地震中壹基金有两个救灾系统，一是由 200 多家救援队组成的壹基金救援联盟，这些救援队的成员多是户外运动经验丰富的志愿者，任务是灾后 72 小时内紧急救人；二是由 200 多家各类 NGO 组成的民间联合救灾联盟，侧重救灾物资配送及灾后重建项目。壹基金已初步具备伞式组织的协同能力。

（3）自然协同：适合于单个救援机构之间的互动，这是一种自下而上的非正式协调方法。该方法仅仅依靠最基本的信息交换和相互间的分工协议，并不精细安排所关心的活动。例如在 2013 年 4·20 芦山地震后的第 8 天，中国红十字会与"成都公益组织 4·20 联合救援行动"等组织合作，建立"4·20 中国社会组织灾害应对平台"，在其网站和微博上发布灾区需求信息、物流需求信息、道路情况等，单个救援机构利用这些信息寻找有兴趣的合作伙伴来共享救援资源，以协调救援运作事务。这种利用全局共享数据，救援机构在最底层形成的协同是柔性的和有效的决策。

4.2　人道物流的协同分析

2008 年四川汶川地震发生后引起了巨大的国际反应。成千上万的救援队和志愿者从世界各地赶来进行救灾。但救援行动并没有顺利地进行，甚至许多有名有经验的救援机构都在救援配送方面出现了问题，最明显的问题是救援机构无法找到它们需要的卡车进行救援物资的配送。结果，救援物资堆满了成都飞机场、火车站，但灾区却物资短缺。还有一个问题就是外省运救灾物资到四川，必须先到成都卸，卸完再运到都江堰。一卸一装，耽误了救援时间。人道物流协同可以解决类似的问题，让灾难救援从无序转换为有序。

4.2.1　人道物流协同的动因

人道物流参与者进行协同的直接动因可以归纳为以下五个方面（见图 4.4）：

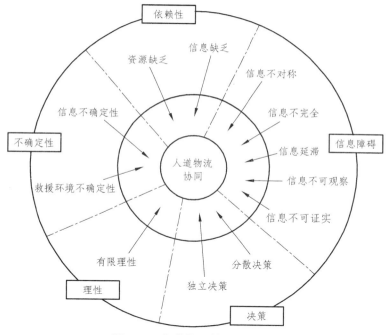

图 4.4　人道物流协同的动因

（1）人道物流参与者之间的相互依赖性。虽然参加灾难救援的组织数量众多，也具有相同的目的（救援受灾群众，减轻灾难），但是没有一个组织具有单独应对灾难的能力。为了达到共同的灾难救援目的（向灾区发运救援物资），这些组织必须相互帮助，互为补充、互为依靠地共同应对灾难。

相比人道物流参与者单独完成采购、存储和运输任务，协同执行这些任务可能需要较少的输入资源和（或）产生更多的输出，即可到达相同的绩效，从而实现协同作用。比如横向协同增加救援机构核心活动的生产力（减少空驶，更好利用存储设施等）；横向协同降低救援机构非核心活动的成本（如安全培训、共用加油设施等）；横向协同降低救援机构采购成本（如车辆、移动计算机、油料等）。

　　协同采购关键物资和战略物资等大量物资可以获得价格折扣，协同采购战略物资和瓶颈物资等高风险物资可以降低供应风险。小型救援组织通过协同采购能接触到更多的供应商、在提高谈判力和市场透明度的同时降低了物流成本。协同采购可以实现救援物资及其包装和标识的标准化，这些标准化进一步方便了人道物流在仓储和运输的协同。

　　协同仓储可以合并仓储设施、设备和人员，提高库存周转率，降低单位仓储成本和降低因救援物资保质期带来的浪费风险；还可以形成分散的仓库网络替代一两个集中仓库，有助于降低从仓库到灾民的平均距离，同时减少了运输成本和缩短了提前期。

　　运输协同将在不同地点和不同时间的不同救援物资进行运输合并，实现政策运输。目标是降低单位运输成本和发送、接受救援物资的单位成本。运输合并分为时间合并和空间合并，空间合并有路线合并和中转合并两个模式。

　　（2）信息鸿沟。灾难往往造成交通运输、通信和电力等基础设施的破坏，给救援物资的调配和相关信息的获取带来很大的困难。信息鸿沟主要表现在五个方面：信息不对称、信息不完全、信息延滞、信息的不可观察以及信息的不可证实。信息鸿沟给协同带来障碍，可能会造成救援盲区、重复工作、增加成本和无效运作。如果高质量信息不能与相关参与者分享，参与者将难以明确自己的角色，也不知道如何参与协同，影响着决策的制定和救援行动的展开。

　　信息共享机制、协同交流机制和知识联合创建机制等协同机制可以避免信息鸿沟。信息共享是指救援机构愿意及时分享相关的、准确的、完全的和机密的信息，如库存水平、预测、物流节点建设战略等。协同交流是指救援机构关于相互接触和传递消息的频率、方向、模式等策略，进行开放、频繁、平衡、双向和多层次的交流能产生紧密的协同。知识联合创建是指救援机构一同工作，更好地理解救援环境，制定有效的应对策略。

　　例如在2013年芦山4·20地震中，由于对灾情误判，一些企业以为就像2008年5·12汶川地震时那样，大量人员被埋废墟，派出了重型设备。事实上，由于此次倒塌的主要是农村民宅，伤员第一时间均已由村民挖出或自行爬出，大型设备至少在当时的救灾阶段并不能发挥作用，反而会占据道路资源。

　　（3）不确定性。不确定性主要表现在灾难发生的时间、地点、类型和规模在灾前都是无法预知的。灾难爆发后，有多少人受到影响、破坏程度（如交通运输、通信和电力等基础设施破坏情况）、灾区物资需求以及可利用资源等信息都是无法马上确定的。由于相关信息的不确定与交流障碍使得救援组织经常无法确定哪些物资需要调动，在什么时候调动和调往哪里。

　　集群方法（Cluster Approach）能够逐步减少不确定性。集群方法是联合国构建的人道协同和响应结构，能实现人道运作相关信息的收集、处理和分享。这个信息覆盖的范围可能很宽，主要关注运输路线、基础设施状况和运输资源的可用性。集群领导可以作为信息枢纽，起着三个作用：① 信息发布者：尽可能快地发布信息，而不关心信息的相关性和质量，如中心网页和一系列当地会议；② 信息代理者：向救援机构发布与之相关的信息，但不检查质量；③ 信息筛选者：向救援机构发布与之相关的，经过筛选后的高质量和可靠信息。当集群领导的角色是信息代理者和筛选者时，分清轻重缓急给予灾民和救援机构相应的帮助，集群成员愿意分享各自高质量的信息，减少应对初期的不确定性，提高集群的协同。

　　（4）分散决策。人道物流参与者数量众多，性质各异，同时又需要相互依靠，各自依据自己的系统和目标运作。所以，各自的决策是独立的、分散的，再加上信息障碍和不确定性，各参与者在分散决策时极有可能产生任务重叠、行为冲突和目标冲突。

这种动因促使人道物流形成集中式协同结构和分散式协同机构。在集中式协同中，有一个中心机构控制着物流资源，与参与者达成责任和目标协定，用命令协调救援机构，例如美国的联邦应急管理署和中国的各级政府应急管理办公室。在分散式协同中，参与者用共识的协调，如联合国机构间常设委员会，参与者有各自特殊的使命（食物、健康、水），共同制定系统级的人道策略、构建共同的伦理框架、理解各自在协同中的角色、识别存在的运作能力差距、解决机构间的分歧。例如世界粮食组织的联合国联合物流中心。

（5）有限理性。人道物流参与者的正确决策是灾难救援的关键，而正确决策的前提是理性。各参与者作为独立决策的行为主体，并表现出决策分散的特点；即使各参与者的目的一致，也会由于各参与者的有限理性，而使最终的决策行为难以相互调和。

这种动因促使在人道物流协同中，要公平地分配协同产生的成本、益处和风险。当人道参与者感知到公平的潜在合作收益时，就具备了成功协同的基础了。

4.2.2　人道物流协同与灾难管理生命周期的匹配

针对不同的任务强度，采用的协同方式是不一样的，需要将正确的协同匹配到相应的灾难管理生命周期中，匹配失败可能导致大量的资源浪费在错误的目标上。为了正确地匹配，救援机构需要从如下四个方面来考虑：

（1）资源分配，如资金和专业技术人员的分配。在人道救援中专业技术人员显得尤其的重要，因为在灾难生命周期的每个阶段都需要技术支持。

（2）明确不同阶段的协同目标，确定绩效评估措施。根据任务强度，调整不同阶段的协同目标，例如，如何评估生命周期中协同强度是否降低，如何评估救援机构选择继续救援还是退出救援决策的绩效。

（3）决定参与程度。在灾难的不同阶段需要不同的专业团队。

（4）采用最有效的方式实现和监控协同类型。例如，一些人能够快速分析形势并说服别人按新方案协同；另外一些人可能擅长实施；或者他们擅长拉延操作直到结束。

在第三章我们已经论述了灾难管理的生命周期包括四个阶段，在整个生命周期中人道物流任务的强度是不一样的，每个阶段需要不同的协同类型。根据任务强度的不同，可以分为：上升、平稳和下降三个阶段。如图 4.5 所示。

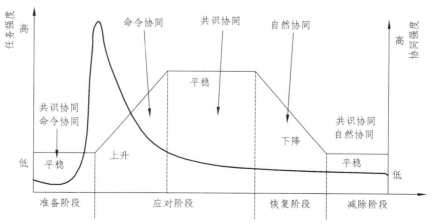

图 4.5　人道物流协同的生命周期

上升时期：处于应对阶段初期，这个阶段，时间是关键，同时要明确物流瓶颈。物流瓶颈的消除是一个非常急迫的问题，该问题关系到人道机构能否迅速赶赴灾区实施救援运作。瓶颈越多，受影响的机构数量则越多。命令协同方式有着执行速度快的优势，可以取得非常好的效率。在这种情况下命令协同被描述成统一的方式，资源、任务、信息、解决方案由一个单一的机构控制完成。这需要匹配任务的目标责任与参与者的职权领域责任相一致。除此之外还要获取道路通行证、通道使用区域和时间等。当参与者之间达成一致的协调后，有专门的组织统一办理相关手续，不需要每个参与者都自己去办理。

例如，2013 年 4·20 芦山地震的初期，物流瓶颈是交通拥堵，四川省公安厅交警总队对救灾车辆实行通行证制度，以保持灾区道路基本畅通。民政部门统一协调通行证、救援物资接收、中转和发放地点。这就意味着一个机构可以解决所有的相关问题，其他组织则可以将其主要精力放在核心业务上。

平稳时期：处于减除阶段、准备阶段和应对中期阶段。在此时期有一个各方都达成了共识的环境，需要签订各个救援机构都能接受的协调方案。当各个救援机构的组织架构互相兼容、通讯设备能够共享、机构间可开展联络会议，能够在任务执行前进行评估的时候，共识协同就形成了。当物流瓶颈被清除以后，所有的救援组织都将精力放在了自己的专业领域上（如食品、健康、水），并确保业务的持续运作。虽然救援组织不再需要命令协同，救援组织仍然需要一定程度的协同（如救灾物资筹集分发、志愿者使用、信息分享等）。

例如，2013 年"4·20"芦山地震救援中，成都公益组织"4·20"联合救援行动，壹基金联合救灾，"4·20"公益组织救灾协调平台，政府社会组织与志愿者服务中心，中国社会组织灾害应对平台等，形成了共识协同的联合救灾协同体。

下降时期：处于应对末期阶段，由于该期间的任务强度下降，仅仅是不同参与者之间频繁接触，收集和传播信息，不插手具体业务，所以协同程度较低。单个救援机构主要处理工作交接和退出，在救援现场，救援机构自然地相互交换意见、想法、帮助和建议，这种协同就是自然协同。人道物流协同类型要匹配相对应的灾难管理生命周期，才能发挥好人道物流的救援绩效，如表 4.3 所示。

表 4.3 人道物流协同的匹配与不匹配

	上　升	平　稳	下　降
命令协同	匹配	不匹配：需要控制的机构太多；太过关注运作实施，不能聚焦战略问题	不匹配：任务完成缓慢；从属关系抑制了可持续发展和责任分担
共识协同	不匹配：签订协议浪费了时间；灾难风险导致早期摩擦	匹配	不匹配：授权不充分；决策要考虑的事项太多
自然协同	不匹配：角色不清晰；救援资源重复	不匹配：角色仍然不清晰；绩效不能被统一监控	匹配

4.2.3 人道救援机构间的协同

人道物流的救援运作分别在国际层面、国家层面和现场层面等三个层面中开展，人道救援机构间的救援组织协同的关系类型影响着人道物流协同机制的形成。人道救援机构分为三类：

（1）没有前置救援物资。这类人道救援机构基本是临时专门组建，因组织规模较小而不能建立仓库储备救援物资。其主要参与大规模灾难救援，很少处置小型事故。例如：NGO，美国援外合作社（Cooperative for American Relief Everywhere，Care），以及 2013 年 4·20 芦山地震救援中涌现出来的"成都公益组织 4·20 联合救援行动"。

（2）有一个或两个前置救援物资的中央仓库。这类人道救援机构拥有的中央仓库一般位于总部附近或特定区域，能立即为灾区提供救援物资。救援物资一般直接空运到灾区入口点，或物资集散点/转运点。当需求超过了储备，则向前期签有框架协议的合作供应基地采购。这类人道救援机构由于有储备库存、预先建立的供应商关系和待命的资金，往往出现在应对阶段的最初响应阶段。例如 UNICEF，国际世界宣明会（World Vision International），和国际乐施会（Oxfam），以及中国的民政救援系统，壹基金救灾系统，和中国乐施会。

（3）建立区域仓库网络。这类人道救援机构网络化前置库存可以覆盖区域内需求，同时缩短区域库存和离灾区入口点的平均距离，能够减少突发灾难的响应时间，减少航空运输的使用量。例如 WFP 及其 UNJLC，IFRC 及其 RLU，中国的红十字会。

国际救援团体中的组织在授权、规模和技能上是不同的。从历史上看，这些组织都单独地进行全球危机响应，管理自己的物流活动（运输、采购、仓储）。以下讨论国际救援组织之间的协同，国际救援组织与地方组织（地方 NGOs、公众、政府、军队）之间的协同，以及国际救援组织与私人企业之间的协同。国际救援机构、地方救援机构和私人公司的合作关系，如图 4.6 所示。

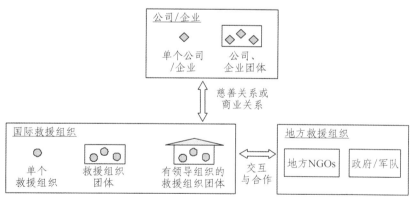

图 4.6 人道救援机构的协同

1. 国际救援组织之间的协同

多数国际救援组织间的协同机制都是横向的，它们注重的是资源的共享和联合决策。多数协同机制中都有一个领导性的组织（一个协同群体，组织间委员会或者是一个伞式组织）创造或方便横向协同。因为在灾害救援中前置救援物资库存的成本是很昂贵的，也存在很多物流挑战，而救援组织通过伞式组织能获得显而易见的好处。在这种情况下，救援组织的自治性和独立性被保留了下来，同时伞式组织的支持强烈地激励着救援组织志愿参加协调。

联合国联合物流中心（UNJLC）就是这样一个支持机构间协同的伞式组织，它成立于 2002年，能够很好地利用有限的物流资源，处理灾害救援的物流问题。联合国联合物流中心

（UNJLC）得到了机构间常设委员会（IASC）的授权并由世界粮食计划署（WFP）管理，拥有救援团体中最大的整合物流能力。UNJLC通过以下几方面支持物流协同：

（1）收集、整理和传播关键信息和数据（如基础设施评估和更新，运输的可用性和能力，关税问题，地图）；

（2）提供信息共享工具（网站和邮箱目录）；

（3）追踪救灾物资和优先货物的移动；

（4）促进稀缺物流资源的汇集。

UNJLC同样支持物流集群，以WFP为全球领导。集群方式是在2005年新提出的一种结构，是实施人道救援的各个活动领域，各个救援活动领域有其预定的领导。救援团体中的不同机构（如健康、物流、应急通信、营养）定义了9种集群来促进分工，采用共同的标准、准则加强伙伴关系。集群方法还没得到广泛的验证，中国的"华夏救援"强调的模块化救援类似这个概念。

多数的物流协同都是在灾后救援的情况下（伞式组织提供支持），还有一些协同是灾害前的准备阶段。例如，由世界粮食计划署管理的联合国人道主义应急仓库（UNHRD）网络，为救援组织提供物流支持，只要这些组织与世界粮食计划署签订技术协议就成为其用户。目前，在全球已经战略性地布置了五个UNHRD：欧洲（意大利），非洲（加纳），中东（阿拉伯酋长国），东南亚（马来西亚）和拉丁美洲（巴拿马）。授权用户预先在这些UNHRDs布置救援物资，进行仓储和检查都是免费的。将仓库设在受灾地区的附近可以减少运输成本，同时通过协同装运和联合采购可以进一步节约成本。UNHRDs也作为灾害时的实物捐赠地。这样的拉式系统就可以控制货流，而不是推动所有捐献的物资送往灾区，从而防止不请自来的供应导致的重复和堵塞。

依靠伞式组织提供的支持，救援组织能够在采购、运输和仓储上进行合作。联合采购在灾前和灾后都得到应用。救援组织在UNHRD布置的物资能够从WFP的长期供应商那进行联合采购。联合采购增加了救援组织谈判的筹码，同时也能获得低价格大批量的货物。同样也能避免组织间的竞争带来的价格上涨。汇集稀缺的运输资源（飞机、汽车）同样能提高救援效率。通过共享运输资源同样也能增加谈判筹码，节约成本和节省时间。有越来越多的实践都是通过救援链网络和共享的仓库预先部署救援物资，如联合国机构和大规模的NGO。共享仓库能促进联合采购和运输，加快库存流动。

然而，仅仅通过伞式组织提供支持不一定就能成功。例如，在2004年亚洲海啸时联合国在促进国际救援团体协同响应上就失败了。尽管资源协同的数量增加了，但协同过程却是没有效率的。例如，联合国机构组织了大量的协调会议（一周72次），但多数都没有明确的目的。因为多数NGO都缺少人力资源来参加会议，同时会议又都使用英语，使得很多国际和地方的救援组织放弃参加会议。由于缺乏协同导致货运延迟和援助不满足需求。

2. 国际救援组织和地方救援组织之间的协同

国际救援组织需要与各种地方救援组织（地方政府、地方NGO、军队）进行交互。政治、文化和组织结构等因素都会影响国内外救援组织进行协同的程度和类型。国外救援机构要遵守受援国的法律和政府的约束。的确，政府完全可能拒绝人道主义援助，有些时候甚至不允许救援人员进入国内。

在国际灾害救援中军队扮演了很重要的角色。军队提供了快速供应链部署（大量人力物力的快速协同）所需要的能力和技术。尽管救援团体和军队在任务、行为守则、文化和运作程序上都存在显著的差异，也偶尔造成救援组织间的紧张，但同样也有在物流协同上取得成功的案例。军队参与协同的程度是基于情景的，军队与救援组织间已有的横向协同有：协同空运、共享储存设备、提供物流设施、提供基础设施信息和安全信息、建立交流网络。

突发灾害发生后，国际救援组织一般都希望与地方 NGOs 进行交互和合作。但有些国际救援组织除外（如 IFRC），它们在受灾国有国家分支机构或合作伙伴机构。这些组织的成员和总部的权利、责任和中央控制程度影响着这些组织与国家机构的交互。与地方组织协同可能会产生成本效益、防止重复工作和加快响应，这些益处可能以官僚主义的增加和灵活性的降低为代价。国际救援组织与地方救援组织的协同程度依赖于灾害救援的特殊情况。因为地方救援组织更了解受灾地区的需求和地区特点，如果国际救援组织与地方救援组织合作会获得很多好处，特别是在需求评估方面和"最后一公里"配送上。

有时有些地方组织也能像伞式组织一样提供协同功能，就像前面提到的联合国机构。但就算是联合国机构也不是所有的案例都能成功。例如，2013 年 4·20 芦山地震，中央将灾难救援任务移交给四川省委省政府。四川省成立了"4·20"芦山地震抗震救灾工作领导小组，主要作用是协调和监视区域内救援组织的行动。但由于政府协调能力不足，同时有些 NGOs 又不将自己的状况和行动进行报告，就造成了独立的分配救援。缺乏协同不仅导致无效率的援助分配，救援物资在芦山县城大量堆积，而邻近的天泉县成为孤岛，更导致了大量救援物资拥堵在去灾区的路上。

3. 企业间的协同

在图 4.6 中考虑了两种救援组织与企业的关系。商业关系包括金融交易，如救援组织与救援物资供应商、运输公司等。慈善关系即企业不以盈利为目的和救援组织合作。

（1）商业关系。

人道主义救援对商业公司来说是一个巨大的市场。为了满足灾后巨大的物资需求，救援组织忙于各种各样的商业关系之中，其中最常见的就是与供应商和运输提供商之间的垂直关系。

由于救援组织的地方采购偏好、灾害发生的不确定性以及资金水平等因素使得救援组织很难与供应商在灾前建立牢固的关系。同时救援组织的资金是有限的，在救援初期的采购只能采用竞价的方式。只有较大规模的组织能在全球范围进行长期的救援活动，就算这样也很少有救援组织与供应商进行系统的协同。虽然供应商和救援组织可能存在长期的协议，但救援组织并不愿意在灾前进行盲目的采购，而更愿意对一些救援物资进行储存。例如，虽然WFP 与一些非粮食产品供应商有长期的协议，但这些协议都没有准确的最小和最大购买数量，使得供应商要进行额外的库存。如上文所述，多数救援组织通过地方购买或通过实物捐赠获得运输资源。这就出现了灾后救援组织与运输公司的交互关系。

灾后采购计划包括建立候选的救援物资供应商清单。这些候选供应商要先进行注册然后才能就行投标。一个典型的例子就是 2004 年由 15 个联合国机构建立的联合国全球市场（UNGM），在这里供应商能进行注册、查看采购公告和获得电子合同。近期的另一项举措是由世界粮食计划署、红十字与红新月联会和国际世界宣明会（World Vision International）在2003 年发起的全球舰队论坛（the Global Fleet Forum），其目标是促进在船队经营和确定潜在的合作实践以提高运营效益和效率等方面共同问题的讨论。另外在 2013 年 4·20 芦山地震中，圆通、顺丰等快递公司优先免费运送全国各地的红十字会和民政部门的救灾物资。

（2）慈善关系。

公司除了提供商业供应外还参与人道救援物流。例如，公司可能采用纵向或横向的方式向救援组织提供金融或实物的捐赠。捐赠关系是比较短的一种形式，只存在于灾害救援阶段。同样公司与救援组织也会形成战略伙伴关系，通过公司共享其技能和资源来系统地改进救援物流。这种伙伴关系一般是长期的，包括重要资源的保证和联合规划。这些交互活动甚至包括多个公司联合起来增加捐赠的影响或加强战略伙伴关系（如优质医疗捐助伙伴关系，商业圆桌会议，世界经济论坛和救灾资源网络）。

虽然有各种各样的原因促使公司参与灾害救援（商业形象、社会责任、员工动因），根据基于捐赠和战略伙伴关系分别分类为慈善伙伴关系和一体化伙伴关系。在 2004 年亚洲海啸救灾工作后出现的多数战略伙伴关系包括商业伙伴，正在扩大规模和范围。WFP 和 TNT 间的战略伙伴关系是物流公司和救援组织间最大的伙伴关系。其他的包括：联邦快递和美国红十字会，DHL 和 Mercy Corps，还有 DHL 和 IFRC。同样还有一些公司（如 Home Depot，Lowe's，Coca-Cola，Wal-Mart）定期向救援组织提供资源，有时是通过企业财团。

多数物流伙伴关系都是纵向的，在救援中提供运输和仓储。运输时公司能提供物理资源，如卡车、飞行包机以及货运飞机。公司有时将救援物资直接进行长途和短程配送到受灾地区。除了物理资源，公司还共享它们在运输管理上的知识和技能，如担任车队管理（支援车辆维修和外包决策），货物跟踪并提供路径优化。合作伙伴公司也奉献自己的资源和专门知识，以提高救灾仓储及装卸。例如，它们提供自己公司的仓储空间给救援物资。为了精简救援链的物流，公司的员工帮助救援组织处理（排序和堆垛），仓储和在机场装卸救灾物资。公司甚至可能会提供设施的布局和安装专业的仓库管理和库存跟踪系统。

在我国，主要表现为基金会的资源推动。在 4·20 芦山地震中，扶贫基金会、南都公益基金会、华夏益公联、深圳壹基金公益基金会、腾讯公益慈善基金会建立各自的救灾联盟，拿出一定资金向救援机构伙伴进行项目招标，资助伙伴完成一些救援项目。由于这些基金会有强大的筹集资金能力，例如，芦山地震接受的社会捐赠中，深圳壹基金公益基金会、中国扶贫基金会、中国青少年发展基金会三家所持善款约占整体的 40%。小型救援机构，特别是草根 NGO 在与明星基金会合作时，明显处于不平等地位。例如中国社会组织灾害应对平台（以下简称"中社平台"）与成都高新区益众社区发展中心（以下简称"益众社区"）的项目纠纷，导致与"益众社区"的"乡村电子商务支持雅安 42 村灾后生计发展项目"被无故终止。这反映出救援机构间还未建立起合作的伦理规则和合同精神。

4.3　人道物流协同的障碍

人道物流是在一个非常复杂的灾后救援环境中运行，各救援组织在目标、任务、组织结构、运作方式和物流能力上又存在着差异，而且任何一个组织都没有足够的能力来单独应对大规模灾难，这些都不利于救援组织间的物流协同；又由于救援组织间存在着潜在的竞争（争取资金和实物捐赠）等原因，虽然它们面对同样的困难，也相互了解，但却很少进行沟通和交流，缺乏协同是人道物流面临的一大挑战。例如，在 2004 年亚洲海啸救援行动中，只有

56%的组织与其他机构合作建立自己的供应链。影响人道物流协同的因素可以分为外部环境影响因素和组织内部影响因素，如表4.4所示。

表 4.4　影响人道物流协同的因素

影响因素		说　明
外部环境因素	救援环境的不确定性	灾难发生的时间、地点和规模往往是无法预知的；灾后的破坏程度、受灾地区人口特点、灾后可供利用的资源及受灾地区的物资需求等相关信息不能马上确定
	捐赠者的意愿	捐赠者在向救援组织提供资金或实物捐赠时，一般会对捐赠物资的使用提出一些要求或意愿（如指定援助地区、救助对象和救援行动类型等）
	资源缺乏或过度供给	一方面，由于物资缺乏，救援组织可能为了相同的资源而竞争。另一方面，灾后经常会出现某些物资过度供应，这会消耗救援组织大量的人力、物力甚至可能拥塞救援系统
	媒体影响	救援组织为了获得更多的物资捐赠需要媒体的关注；同时，媒体的关注又会增加救援组织的压力，在某些情况下，可能会引起救援组织行为方式的变化
	政治因素	受灾国家政治环境和是否愿意接受援助都影响着救援组织的协同，同时还要考虑受灾国家的主权问题和遵守当地政府的法律法规和约束等
组织内部因素	救援组织的数量和多样性	参加救援的组织数量众多，各自又有不同的目标、任务、运作方式和物流能力，同时在地理、文化背景、语言和组织结构等方面也存在着差异
	组织间的竞争	救援组织为了争取更多的捐赠（资金和实物），使得救援组织之间存在潜在的竞争
	救援组织的意愿	一方面，救援组织为了自身利益进行竞争会妨碍救援组织进行协同的意愿，另外，某些救援组织（特别是大型救援组织）可能会不愿意交出自身已有的管理和控制权
	人力资源缺乏	救援组织缺乏具有专业知识的员工、使用短期志愿者和高达每年80%的员工流动率，以及缺少对员工专业技能的培训使得救援组织缺乏协同的经验和能力
	协同成本	救援组织进行协同必然会消耗一定的时间、资源和金钱。只有协同所获得的收益超过所花费的成本，救援组织才愿意进行协同
	收益分配问题	一方面，救援组织进行协同的收益或者成本的节约很难确定；另一方面，对于这些收益的分配也很难有一个公平的分配方式，通常都是大型救援组织获得更多的收益
	缺乏标准化	救援物资、设备、信息和流程的标准化是某些方面协同的前提（如仓储协同等），很难让所有救援组织采用统一的标准，缺乏标准化使得人道物流协同更加复杂和困难

4.3.1　外部环境影响因素

1. 救援环境的不确定性

人道物流的一大挑战就是救援环境的不确定性。灾难发生的时间、地点、类型和规模在灾前都是无法预知的。灾难爆发以后，有多少人受到影响，破坏程度（如交通运输、通信、电力等基础设施破坏情况）、受灾地区的物资需求以及可利用资源情况等信息都是无法马上确定的。由于相关信息的不确定与交流障碍使得救援组织经常无法确定哪些物资需要调动，在什么时间调动和调往哪里。灾后交通基础设施，特别是偏远灾区的交通设施根本无法承受大量救援货运的涌入[23]。通信设施的破坏使得处于灾区的救援组织无法与总部或者捐赠者进行及时的交流，不同救援组织之间的交流与沟通就显得更加困难。

2. 捐赠者的意愿

捐赠者（而不是救援对象）通常被认为是救援组织的顾客。捐赠者在向救援组织提供资金或实物捐赠时，一般会对捐赠物资的使用提出一些要求或意愿（如指定援助地区、救助对象和救援行动类型等）[21]。救援组织为了获得更多捐赠，一般都会按照捐赠者的意愿展开救援工作。另一方面，捐赠者一般都希望将全部捐赠物资（特别是资金）用于立竿见影的灾难救援行动，而忽视了对救援组织自身能力建设的支持（如人员培训、基础设施和信息系统建设等）[16]。捐赠者的某些不合适的要求和意愿并不有利于救援组织之间的协同。另一方面，捐赠者又要求严格的问责制和无法容忍低效率的救援工作使得救援组织间更加需要协同合作[1]。

3. 资源缺乏或过度供给

满足受灾地区物资需求是灾后救援工作的一个重要方面，灾后资源的缺乏也同样造成救援组织间协同的困难。由于资源缺乏，救援组织可能为了相同的资源而竞争。例如，为了争夺各种资源（如卡车、仓库等）会使得这些资源的价格迅速上涨。另一方面，灾后救援还经常出现某些物资出现过度供应现象，这些过度供应的物资会消耗救援组织大量的人力、物力甚至可能拥塞救援系统[21]。例如，在 2004 年印度洋海啸之后五个月还有大约三分之一的救援物资集装箱仍然滞留在机场海关[24]。

4. 媒体影响

在灾难救援过程中媒体的影响力越来越大，媒体已成为影响灾难救援工作的关键因素之一。一方面，救援组织需要媒体的关注。好的新闻报道有助于筹集资金，提高机构的声誉，还能促进与其他组织的协调和增加员工的斗志[25]。另一方面，媒体的关注又会增加救援组织的压力，在某些情况下，可能会引起救援组织行为方式的变化[21]。另外，媒体的报道会使救援工作和人们更加关注媒体曝光率高的地区，而造成某些受灾地区被忽视或者不公平对待。

5. 政治因素

受灾国家政治环境情况和是否愿意接受援助都影响着救援组织的救援行动，同时救援组织还要考虑受灾国家的主权问题和遵守当地政府的法律法规等各种约束。在一个政治局势稳定的国家，政府掌握着灾难救援行动，同时政府希望各种援助活动必须要尊重国家主权和按照政府的意愿展开。例如，联合国就必须尊重受灾国的主权问题，只能在受灾国家提出援助请求时才能展开行动。而 NGOs 却不用担心受灾国的主权问题，因此能够迅速地进入受灾地区展开救援行动[26]。

4.3.2 组织内部影响因素

1. 救援组织的数量和多样性

参加救援的组织数量众多（例如，2004 年印度洋海啸有超过 40 个国家和 700 个非政府组织提供人道主义援助），一般参与人道主义救援的有国际救援组织、当地政府、军队、地方救援组织和企业（公司）。虽然它们参与灾难救援的目的相同，即救援受灾群众，减轻灾难。但它们又有各自不同的目标、任务、运作方式和物流能力，同时在地理、文化背景、语言和组织结构等方面也存在着差异，这些差异都成为救援组织间协同的障碍。灾难发生后，一般是由受灾国家的政府负责灾后救援的协调和引导工作，但政府通常缺乏应急管理的经验和知识；特别是面对巨大灾难时，政府不是无能为力就是功能丧失[21]。例如，在一些重灾区政府官员的大量伤亡，导致行政指挥系统失灵。

2. 组织间的竞争

救援组织为了获得尽可能多的捐赠（资金和实物），使得它们之间存在潜在的竞争关系。这种竞争关系同样影响到救援组织间的协同。特别是在应急响应初期，救援工作会得到全球的关注和大量的物资捐赠。由于竞争的存在，当一个救援组织认为某些信息能获得更大的媒体关注和更多的捐赠时，这个救援组织就可能不愿意与其他救援组织共享这些信息[21]。在物资紧缺时，救援组织为了争取可利用的货物和设施（如卡车、仓库等）而竞争，这种竞争会造成价格的急速上涨。

3. 救援组织的意愿

一些人道救援组织为了自身利益进行竞争会妨碍救援组织进行协同的意愿，另外一些救援组织（特别是大型救援组织）可能会不愿意交出自己已有的管理和控制权力。例如，当联合国对救援组织的行动进行协调时，由于 NGOs 不属于联合国系统，这时就完全依靠 NGOs 是否愿意接受联合国协调的意愿。另外，当一个组织在受灾国已经有自己完善的组织机构时，如国际红十字会，可能就不愿意将管理和控制权交给联合国或其他组织。这主要是出于组织自身发展的考虑，救援组织自治时一方面可以展开救援行动，另一方面也可以进行自身的发展。而如果与其他组织协同合作，将管理和控制权交给其他组织就可能只关注救援行动而失去自身发展的机会。

4. 人力资源缺乏

人道救援组织人力资源缺乏也是一方面，由于人道救援组织使用短期志愿者和高达每年 80%的员工流动率[5]，以及缺乏对员工进行良好的相关专业技能的培训，使得人道救援组织缺乏专业的物流人才和缺乏进行协同的经验和能力。例如，Fritz 研究所对 92 个组织进行了调查，包括联合国机构、红十字会和其他 NGOs。其中超过 90%的组织认为对员工培训的好坏直接影响着救援行动结果的好坏；而只有 73%的组织对员工进行过相关的物流培训。

5. 协同成本

救援组织进行协同就必然会消耗一定的时间、资源和金钱（如召开会议、建立沟通渠道或设立协调机构等）。在战略和战术层面，协同成本也包括在灾害前期为举行合作会议的员工支付的薪水和旅行费用。在运作层面，对于规模比较小的救援组织可能在进行救援的同时就没有足够的人员来参加协同会议了。只有救援组织进行协同所获得的收益超过所花费的成本，救援组织才会愿意进行协同。

6. 收益分配问题

救援组织进行协同运作所期望的收益是以更低的成本、更短的时间获得更多、更好的资源来救援受灾群众。由于人道救援组织都是非营利性质的，对于收益的分配可以更多地理解为对成本的分摊。但是，一方面救援组织进行协同的收益或者成本的节约很难确定；另一方面对于这些收益的分配也很难有一个公平的分配方式，通常认为都是大型救援组织获得更多的收益。这在一定程度上会降低救援组织（特别是较小型的人道救援组织）进行协同的积极性。

7. 缺乏标准化

救援物资、设备、信息和流程的标准化是某些方面协同的前提（例如仓储协同等），很难让所有的救援组织采用统一的标准。例如，采用统一标准的容器、包装等。缺乏标准化使得人道物流协同更加复杂和困难。例如，组织间信息格式与用语的不统一、不规范，势必造成组织间信息沟通、交流和理解的困难。

4.4　人道物流协同的优势

良好的人道物流协同可以提高灾后救援的效率和效益，消除救援盲区，避免重复工作和资源浪费。由此可见人道物流的协同是以效率和效益并重，因此人道物流协同绝不只是追求成本的节约，在某些情况下，时间的节约显得更为重要，例如灾难发生后的黄金 72 小时。人道物流主要包括采购、运输和仓储等活动。根据人道物流的主要活动形式，可以将人道物流协同分为采购方面、运输方面和仓储方面的协同。进行人道物流协同一般来说可以获得以下的协同优势：

4.4.1 速度优势

灾难救援中速度就是生命，人道物流参与者可以通过在关键节点的协同合作提高响应的速度。人道救援组织可以通过及时的信息共享和交流，加快信息的传播速度，从而提高救援组织决策和行动的速度。可以合并采购、仓储和运输等活动，避免各自重复性工作，简化业务流程。例如，在采购时，救援组织可以采用联合采购的方式，避免各自单独的采购过程，节省供应商选择和与供应商谈判、协调的时间。在海关通关时，可以由富有经验的救援组织负责办理，加快通关的速度。人道救援组织还可以通过资源共享，及时地获取所需的资源，例如使用某些救援组织已有的仓库、救援网络、运输工具和救援物品等。可以充分利用各自的技术优势，解决单个救援组织无法解决的技术难题。

4.4.2 规模经济效应

进行人道物流协同最显而易见和最容易获得的一大优势就是规模经济效应。通过对仓储和运输等过程的协调管理，发挥资源的组织协同效应，就可以在技术水平和要素组合比例不变的条件下，仅仅通过扩大规模，就能降低物流成本和节省时间。在人道物流环境下，救援组织可以通过采购协同合并采购量，从而增加与供应商的谈判力度，可以要求更低的价格和更高的服务质量，还能获得更广的供应商选择范围。通过合并订单处理和供应商管理等活动，救援组织可以减少行政管理成本。当采用仓储外包时，救援组织由于数量优势，可以获得更低的价格和更好的服务。可以合并运输货物，从而节约时间和降低单位货物的运输成本。通过建立转运点或合并运输点可以减少货物发送和接收点的数量。通过将组织间相同去向的货物合并装运（路径合并）来缩短总的运输距离，提高每公里运输效率，减少运输时间。还可以采取整装运输来提高运输工具运输能力的利用率，节约运输成本。将运输业务外包时，由于货运量的增加可以获得更大的谈判力度，可以要求更好的价格和服务质量。

4.4.3 范围经济效应

范围经济效应主要体现在多个环节共同分摊物流费用，共用利用设施、设备、技术和人力资源上，即通过不同业务之间的协调管理，获得更低的成本和更快的反应速度。在人道物流环境下，救援组织通过仓储协同可以共享仓储设施、设备和人力资源，从而节约成本。通过仓储协同救援组织还可以进一步地扩展仓库网络，缩短仓库与配送点的距离，从而节约运输费用和节省时间。另外，通过仓储协同还能促进组织间库存物资交换，通过共享库存物资来减少总的库存水平和提前期，增加库存流动率和避免库存物资过期而造成的浪费，这要以存储物资的标准化和延迟印上所属救援组织的标签为前提。进行运输协同救援组织可以汇集稀缺的运输资源（飞机、汽车等）同样能提高救援效率。

4.4.4　学习效应

协同活动可以加强组织间的沟通和交流，促进组织之间的学习以及汲取协同过程中的经验和教训，从而同时提高个体和整体的实力。当救援组织与商业公司协同合作时，救援组织可以学习商业公司（特别是物流类公司）在供应链管理、物流管理和成本效益管理等方面的先进技术。而另一方面，商业公司也可以从救援组织那里学习具有敏捷性、灵活性和快速反应性的人道物流管理技能。例如，TNT 与联合国粮食计划署，UPS 与联合国人道主义响应仓库（UNHRD），联邦快递（FedEx）与美国红十字会等的协同合作。同样的，人道救援组织间进行协同合作时也可以学习彼此在运作方式和管理技巧等方面的特长，总结协同过程中的经验和教训，这不仅能进一步的巩固救援组织间的协同，还可能创造新的协同机会。

4.4.5　其　他

进行人道物流协同时救援组织还可以与供应商建立战略联盟，这样可以保证在救援物资需求高峰时期物资的优先供应、供应的稳定和避免价格的过分上涨。另外，通过采购协同能促使物品包装和标签等方面的标准化，标准化反过来又能进一步地改善救援组织间协同的效率和灵活性。

4.5　人道物流的协同模式

正如前面分析的，影响协同的两个主要原因是：独立决策的救援机构拥有的能力不尽相同，评估灾区需求的信息是不充分的。

集中式供应链决策在匹配灾区总体需求和救援机构总体资源相当时是有效的，虽然可以避免重复救援，但救援机构间很难有一个公平的方式分担预算成本，例如，一个救援机构要求向较偏远灾区供应物资，但该机构自身没有物流能力，其成本将大大增加。集中方法还创造了大量的官僚主义。例如，2013 年 4·20 芦山地震救援，红十字会将一车物资从成都送到灾区，需要 9 道审批。这段路程大约 180 公里的路程，差不多花了 23 个小时，更多的时间是花在办手续上。报经总会批准后，红十字会从最近的成都备灾中心调配物资，在送往灾区的路上，先后要经过雅安市红会、芦山红会、县民政局、乡里的抗震救灾指挥部审批，然后到村里，从村支书那里拿到收条；之后，运输物资的货车司机还要把这张收条交给芦山红会，并由芦山红会在雅安红会的清单上签字，将清单送到雅安红会后，雅安红会在成都备灾中心的清单上签字。从成都将物资送到灾区，再返回成都，要经历 9 次审批。

相反，救援机构分散独立决策，单独决定向哪个灾区供应多少救援物资。然而分散方法不能最小化减少供需错配导致的孤岛、堵车、物资紧缺等问题。一个有效的人道物流协同模式就是能够让救援机构知晓彼此的计划和实施。

人道物流中协同模式根据结构及与当地救援机构集成的程度大致可分为三类，即救援机构中央主导型救援模式（Agency Centric Efforts，ACEs），救援机构与地方组织结合型救援模式（Partially Integrate Efforts，PIEs）及协同救援模式（Collaborative Aid Network，CANs）[57]。如图 4.7 所示。

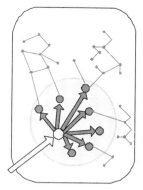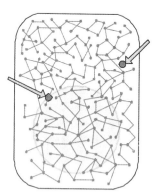

（1）救援机构中央主导的救援模式（2）救援机械和地方组织结合的协同救援模式 （3）协同救援网络

图 4.7 人道救援物流协同模式图

4.5.1 汶川地震的协同模式

2008 年 5 月 12 日 14 时 28 分，四川省汶川县发生 8.0 级地震，直接严重影响受灾地区达 10 万平方公里，范围遍及四川、甘肃及陕西。这次地震给我国造成了空前的巨大灾难。据民政部报告四川汶川地震已确认有 69 227 人遇难，374 643 人受伤，17 923 人失踪，500 余万人失去家园。

面对如此巨大的灾难救援任务，所有的基层干部，尤其是灾区涉及的 118 县的基层干部都是灾民，当地社会网络已被破坏，当地政府很难在短时间内组建救援网络，也没有能力应对灾难救援，需要外来救援机构组织救援的全过程。汶川发生地震后，在胡锦涛总书记及温家宝总理的及时指示下设立了国务院临时抗震救灾指挥部，指挥救援工作。中国政府在震后人员调动以及物资投放上所做出的高效率反应是惊人的。截至 2008 年 9 月 10 日，发改委向灾区调运的中央储备救灾粮累计出库 458 872 吨，食用油累计出库 11 944 吨。民政部向灾区调运的救灾帐篷共计 157.97 万顶、被子 486.69 万床、衣物 1 410.13 万件、燃油 377.6 万吨、煤炭 806.7 万吨。灾区的需求是差异化的，实际需求达四千多万种。

在汶川地震救援应对阶段的前 3 天，当时很多人都积极参与捐助，物资堆满了成都飞机场、火车站，但灾区却物资短缺。外省运救灾物资到四川，必须先到成都卸，卸完再运往灾区。一卸一装，影响了救援效率。汶川地震初期人道物流网络如图 4.8 所示。

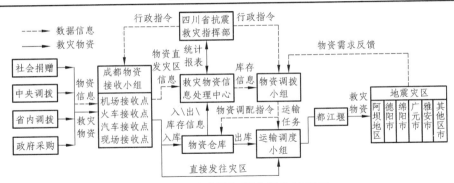

图 4.8　汶川地震初期人道物流网络

资料来源：改编自张锦《汶川地震中应急物流组织分析与思考》，
《应急物流高峰论坛（演讲资料）》2008 年 24-32 页

在汶川地震救援应对阶段的第 5 天，改变了物流流程为：避开成都，一省对一市。但在具体落实时又发现问题。比如把物资送到绵阳，绵阳路过江油，江油也有灾情，却不能就地卸货，要送到绵阳举行完仪式，再拉回江油。发现这种做法不完善，提议不要省对市，而要一省对一县，这种救灾制度就是把道打通了。即在 2008 年 5 月 22 日，也就是震后的第 10 天，民政部发布紧急通知明确提出按照"一省（直辖市）帮一重灾县"的原则，依据支援方经济能力和受援方灾情程度，建立对口支援机制。当前要着重解决灾区急需的帐篷等住所问题，同时要考虑解决棉被、衣物、食品、饮用水以及灶具、床等生活物品的需求。具体物流是：山东省对口支援四川省北川县、广东省对口支援四川省汶川县、浙江省对口支援四川省青川县、江苏省对口支援四川省绵竹市、北京市对口支援四川省什邡市、上海市对口支援四川省都江堰市、河北省对口支援四川省平武县、辽宁省对口支援四川省安县、河南省对口支援四川省江油市、福建省对口支援四川省彭州市、山西省对口支援四川省茂县、湖南省对口支援四川省理县、吉林省对口支援四川省黑水县、安徽省对口支援四川省松潘县、江西省对口支援四川省小金县、湖北省对口支援四川省汉源县、重庆市对口支援四川省崇州市、黑龙江省对口支援四川省剑阁县、广东省（主要由深圳市）对口支援甘肃省受灾严重地区、天津市对口支援陕西省受灾严重地区。

在汶川地震中，采用的人道物流协同模式是：救援机构中央主导型（ACEs，Agency Centric Efforts），即整个救援过程都是由中央救援机构控制的，该种救援模式大多为受灾地区外的救援组织采用，外来救援组织是指不属于受灾地区当地社会结构的任何组织。由于中央救援机构的参与，该种救援模式可以提供大量的救援物资和资金，但受其内部能力（资产、人力等）的影响，配送节点的数量是有限的。由于对受灾地区地形条件、交通状况及救援机构自身负载能力等客观因素限制，信息共享程度不高，往往重复单一任务，即采用一省对一市（县）的救援制度。如图 4.7（1）所示，白色箭头表示人道物流，圆圈表示灾区内的配送点。

4.5.2　芦山地震的协同模式

2013 年 4 月 20 日，四川省雅安市芦山县发生 7.0 级地震，共造成 196 人遇难，21 人失踪，13 484 人受伤，200 余万人受灾。

地震发生当天，中央、省、市、县（区）各级抗震救灾指挥部相继成立，有力地保障了抗震救灾工作。在国家层面，国务院决定成立国务院"4·20"地震抗震救灾前方指挥部。指挥部由汪洋副总理任指挥长，由国务院副秘书长丁学东和国务院应急办、民政部等部门负责国家各部委与四川省衔接抗震救灾的各项工作。在四川省和成都军区层面，成立了四川省"4·20"地震抗震救灾前方指挥部，成都军区参加指挥部工作，由省委书记王东明任指挥长。地方和军队的救灾力量由该指挥部统一指挥、统一调度。指挥部下设抢险救援、医疗救助、群众安置、道路抢通、物资保障等工作组，由省级领导分别牵头负责，靠前指挥。在地方层面，雅安市、芦山县以及各有关乡镇抗震救灾指挥部相继成立。在芦山县城，雅安市和芦山县有关人员参加省前方指挥部工作，使得省、市、县三级指挥机构能够无缝对接，上下联动。

芦山地震发生之后，灾区最先需要考虑的接收、调运物资工作，省民政厅接收捐赠和物资筹集调运组结合工作特点，在省民政厅内设置现场物资接收组、物资汇总调运组、火车站物资接收及调运组、机场物资接收及调运组、凤凰山机场救灾物资调运组、邛崃桑园机场物资调运组、救灾物资采购及调运组、物资储备库救灾物资接收及调运组等。人道物流网络如图 4.9 所示：救灾中的物资配送上游物料流汇聚速率快且量大，下游灾民需求大。对于最后一公里的配送犹如金字塔，容易造成拥堵，对物资配送效率造成了消极影响，如图 4.10 所示。

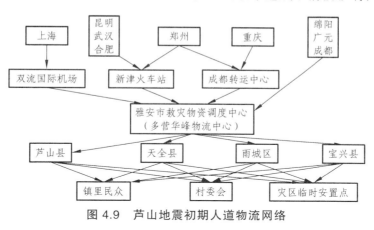

图 4.9　芦山地震初期人道物流网络

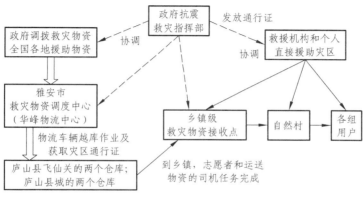

图 4.10　芦山地震初期人道物流最后一公里

在芦山地震中，采用的人道物流协同模式是：救援机构和地方组织结合的协同救援模式（PIEs，Partially Integrate Efforts），它是一个外来救援组织与当地合作伙伴共同进行救援。在外部组织和当地组织间存在一个联合，当地组织负责物资的当地配送，当地人道物流由灰色箭头和圆表示，如图4.7（2）所示。该种人道物流协同模式由于利用本地现存网络，较ACE具备更多的配送节点，但也远远不及 CAN 模式。若外部救援机构无法找到受灾地区的合作机构，外部救援机构自身就需要进行救援物资的当地配送。外部机构倾向于以 PIE 的方式进行救援，但有时候不得不采用 ACE 模式。

这种组织指挥协调体系既有效地发挥了中央政府的统一领导、综合协调和保障作用，也较好地落实了分级负责、属地管理的原则，有效地组织协调了包括军队和地方在内的各种救灾力量，为抗震救灾工作的科学、有序开展提供了组织保障。同时加强与社会救援机构的协作，达到消除救援盲点，恢复社区建设等微救援效果。

PIEs 结构的优势：第一，和当地已存在社会网络的集成，使外来组织利用当地合作者的专门技术和人力资源；第二，花费在需求评估和准备分发物资方面的时间成本大大降低。

4.5.3　人道物流的协同救援网络模式

协同救援网络模式（CANs，Collaborative Aid Network）没有中央救援机构主导，主要是由社会救援机构、社区网络组成，构建在强大的社会网络上的。其特点是：

（1）非常庞大，包括成千上万的个体；

（2）覆盖整个灾区的地理位置；

（3）拥有横向结构，没有明显的层级；

（4）成员分布在当地居民中（更准确地说，是其中的一部分）；

（5）受到当地人信任；

（6）由志愿者组成；

（7）对当地的情况十分了解。

如图4.7（3）所示，CAN 是一个完全不同的结构，它既存在于受灾地区又存在于其他地区，CAN 的组成部分由小圆点和连接线表示，小圆点代表配送点，连接线代表配送点间的物流/社会/物理连接。CAN 利用现有的社会网络进行有效地局部配送，从本质上讲，这就是影响当地配送的制约因素，这也是商业物流配送中心最具挑战性的部分，被称为"最后一公里配送"问题，这个挑战中最重要的是灾区巨大的物资需求及救援物资收发点需要大量的人力资源来完成配送任务。

在 2013 年 4·20 芦山地震中，当地运输和物资分配需要大量的人力资源，成都到雅安多营华峰物流中心需要人力，华峰物流中心到各乡镇救援物资收发点需要人力，乡镇救援物资收发点向各村组分发物资需要人手。研究发现救援物资运至各乡镇救援物资收发点的所需人员是物资运至华峰物流中心所需人员的 12 倍；准备和分发物资所需人员是物资运至华峰物流中心所需人员的 60 倍。

CAN 救援模式在配送方面具有优势，原因有：第一，网络庞大，在灾后环境下有能力提供足够的人力进行救援；第二，在地理位置上分布有诸多供应节点，消除或减少志愿者、设备、物资的迁移需求；第三，具备一个大型的配送结构，使得网络弹性增强；第四，强大的社会、宗教连接，有助于成员间凝聚力和协同力的增加；第五，组织中的成员都有倾向（意愿）要帮助受灾群众。

4.5.4　人道物流的协同模式比较

前面论述了人道物流的三种协同模式，表 4.5 从物流和社会两方面阐述人道物流每种结构类型的关键特点。前者考虑人道物流的关键任务、本质、组成部分和类型特征；而后者包括与当地社会组织的集成程度、与当地人口的联系等。关于运输救援物资的能力，外部救援组织占上风，因为它们通常能从外部获得高载重量的交通设备。ACE 和 PIE 在各方面都要优于 CAN 的运输货物的能力。

表 4.5　人道物流协同模式的主要特征比较

响应特点	外部救援组织		当地救援组织
	中央主导型	救援机构和地方组织结合型	协同救援型
物流特征			
运输	运输能力强或中等	运输能力强或中等	运输能力中等
分配点数量	受人力限制	中等或很多	很多
覆盖范围	小	取决于当地合作伙伴	很大
决策结构	层级决策机制	层级决策机制	协同式决策机制
社会特征			
团队中是否有当地人口	为零，或者极少	有	有
与受灾点人员关系	所有人员为外来人	团队中某些成员为当地人	当地人为团队中一部分
当地信息的掌握	总体受限	取决于与受灾地的合作关系	掌握全面
是否受到当地信任	为建立或缺乏	取决于受灾地的合作关系	已建立
网络联系强度	内部强度大，外部联系（与受灾地联系）强度小	内部强度大，外部联系可能较大	内外部联系强度均很大
与受灾点联系的程度	没有或者极少联系	联系较少	联系密切

在表 4.5 中，社会特征描述与当地社会集成程度和特性，这方面 CAN 将超越外部救援组织，因为 CAN 能够更好地进行集成，并且对当地地形环境、语言、文化有更全面的了解。CAN 网络不仅很庞大，而且灾难发生之前其成员之间就保持较强的社会联系。这些特性使 CAN 结构成为理想的人道物流结构。

表 4.6 总结了之前的讨论和分析，反映了不同结构的人道物流的能力差异，如表中所示，外来组织和 CANs 有一个显著的互补性，当后者强时前者就弱。表中（＋＋＋）表示最好，（－－－）表示最差。

表 4.6　人道物流不同结构的能力比较

响应特点	外来组织		当地组织
	中央主导型	救援机构和地方组织结合型	协同救援型
获得物资/金融资源	（＋＋＋）	（＋＋）	（－－－）
可以提供的物资数量	（＋＋＋）	（＋）	（－－－）
与当地组织集成程度	（－－－）	（＋＋）	（＋＋＋）
对突发灾难响应的敏捷性	（＋）	（＋＋）	（＋＋＋）
结构伸缩性	（＋）	（＋＋）	（＋＋＋）
结构弹性	（－－）	（＋）	（＋＋＋）
进行当地配送的能力			
可用人力资源	（－－）	（＋＋）	（＋＋＋）
地理覆盖面积	（－－）	（＋＋）	（＋＋＋）
建立配送点的数量	（－－－）	（＋＋）	（＋＋＋）
能够配送的物资量	（＋）	（＋＋）	（＋＋＋）
保障安全的能力	（＋）	（＋＋）	（＋＋＋）

　　研究表明应对大灾难最好的方式是与弹性的、高度连接的（内部和外部）已有的社会网络相结合。循环系统的工作原理可类比于人道物流：正如毛细血管从主动脉接收到血液之后供给身体所有细胞。就像一个细胞不能直接连接主动脉接受血液，外部组织不应该企图承担大部分当地配送的工作。在这种背景下，外部组织类似于主动脉的血液（拥有关键物资），相比之下，CAN 是毛细血管，但缺乏供应灾民所需的物资。它的意义在于，对于一个完整的系统，可将这些链接在一起；对整个配送流程而言，外部组织和 CAN 的功能最好都能被充分利用，前者关注于将大批物资运至灾区，CAN 负责当地配送。实现这一目标需要 CAN 作为整体战略发展的一部分。主要的建议包括：

　　（1）采取适当措施开发一个集成的物流结构，其基础是利用外部组织和 CAN 结构的特定优势。

　　（2）创建一个超级网络，让与减灾和灾难响应的当地组织加入 CAN 网络结构。

　　（3）建立一个 CAN 的协调委员会，负责确保资源的公平分配。这可以效仿志愿者组织网络。

　　（4）训练每个 CANs 节点的领导人和主要成员（网络中的节点，如居委会）关于风险、物流管理、急救、救灾、人道主义等方面的知识。这能确保地方领导者知道如何应对灾难，如何最好地使用资源。

　　（5）灾难发生后指定各节点/位置作为 PODs。在这种情况下，节点的领导者会聚集 CAN 的成员，准备帮助灾民。这些配送节点的位置的指定，使当地居民知道去哪里求助、急救或领取关键物资，而不是发生大灾害后在城市流浪，拼命寻找援助。

4.6　本章小结

　　本章分析了人道物流中的协同、协调和协作的区别，分别从人道物流协同的方向、人道物流协同的层面、人道物流协同的深度三个方面研究了人道物流协同的各个维度。分析了人道物流协同的动因，研究了人道物流协同类型与灾难管理生命周期的最优匹配，研究了人道救援组织在国际层面、国家层面和现场层面等三个层面中形成的协同关系。提出了影响人道物流协同的外部环境影响因素和组织内部影响因素，分析了人道物流协同的五大优势。提出了人道物流协同的三种模式，比较分析了各自的能力和特点，并给出了应用建议。

第5章　人道物流协同机制

许多救援组织倾向于专业救援领域，如营地管理、医疗保健、饮用水和卫生设施，它们大都独立，有自己的资金和运作系统。当联合专业的和独立的救援组织的时候，就会出现一些协同问题，如救援物资重叠，一些灾民被遗漏等。这需要在整个灾难管理生命周期中协同，一个重要的问题是在什么时候协同以及如何进行协同。本章将从我国突发事件应急管理的体制和机制出发研究协同机制及运作。

5.1　突发事件的应急机制

5.1.1　中国的应急体制

体制是国家机构、企事业单位在机构设置、领导隶属关系和管理权限划分等方面的体系、制度、方法、形式等的总称。

应急体制是预防与处置突发事件的组织形式，是应急性机关、应急性权利和应急性运行机制所组成的制度体系。

◇ 应急性机关指具有行政主体资格，根据国家宪法、法律、法规或规章制度处置突发事件，行使应急性权利的政府机构，主要指中央和地方及其职能部门，是应急体制的形式要件。

◇ 应急性权利是指应急性机关在应对各类突发事件中，依法享有并行使的各类抽象的或具体的职权和职责，如发布紧急命令，制定应急性法规等，是应急体制的实质要件。

◇ 应急性运行机制是指应急性机关能够依法、高效行使应急性权利以便处置突发事件，从而恢复社会正常秩序的机理，是应急体制的标杆。

《突发事件应对法》第4条规定："国家建立统一领导、综合协调、分类管理、分级负责、属地管理为主的应急管理体制"，确定了我国应急管理体制从传统的"以条为主型"向"以块为主型"转变。

◇ 统一领导，主要是指突发事件应对工作要在各级党委的领导下，统一指挥，统一协调。

◇ 综合协调，主要是指突发事件的应对工作要打破部门分割、条块分割的界限，统筹调度资源，实现协调联动，降低行政成本，提高快速反应。

◇ 分类管理，主要是指突发事件的应对工作要按照自然灾害、事故灾害、公共卫生事件、社会安全事件等划分标准分类管理，分别牵头负责。

◇ 分级负责，主要是指不同级别的突发事件要由不同层级的人民政府处置。

◇ 属地为主，主要是指突发事件的应对工作由事发地地方人民政府负责。

2006 年 4 月，设置国务院应急管理办公室（国务院总值班室），承担国务院应急管理的日常工作和国务院总值班工作，履行值守应急、信息汇总和综合协调职能，发挥运转枢纽作用。根据规定，我国把突发事件主要分为四大类并规定相应的牵头部门，自然灾害主要由民政部、水利部、地震局等牵头，管理事故灾难由国家安全监管总局等牵头，管理突发公共卫生事件由卫生部牵头，管理社会安全事件由公安部牵头。最后由国务院办公厅总协调。截止 2007 年底，所有的省级政府和 96%的市级政府、92%的县级政府成立或明确了应急管理办事机构。

《突发事件应对法》第 7 条第 1、2、3 款则具体规定了"以块为主型"的应急管理体制，"县级人民政府对本行政区域内突发事件的应对工作负责；涉及两个以上行政区域的，由有关行政区域共同的上一级人民政府负责，或者由各有关行政区域的上一级人民政府共同负责。突发事件发生后，发生地县级人民政府应当立即采取措施控制事态发展，组织开展应急救援和处置工作，并立即向上一级人民政府报告，必要时可以越级上报。突发事件发生地县级人民政府不能消除或者不能有效控制突发事件引起的严重社会危害的，应当及时向上级人民政府报告。上级人民政府应当及时采取措施，统一领导应急处置工作。法律、行政法规规定由国务院有关部门对突发事件的应对工作负责的，从其规定；地方人民政府应当积极配合并提供必要的支持"。

《突发事件应对法》在第 9 条又作了补充规定，"国务院和县级以上地方各级人民政府是突发事件应对工作的行政领导机关，其办事机构及具体职责由国务院规定"。

"以块为主型"的应急管理体制的特点是对突发事件的防治和处置实行一元化领导、决策、组织、协调和指挥，将原本属于各职能部门的决策权、指挥权等相对集中到同级人民政府，从而能够有效整合应急资源与信息，快速和正确地应对突发事件，与现代社会突发事件具有复合性的属性相一致，同时又能较好地利用原先各专门部门的技术和专业优势。

其缺点是这种应急管理组织体系还不够健全，无法整合各类应急资源。

首先，以各级政府作为突发事件应对的行政领导机关难以有效调度全部应急资源。突出表现在：第一，各级党委掌握着大量应急资源，政府无权直接调度，降低了应急处置的效率；第二，缺乏军地联动的长效机制，突发事件发生后难免出现沟通不畅、协调不力等问题。而且，军队的调度权集中在中央军委，在国家层面并未健全军、政共同参与的应急指挥机构的情况下，只能通过非制度化的协调机制来调度军队。

其次，缺乏实权性的应急管理日常机构作为《突发事件应对法》的执法主体。该法没有设立专业性的应急管理机构，在国务院和县级以上地方人民政府办公机构中设立的应急办只履行值守应急、信息汇总和综合协调职能，并无指挥、调动各类应急资源的职权，给应急管理工作的落实带来了很大困难。由于缺乏主责部门，导致了一些困难：该法规定的许多应急管理工作，如宣讲演练、风险评估、物资储备等难以有效推动；应急资源缺乏整合，涉及自然灾害、防灾减灾工作的部门就有 7 个，重复建设现象严重；不得不成立临时指挥机构，难以建立长效的应急管理体制，而临时搭班子一方面导致职责不清，只能靠领导高位协调；另一方面也导致事后难以科学、客观地总结经验。

总的来看，我国目前正在建设的新型综合协调型应急管理体制，是建立在法治基础上的平战结合、常态管理与非常态管理相结合的保障型体制，具有常规化、制度化和法制化等特征，有利于克服过度依赖政治动员所导致的初期反应慢、成本高等问题。其现状是纵向集权

（中央政府统一领导体制）＋横向自治（分部门与分类别的条块分割的体制），出现的问题是：① 部门分割、协调不足；② 条块分割、资源浪费；③ 常设管理部门缺失、治理效率低下；④ 政府单中心治理，社会参与缺失。

5.1.2　中国的应急机制

"机制"（Mechanism）最早是指机械工程中的机构，机构是具有确定相对运动的构件组成的系统，通过相互连接和制约，实现运动或力的传递。应用到管理上，机制是社会组织中各组成部分或各个管理环节相互作用、合理制约，从而使系统整体健康发展的运行机制。

应急机制是指人们为及时、有效地预防和处置突发事件而建立起来的带有强制性的应急工作制度、规制与程序。应急机制是指在应急体制框架下形成的预防和处置突发事件全过程中各种制度化、程序化的应急管理方法与措施。

我国突发事件应急管理机制的建设要求（2006 年 7 月《国务院关于全面加强应急管理工作的意见》）是：统一指挥，功能齐全，反应灵敏，运转高效。相对于应急体制而言，应急机制具有很大的灵活性，一般可以包括：预防准备机制、预防预警机制、信息报送机制、决策处置机制、协调联动机制、信息发布机制、社会动员机制、善后恢复机制、调查评估机制、应急保障机制、国际合作机制等。

《突发事件应对法》规定了由政府和各类非政府公共组织以及营利企业和个人共同来预防和处置突发事件，明晰了由党委领导、政府负责、社会协同、公众参与的社会管理格局的新思路，建立起有效的社会动员机制，广泛动员国内和国际社会各种力量共同参与公共危机管理，逐步实现应急管理中多种主体治理的新模式。政府以外的主体在突发事件中的应对和处理职责见表 5.1。

表 5.1　政府以外的主体参与突发事件的职权与职责

生命周期	参与者描述	职权与职责（突发事件应对法规定）
减　除	居民委员会、村民委员会、企业事业单位、学校与科研机构、公民（青年志愿者）	建立健全安全管理制度（第 22 条）； 制定应急预案（第 23 条）； 普及应急知识与应急演习（第 29 条、第 30 条）； 研发新的技术、工具和设备（第 36 条）
准　备	居民委员会、村民委员会、企业事业单位、公民个人、专家学者、专业机构工作人员	建立专职或兼职信息报告员制度（第 38 条）； 向政府报告突发事件信息（第 39 条）； 对突发事件信息进行评估与分析，预测发生的可能性及级别（第 40 条）
应　对	居民委员会、村民委员会、企业事业单位、公民个人	宣传动员，组织群众开展自救和互救，协助维护社会秩序； 疏散、撤离、安置受到威胁的人员，控制危险源（第 55 条）； 服从及配合政府的应急措施（第 57 条）
恢　复	居民委员会、村民委员会、企业事业单位、公民个人	采取有效措施，解决有关问题，防止重新引发社会事件（第 58 条）； 参加应急救援工作，协助维护社会秩序（第 61 条）

在应急多元治理模式下，我国目前存在的问题是社会和市场力量参与突发事件应对的制度保障还不足，社会动员机制并未有效建立，应急机制的善后措施不到位，削弱了社会的恢复能力。突出表现在以下几个方面。

第一，民间组织、志愿者等社会力量参与突发事件应对的机制不完善。汶川地震发生后，民间组织和志愿者行动迅速，赢得了广泛赞赏。芦山地震后，成立了各级抗震救灾社会组织和志愿者服务中心。但目前民间组织和志愿者在筹措资金、开展服务等方面还存在一系列障碍，有关支持、鼓励民间组织和志愿者参与突发事件应对的法规、政策尚属空白。

第二，应急处置的职权仅由政府承担，一些公用企事业单位如电力、能源、运输、电信等缺乏法律授权，导致其开展必要的应对活动时存在法律障碍。

5.2 商业物流的协同机制

物流供应链协同是指物流供应链相关企业为了提高物流供应链的整体竞争力而做出的彼此协调和相互努力。目前，商业物流领域对协同问题的研究已经比较成熟，提出了许多协同机制。

5.2.1 协同采购

在采购过程中有效地进行协同有助于提高供应链的效率。有许多机制都能促进采购的协同，如供需方的各种战略联盟及协同的采购协议。

1. 供应方-购买方的协同机制

在商业物流中，供需双方能通过不同类型的战略联盟实现协同采购。企业与供应商的协同机制主要包括：快速响应（Quick Response，QR）、连续补货（Continuous Replenishment，CR）、供应商管理库存（Vendor Managed Inventory，VMI）、托售方管理库存（Consignment VMI，CVMI）和协同规划、预测和补货（Collaborative Planning，Forecasting & Replenishment，CPFR）等。这些机制中最重要的是信息的共享，信息共享的方式有电子数据交换 EDI、网络、编码或者是为供应商提供生产计划系统的通道。这些共享的信息可以控制采购行为。

（1）快速响应（QR）。

快速响应是指供应链成员企业之间建立战略合作伙伴关系，利用 EDI 等信息技术进行信息交换与信息共享，用高频率小数量配送方式补充商品，以实现缩短交货周期，减少库存，提高顾客服务水平和企业竞争力为目的的一种供应链管理策略。

（2）连续补货（CR）。

连续补货利用及时准确的销售时点信息确定已销售的商品数量，根据零售商或批发商的库存信息和预先规定的库存补充程序确定发货补充数量和配送时间。

（3）供应商管理库存（VMI）。

供应商管理库存是指通过信息共享，由供应链上的上游企业根据下游企业的销售信息和库存量，主动对下游企业的库存进行管理和控制的管理模式。在这种方式下，供应链的上游企业不再是被动地按照下游的订单发货和补充订货，而是根据自己对众多下游要货方需求的整体把握，主动安排一种更合理的发货方式，既满足下游要货方的需求，同时也使自己的库存管理和补充订货策略更加合理，从而降低供应链供需双方的成本。

（4）托售方管理库存（CVMI）。

托售方管理库存是货物的所有者（制造商）将货物寄送或运送到零售商处，制造商拥有托售货物的权利，只有当零售商卖出或使用产品，货物的所有权才被转移，如果零售商无法卖出货物，零售商可以将产品退还给制造商。托售方管理库存不仅节约了库存成本，还带来了诸如提高产品柔性、提高市场服务水平和加强企业之间的联系等好处。

（5）协同规划、预测和补货（CPFR）。

协同计划、预测与补货应用一系列的信息处理技术和模型技术，提供覆盖整个供应链的合作过程，通过共同管理业务过程和共享信息来改善零售商和供应商之间的计划协调性，提高预测精度，最终达到提高供应链效率、减少库存和提高客户满意程度为目的的供应链库存管理策略。

不同机制的信息共享程度是不同的。在 QR 机制里，供应方接受购买方的销售点或需求点数据来同步其生产和库存。类似的，在 CR 机制中供应方同样接收买方的数据，不同之处在于供需双方需要在配送间隔和库存水平上达成一致。随后就是供应方必须遵守这个时间表。VMI 除了供应方替购买方决定库存水平和库存策略之外很像 CR，供应方监视着购买方的库存水平和确定订货量和补货周期。CVMI 使 VMI 更进了一步，供应商拥有这些产品直到这些产品被购买方销售或使用。

2. 联合采购

在联合采购中，多个购买方在购买过程合作来获得协同效应。联合采购最初发生在相同或相关领域的企业之间。这些企业拥有相似的需求或者是从相同的供应方处采购。有时当相互竞争的组织面对同一竞争威胁时也会采用这种机制。联合采购也同样应用于各种非盈利性组织。

联合采购受到信息共享的限制。例如，购买者可能通过共享偏好的供应方清单来给其他购买者提供详细的采购信息。同样，购买者也可以通过讨论最佳实践来共享它们的经验。这种类型的交流可以通过正式的或非正式的专门的在线工具。除了共享一般的采购信息，同一领域的企业还能签订联合合同，联合合同使购买者能汇集需求，采购相同的物品或从相同的供应商处购买。同样这个功能也能进行外包，买方可以将自己的采购功能外包给第三方，通过第三方来汇集其他组织的需求。

3. 协同采购的益处

协同采购的前提条件是需要标准化产品、包装和标识。这些统一的标准能方便供应链成员之间相互兼容，实现协力效益（Synergy）。主要益处如下。

（1）协同采购可以降低采购成本。协同采购成本由运行（固定）成本和单位（可变）成本组成。运行成本即一个运作单元处理订单和管理供应商及客户所付出的成本。根据规模经济原则，当协同采购或共同委托一个服务提供商，共同管理部分或全部订单流程和供应商关系时，会降低采购的运行成本。当协同采购试图合并采购量，获得数量折扣，可降低采购的单位成本。降低采购成本是企业加入一个伙伴网络的最重要的原因。

（2）协同采购可提高面对供应商的谈判力。有利于获得优惠价格和（或）更好的服务质量。小型组织在协同采购时，能接触到更多的供应商，其谈判力和市场透明度都能提高，从而降低成本。

（3）协同采购可降低风险。可降低高风险供应（战略产品和有约束产品）的采购风险，在紧急情况下，可以获得优惠待遇和优先供应商品。协同采购还有防止价格增加的优势，以及在联合采购中应用"搭载"流程有以低价格获得其他产品的可能。

（4）协同采购可提高业务的持续性。供应商可以获得连续业务、有价值的市场信息和有用的质量建议，以及降低成本的机会。

总之，协同采购能降低成本的关键在于个体组织是否愿意放弃各自的采购活动，如果视物流为其核心能力，则会独立采购更多产品。

5.2.2　协同仓储和协同库存

通过协同仓储、装卸和库存管理来提高商业物流的效率，商业物流一般采用两种机制：标准化和外包给第三方物流公司（3PLs）。

1. 标准化

仓库就是物流的整合点。根据物料的状况和下游客户的需求情况，仓库必须经常在存储、追踪和配送前进行准备。通过标准化可以减少工作量，特别是包装和编码过程。仓库接收的物料通常有多种容器，如托盘或纸盒。这些都可以在供应链上标准化，例如，托盘的高度和盒子的数量可以预先确定。另外，对于每种货物的接收，仓库要求确切的订单信息，如物品种类、数量和相关的采购订单号码。这些信息可以通过要求供应链上的所有成员都采用相同的标签和编码系统来实现标准化。

2. 第三方仓储

公司可以利用第三方物流的仓储和库存管理技能来提高供应链性能。第三方物流公司可以为顾客提供各种仓储服务。基本功能包括：收货、存储、库存控制、装卸、包装、贴标签和完成订单。特殊的附加功能可以包括交叉对接、报关、装备，甚至是装配。

第三方物流公司提供仓储功能将会合并存储，持有和管理多个客户的库存。因此，这种合并内在的效率必须通过平衡每个客户的战略目标来实现。所以第三方物流公司必须与它的客户保持紧密的关系。特殊情况需要客户通过电子数据交换（EDI）、网络、传真或客户的生产计划系统为 3PL 提供需求信息。共享这些信息使 3PL 成为其客户的战略伙伴，也使 3PL 能很好地提供客户服务。

3. 协同仓储的益处

协同仓储可以合并存储设施、设备和人员，实现规模经济。协力作用的程度取决于合并前的资源重叠程度。当参与组织在合并发生前，已运作或者计划运作自有仓库，并配备必要人力时，则协力程度高。因为协同仓储，需要放弃其各自仓库，这时会产生沉没成本。当组织使用物流服务提供商如第三方仓储，只从第三方仓储中租用其需要的存储空间，第三方仓储完成整个仓储管理，这时协力程度低。在这里由于参与企业成员存储量的合并，可以得到高折扣而节省费用。

协同仓储可以扩展仓库网络。区域内的分散网络替代一两个中心仓库，有助于降低从仓库到发送点的平均距离。减少了运输成本和提前期。

协同仓储可以在组织间共享储备。共享储备可以减少总储备水平或提前期。另外，增加库存周转率可以降低因有效期带来的浪费风险，以及降低单位仓储成本和相关资本成本。要实现共享储备需要有两个前提条件：存储的产品要满足最低的标准；存储的商品还未标识其所有者，未作标识商标的储备物资是实现延迟策略的基础。

5.2.3　协同运输

1. 协同运输的方式

协同运输能够通过合并运输来改进整个供应链的性能，因为运输成本占整个物流成本的很大部分，同时运输在满足客户期望时扮演了很重要的角色（及时发货、短的提前期）。协同运输经常是通过将运输外包给一个 3PL，但托运人也可以抛开中介直接与其客户和运输商合作。这种选择取决于托运人的运作和能力，以及托运人是否希望保留其内部物流职能。

如果托运人的运作规模较小或者已经有内部的物流协同，它就可以选择直接与承运商和客户合作。最小规模的协同是托运人必须与承运人合作安排装运。更大方面的协同是指托运人和承运人共享计划和需求预测。承运人可以将这些信息转变为货运预测。同样，托运人也可以选择直接与其他托运人合作，这种情况下，选择多个托运人是为了合并货运和减少运输成本共享其货运计划和预测。

另外，托运人也可以利用 3PL 的运输技能。很多案例都是利用 3PL 来管理其他公司的运输。这种情况下，托运人可以直接控制货运时间表和货物合并。否则，3PL 将会与运输公司建立紧密的关系，并同其进行合作。

这些协同机制的本质是数据交换（托运人、承运人、3PL 和客户间）。这些信息包括托运人提供的需求预测和预期货运时间表。作为回报，承运人或 3PL 将提供详细的货运选择、可用性和追踪等信息。过去这些信息通过电话、传真或电子邮件交换，现在是通过 EDI、网络、条码和提供生产计划系统入口等方式。另外，承运人和 3PL 都有自己的网络软件来为托运人和客户提供追踪信息。

2. 协同运输的益处

协同运输可实现运输合并，即将在不同地点和不同时间生产和使用的不同物品组合后，用单一车辆运输，实现整车运输。目标是降低单位运输成本和发送、接受商品的单位成本。

运输合并可以通过空间合并和时间合并来实现。时间合并就是通过发货的延迟和聚集实现一个确定的运输批量。空间合并就是通过设置转运点或合并点，减少发送点和接受点之间的连接数量，达到一定的运输批量。

空间合并有路线合并和转载合并两种模式。路线合并就是合并运输货物，以减少运输距离，提高每公里的效率。例如放弃选择直达路径或目的地，合作伙伴在转运点交换部分货物，在它们之间划分各自的目的地。转载合并就是最大化利用其运输能力。不同供应商的货物或应急库存在转运点聚集，然后再运往共同的目的地。这种模式可以提高运输方式的能力利用程度，降低单位固定成本。

5.2.4　通过物流服务提供的协同机制

在商业领域，企业主要通过将仓储和运输等物流业务外包给物流服务提供商的方式进行协同，通过外包物流业务给物流服务提供商，客户可以集中精力进行其核心业务。例如与第三方物流提供商（Third Party Logistics，3PL）协同合作。另外，随着供应链的全球化和第四方物流（Fourth Party Logistics，4PL）概念的产生，商业供应链领域还提出与第四方物流提供商进行协同合作来提高供应链的性能。

1. 第三方物流（3PL）

第三方物流可以理解为：作为生产与销售企业的外部组织，利用现代技术手段，为用户企业或最终消费者提供全部或部分物流服务。我国 GB 的定义为：由供方与需方以外的物流企业提供物流服务的业务模式。第三方物流提供的服务项目很多，包括有形的实物流动和无形的物流方案规划、设计和信息流动技术等。主要有：运输、仓储、配送、配送战略与物流系统设计；运用 EDI 能力和物流运作绩效报告，取货拼装；选择服务提供者包括运输者、货运代理、通关经纪人；信息管理；运费支付服务；运费协商等。对那些物流在其战略中地位并不是很重要，自身物流管理能力也比较欠缺的企业来说，寻求第三方物流服务是最佳选择，因为这样能大幅降低物流成本，提高为顾客服务的水平。

2. 第四方物流（4PL）

如上文所说，第三方物流（3PL）能够为供应链上的成员提供功能外包的服务，如仓储和运输。但随着供应链的全球化，客户正在寻找能够完全管理其供应链所有模块的伙伴，这就导致了第四方物流（4PL）概念的产生。

目前对第四方物流还没有统一的定义，通常认为第四方物流提供者是一个供应链方案的集成商，它对企业内部物流能力或具有互补性的物流服务提供者（3PL 中的有形服务：仓库、承运人、报关代理等）所拥有的不同资源、能力和技术进行整合，提供一整套供应链解决方案。它是依靠物流业内最优秀的第三方物流提供商、技术供应商、管理咨询顾问和其他增值服务商，为客户提供独特的、广泛的供应链解决方案。与第三方物流仅能提供低成本的专业服务相比，第四方物流则能控制和管理整个物流过程，并对整个过程提出策划方案，再通过电子商务把这个过程集成起来，以实现快速、高质量、低成本的物流服务。

客户使用 4PL 的服务，不仅是外包了物流功能还放弃了管理这些外包功能的所有责任。有些 4PL 是完全基于系统的，也就是说它没有实际上的任何物流资产而只是管理这些资产和为其他人服务。与此相反，许多拥有资产的第三方物流已开始提供综合物流解决方案，其中，它们会执行自己的一些功能。美国联合包裹速递服务公司（UPS）就是这样管理它的供应链的，包括 UPS 的运输服务。同样，有些核心业务虽然不是物流但是却具有很强物流能力的公司也开始向其他公司提供第四方物流服务，如海尔物流服务公司。

外包物流给 4PL 不但能获得与外包给 3PL 一样的好处，还能减少问题。通过 4PL 会放大效益背反（Trade off）现象：通过外包所有物流业务给4PL，客户可以集中精力进行其核心业务；但是，4PL控制顾客的所有物流功能，客户需要进行业务控制和敏感数据的保护。

5.2.5 协同机制的属性和成本

在商业领域，针对一个企业如何选择适合的物流协同机制的问题，Xu和Beamon提出了基于标准属性和成本的供应链协同机制选择结构[58]。

标准属性是指协同机制的资源共享、控制程度、风险/收益共享和决策类型。资源共享是指资源（例如信息）在供应链成员间共享的内容和程度。资源共享分为：运作层资源共享（例如销售点数据），战术层资源共享（例如生产计划）和战略层资源共享（例如资本投资计划）。协同机制的控制程度分为"高"和"低"。"高"表示具有严格的监测和控制活动。在这种情况下，进行协同的企业共同制定详细和严格的规则、程序和监测系统，以控制和监视彼此的行为。控制程度"低"对应于几乎没有监测和控制。风险/收益共享分为"公平"和"不公平"。公平是指一个企业获得的收益与其承担的风险相当，否则就是不公平的。协同机制的决策类型分为集中和分散决策。

Xu和Beamon还对商业供应链协同机制提出了3类成本：协同成本、机会损失成本和运作风险成本。协同成本是指物流和协同管理的直接成本。机会损失成本是指由于减少或损失谈判筹码或资源控制带来的成本。运作风险成本是指由于合作伙伴的业绩不佳而带来的成本，如推卸责任或拒绝适应环境的改变。协同机制的特定属性会影响相关的成本。例如，高程度的资源共享可以减少协同成本；但高度依赖的伙伴关系同样也会增加运作风险成本。表5.2列出了供应链协同机制的属性与成本的关系。

表 5.2 供应链协同机制的属性与成本

协同机制的属性	协同成本	机会损失成本	运作风险成本
资源共享结构			
运作层	中	中	中
战术层	中	高	中
战略层	低	高	高
控制程度			
低	低	高	高
高	高	低	低
风险/收益共享			
公平	中	中	中
不公平	高	高/低	高/低
决策类型			
集中	低	高	高
分散	高	低	低

（来源：Xu and Beamon，2006）

　　Balcik 等根据 Xu 和 Beamon 提出的属性对商业供应链协同机制进行了描述[48]，列出了前面提到的供应链协同机制的属性。给出协同机制的相关属性和成本使得供应链成员能够决定采用哪种协同机制。如表 5.3 所示，多数机制都有运作或战术的资源共享结构。有三种协同机制是战略层面的资源共享，其中供应链成员决定外包其主要的物流功能给 3PL 或 4PL。这三种协同机制的协同成本低，但机会损失成本和运作成本很高。由于外包物流功能可以减少成本但却因为过度依赖第三方的运作业绩而增加运作风险成本。同样，将物流功能外包给 3PL 或 4PL 将增加机会损失成本，因为将损失谈判筹码，不利于选择伙伴和要求服务。

　　在控制程度上，将运输、仓储外包给 3PL 或 4PL 的 3 个协同机制的控制程度最低。这种情况的协同成本也较低，因为外包后只有很少的资源需要监视和控制。但同时也由于缺少密切的监视而带来高风险。相反的，供需采购联盟要求高程度的控制，因为这种机制中没有完全的信任，自然协调成本就高而机会损失成本会很低。

表 5.3　供应链协同机制的属性

协同机制	资源共享结构	控制程度	风险/收益共享	决策类型
快速响应（QR）	运作层	高	不公平	集中
连续补货（CR）	运作层	高	不公平	集中
供应商管理库存（VMI）	战术层	高	公平	分散
托售方管理库存（CVMI）	战术层	高	不公平	分散
协同采购	战术层	低	公平	分散
仓储标准	运作层	高	不公平	集中
第三方仓储	战略层	低	公平	分散
协同运输	战略层	低	公平	分散
第四方物流（4PL）	战略层	低	公平	分散

（来源：Balcik，2010）

　　表 5.3 中多数风险与收益共享模式都是不公平的；购买商比供应商承担更少的风险和成本，但却获得很大一部分收益。特别是寄售 VMI，供应商不要求购买商在发货时支付费用，而是在购买商在使用了这些货物后再支付。这种延迟付款使得购买商在资金流和减少库存成本上获益。但对供应商来说益处就没有这么显而易见了。在相似的不公平情况下，购买商可以要求供应商提供标准的包装来减少仓储成本，这种形式下虽然购买商获益却可能增加供应商的成本。

　　表 5.3 中有三种战略层上的协同机制，它们的决策形式都是分散的，也就是说，在运作和决策方面第三方和其伙伴都是自主的。由于这种伙伴关系需要谈判和交流，所以这些机制的协同成本就高。然而，由于这些公司是共同制定战略决策，所以机会损失和风险成本就低。仓储协同机制是基于标准化方法，采用的是集中决策形式。

　　另外，当选择一种协同机制时还要考虑协同相关成本和运作环境的属性。特别地，组织应该从供应链成员的相互依赖度，特殊市场情况下供应和需求的不确定性和对信息技术的要求几个方面来评估所选的协同机制。

5.3 人道物流的协同机制

在人道救援环境下分析商业物流中的协同机制，还要特别分析已经在人道救援中应用到的协同机制，分别从属性和成本两方面来讨论它与商业物流实践的异同点。对已经应用到人道救援中的协同机制，将讨论它的应用障碍、成本和救援环境的适应性。

本节的分析主要是针对前面已经定义的协同机制（采购、仓储和运输），从以下四方面进行检验前面所定义的物流成本（协同成本、机会损失成本和运作成本）；救援机构的技术要求；救援环境的适应性和实施的潜力。

5.3.1 协同采购机制

协同采购或者第三方采购可以精简采购流程，但在人道救援中供应方-购买方的协同机制是很少见的。特别是由于突发灾害的不确定性、捐赠资金的性质、救援组织特殊的采购流程和有限的信息技术支持使得救援链采购协同面临很大的挑战。

首先，这些机制对供需双方及时的信息交流与共享具有很高的要求（特别是协同计划、预测与补货），而由于灾难发生的不确定性、灾难对信息通信等基础设施的破坏以及在灾难救援中有限的信息支持使得及时的信息交流与共享面临很大的困难。同时，对于人道组织而言可能会担心在信息交流与共享中某些敏感信息的泄露会给其带来不必要的风险，而不愿意与供应商共享过多的信息。

虽然有些救援组织与供应商有长期的协议，但在协议中通常没有相应的授权条款（像QR、CR、VMI 和 CVMI 对供应商的授权）。救援组织主要通过竞标来控制采购决策，没有要求供应商将其生产和库存水平与救援组织的需求同步，虽然救援组织可能会共享一些关于以前的报价和合同的信息，但这不是采购承诺，这样就增加了供应商保持额外库存的风险。因为竞标方式费时、费力和占用大量的技术资源，所以救援组织采用这种协同采购机制的协同成本很高。

例如在 2013 年 4·20 芦山地震救援中，中国红十字会总会在灾后第 8 天，即 4 月 28 日通过招标的方式，向供应商采购了第一批抗震救灾物资。在招标采购完成后的第 10 天，即 5月 8 日才在四川芦山县飞仙关镇凤凰村向受灾群众发放了地震以来该会募集的第一批救灾物资。这时地震已过去了 18 天，可见效率缓慢，需要通过协同采购缩短提前期。

其次，灾难的突发性、不确定性和非常规的需求使得采用常规的快速响应和连续补货变得不太现实。采用供应商管理库存又会给人道组织带来很大的运作风险，因为人道组织将会过分地依赖供应商的运作性能。而寄售方管理库存虽然增加了人道组织的库存成本，但是又会把风险全部转移给供应商，这将占用供应商很大一部分资金，同时供应商还要面临退货、货物过期和损坏等带来的经济损失，这可能使得供应商不愿意采取这种方式。

所以，QR，CR，VMI 和 CVMI 在目前的人道救援中都没有实际应用。如果一定要应用于人道物流的话，这些协同采购机制的协同成本会很低。但救援组织的机会损失成本将会因失去潜在的更便宜采购选择而增高。相似地，因为救援组织将非常依赖合同供应商的业绩，同时要求救援组织在技术上至少支持电子的货物追踪，所以运作风险成本也会很高。

也就是说，在人道救援中使用这些传统的采购协同机制最大的障碍可能就是救援环境自身的特性。

最后，灾难发生的各种不确定性需求使得供应商难以保证稳定的库存，动态变化的需求让供应商必须保持额外的库存，供应商要承担所有额外库存的持有成本，从而增加供应商的运作成本，这也会影响供应商合作的意愿。所以，大型救援组织实施这种协同机制的可能性会更高。因为大型救援组织会响应更多的灾难，其需求更大更平滑（风险集中），这可能有助于缓解供货商的预测困难。大型救援组织也有更多的技术和人力资源，两者都有利于建立和管理电子数据交换和追踪系统。如上所述，小型救援组织执行这种协同机制的潜在可能性极低。

所有救援机构都能从协同采购中获益，越来越多的救援组织以各种方式和程度进行协同采购。例如，特别是当有伞式组织来提供采购支持，减少在当地采购过程的问题时，救援组织通过预先安排库存来获得联合采购的好处。通常，供应商有关的信息在救援系统共享，通过各种离线和在线的目录，并通过协同会议口头传播，构成相对较低的协同成本和技术要求。由于这些合作的做法通常不涉及合同，运作风险成本也相对较低。然而，对于救援组织采用竞标或共享供应商信息会对自己的竞争力构成威胁，机会损失成本将会很高。

5.3.2　协同仓储机制

只有少数的救援组织能够支付起灾害发生前运作仓库和存储救援物资的费用。大部分的救援物资需求都在灾害发生后才临时存储到人道物流中的各个配送点。同时很多仓储运作都是通过手工完成，所以技术上的限制使得救援物资的追踪变得非常困难。不请自来的实物捐赠又进一步增加了仓储的困难。

启动和保持救灾物资包装标准化和标签标准化的协同成本将是巨大的。需要大量的努力工作才能让数量庞大的供应商以及大量的实物捐赠达到一定程度上的合理救援供应标准。只考虑采购供应（而不是实物捐赠）时，如果没有企业级标准，那么救援组织就可能因为其他非协同救援组织获得了非标准的便宜供应物而造成很大的机会损失成本。同样，运作风险成本也会很高，因为成功的标准化需要所有供应商的遵守。标准化对 NGO 的技术要求是不低的，至少要有条码系统和产品标准数据库。由于数目巨大的供应商和现实的实物捐赠使得标准化并不适应于救援环境，因此具有很低的应用潜力。从人道物流管理的角度来看，在某些情况下救援机构拒绝实物捐赠可能更有利于其救援运作。

相似于第三方采购，伞式组织和私人公司可以被认为是向救援组织提供仓储服务的第三方。通常与伞式组织的关系都没有正式的合同来确定，当伞式组织支持第三方仓储运作时将使得协同成本和机会损失成本变低。同样，运作风险成本也会很低，因为伞式组织一般会提供有限的仓储服务（可能仅提供存储空间），这具有很小的低绩效风险。如果第三方是私人公司，那么协同成本将会很高，因为救援机构可能会要求其提供一些资源来管理协同工作。机会损失成本为中等，由于相互关系中可能包含合同，就可能提供比较便宜的仓储支持以防止其他企业介入；同时依赖于仓储服务，存在着对失去潜在敏感数据控制的风险。运作风险成本根据提供的仓储服务水平而变动，如果提供的服务水平相当大，则低绩效的风险就很大。如果服务水平很小，就像在有伞式组织的情况下，低绩效的风险就很小。

5.3.3　协同运输机制

　　救援中运输协同同样面临着许多挑战，如需求的不确定性等。目前在救援环境中还未观察到托运商的协同。这种协同成本将会很高，机会损失成本也依赖于相互合作的深度。如果救援机构共享详细的需求信息，那么机会损失成本将会很高，因为失去了对潜在敏感数据的控制；如果相互关系仅限于与承运商合作安排装运，那么机会损失成本就会很低。由于救援机构高度依赖托运商的绩效，所以运作风险成本将会很高。对救援机构的技术要求不会很高（基本的电子需求信息传送和双向的电子通讯能力）。人道物流特殊的需求模式会使托运商的运输调度安排很困难。因此，与托运商协同也不适应于救援环境，协同实施的可能性很低。

　　目前在人道物流中还没有采用 4PL 机制。在多变的救援环境实施 4PL 的协同成本是很高的，机会损失成本（失去了对整个物流过程的控制，包括敏感数据）和运作风险成本也会很高（完全依靠 4PL 的绩效）。对救援机构的技术要求不低，主要是用于追踪的电子数据交流技术，4PL 通常采用这种技术。由于救援环境的特点使得 4PL 也只能勉强完成一个标准绩效，在面对"最后一公里"这种灾害救援独特的挑战时，一些救援组织通过共享车辆和联合装运来解决"最后一公里"的问题，但救援环境的特点使得 4PL 发展和管理这种协作都步履蹒跚。因此，4PL 也是不适应于救援环境的，实施的潜力也很有限。

5.3.4　人道协同机制总结

　　表 5-4 总结了这些人道物流协同机制的属性、成本和潜力，我们发现目前已经用于救援实践的协同机制才具有最大的应用潜力。协同采购和第三方仓储等协同机制有较低的相关成本、较低的技术要求和适应于救援环境的特点，因此，这些协同机制应该是最容易实现的。要改善这些已成功实践的协同机制的重点是提高它们参与的程度和管理的效率。

表 5.4　人道物流协同机制的属性、成本和潜力分析

协同机制	存在于救援	协同成本	机会成本	运作成本	技术要求	适合救援	应用可能性
QR，CR，VMI，CVMI	没有	低	高	高	高	否	大型救援机构采用的可能性高/全面低
协同采购	有	低	低	低	低	是	高
仓储标准化	没有	高	变化	高	中	是	低
第三方仓储（伞型组织）	有	低	低	低	低	是	高
第三方仓储（公司企业）	有	中	中	变化	低	是	高
托运商协同	没有	高	变化	高	中	否	低
第四方物流（4PL）	没有	高	高	高	中	否	低

（来源：Balcik，2010）

　　仓储标准化，运输/托运商协同和 4PL 等协同机制应用于救援环境的潜力很低。在救援情

景中，这些协同机制需要建立更柔性的新型关系和契约形式，以激励为基础而不是刚性的以产出为基础的关系。在新型关系中要度量出相关风险和利益，使各方公平分享这些风险和利益，这在托运人协同和 4PL 的情况下特别重要。

在实践中，似乎有实力的财团或集团会更主动地寻求协同行动，这种主动行动增加其市场谈判能力，并提高解决上述所说的在参与者之间公平分担风险和利益的问题的能力。例如，为了更有效率地管理需求不确定性和库存预测问题，救援组织（特别是小型组织）能够集中它们的风险来进行平滑预测。这些救援组织团体能够整合出足够的需求数量和资源，以吸引和建立一个"供应商认证"联合体——促使供应商同意标准化标签和包装（仓库标准化），或者"托运人认证"联合体——促使托运人协同。这种协同活动可能仍然需要灵活的、创新的关系和契约来保障，最好由一个伞式组织如一个第四方物流公司来管理，管理前面提到的救援组织和供应商的物流集合需求。从供应链的经验来看，如果实施得当，协同能够产生显著的性能优势。而在救援部门的协同机制比较可能需要额外的努力和创造性，降低人道物流成本，提高人道物流性能，并最终拯救生命。

5.4　人道物流协同机制的最佳实践

灾害救援的目的是拯救生命和有效率地使用有限的资源，要达成这个目标的关键是进行救援链协同。我们发现救援组织联合的物流活动正在增加，特别是在有伞式组织的情况下，私人公司和救援组织的伙伴关系也日渐地平常起来。这些行动不仅仅考虑灾后的救援协同，还关注更具战略性的灾前协同，例如联合仓储。在救援组织间协同活动的增加同样促进了人道物流中其他协同机制的发展。例如，联合采购活动促进着协同运输。这些已有的和新出现的做法有希望提高灾害救援的协同，下面分析目前两个伞式组织在人道物流协同机制中的最佳实践。

5.4.1　联合国联合物流中心

虽然联合国联合物流中心并未参与我国 2008 年"5·12"汶川地震救援和 2013 年 4·20 芦山地震救援，但是作为联合国协调其内部组织间物流运作的联合国机构，其运作模式和机构设置同样具有很好的借鉴作用。

1. 背景介绍

联合国建立联合物流中心（United Nations Joint Logistics Centre，UNJLC）的想法诞生于 1996 年扎伊尔东部危机时对物流资产进行协调和集中的强烈需求，认为联合物流中心的建立将有助于联合国各机构（例如世界粮食计划署、联合国难民署和联合国儿童基金会等）的快速反应能力，更好地协调以及提高人道主义行动的效率。并于 2002 年正式成立。联合国联合物流中心通过联合国机构间常设委员会（Inter-Agency Standing Committee，IASC）的授权，并由联合国世界粮食计划署（World Food Programme，WFP）负责管理，用于解决灾难救援过程中的物流问题和实现最好地利用有限的物流资源。

联合国在罗马设立了 UNJLC 的核心单元作为常设机构，当有救援需求时，该核心单元负责以最快的速度启动和在灾区部署 UNJLC。一经启动，联合国各机构将组成部署评估小组对灾区物流情况进行快速的评估，同时确定建立 UNJLC 的具体要求。随着部署策略的制定，联合国世界粮食计划署将在 48 小时内建立 UNJLC。UNJLC 将作为联合国机构间的协调平台，通过以下几方面支持联合国机构的物流运作：

（1）作为支持人道物流运作的信息平台；

（2）当有具体要求时，协调使用现有的仓储能力；

（3）协调战略人道主义物资的空运；

（4）识别物流瓶颈和提出令人满意的解决方案或替代办法；

（5）与地方当局进行协调，统筹进口、运输和配送救援物资进入该国。

（6）提供可靠的物流能力信息，满足目标完成的优先次序；

（7）作为协调中心，协调与地方应急管理机构、维和行动部门或相关的军事实体的人道物流运作。

UNJLC 主要为联合国机构的物流行动提供支持，但也可能支持其他在同一地区活动的人道组织。UNJLC 体系由一个 UNJLC 和其他卫星联合物流中心（Satellite Joint Logistics Centers）组成。卫星联合物流中心相较于 UNJLC 规模稍小，同样作为信息平台提供相应的物流与协调服务。UNJLC 的工作主要是处理应急救援阶段巨大的物流需求和协调要求，进入恢复重建阶段以后联合国各机构的物流恢复正常，UNJLC 工作宣告结束，等待下次启动[88]。

2. 机构设置

UNJLC 的机构设置随着不同的灾难情况会有不同的调整，一般来说，UNJLC 的机构设置包括 4 大模块（见图 5.1）：供应与仓储模块、卫星联合物流中心、运输控制模块和信息管理模块。

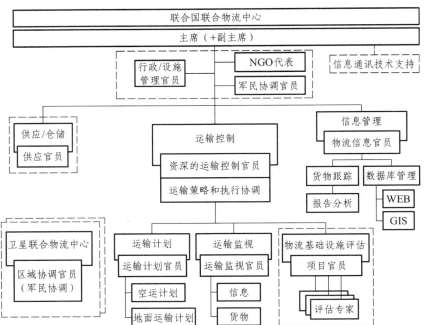

图 5.1 联合国联合物流中心机构设置

供应与仓储模块负责收集来自捐赠者和其他来源救援物资的运输信息，对救援物资进行高效率的接收、搬运和存储；对未分配的救援物资进行登记，并将这些物资的可利用性通知人道组织；协调分配和（或）运输救援物资；协调救援物资的进出口等。

卫星联合物流中心一般部署在重要的物流节点上，作为信息平台提供入境程序、费用、道路情况、可利用的物流能力等信息；在协调方面包括组织机构间的物流会议等。卫星联合物流中心每周向 UNJLC 和联合国各机构报告。

运输控制模块负责运输计划的制定、执行和监督，以及对运输进行协调。运输计划单元负责制定救援物资从供应地到灾区以及在灾区内部配送的调运计划。运输执行单元负责计划的执行，其根据救援环境情况可能设立或不设立，当不设立时其功能由军民协调单元替代。监督单元负责监督运输计划的执行。运输控制模块的运作流程如图 5.2 所示。

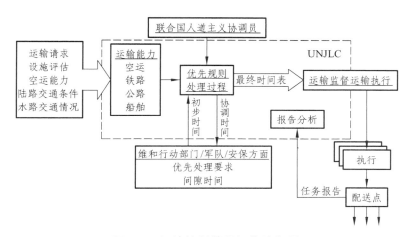

图 5.2　运输控制单元运作流程图

信息管理模块负责维护 UNJLC 网站，编制、分析和发布所有与人道物流活动有关的信息，同时对人道物流运作进行评论和总结，实时更新地图和报告等。

在没有军队参与的灾难救援行动中，UNJLC 可以整合到当地的地方应急管理当局（Local Emergency Management Authority，LEMA）的灾难管理体系。同时 UNJLC 还受到联合国人道协调员或其他牵头的协调机构的直接监管，例如联合国人道主义事务协调办公室、联合国灾难评估与协调小组等。一般来说，地方应急管理当局会与人道主义协调员、联合国机构协商将建立人道主义的优先事项。在维和行动或大规模复杂应急事件等有军队参与的救援行动中，还需要与维和部门或其他军事实体协商建立相应的物流运作优先规则。

在灾难救援时，捐赠者可能会向地方应急管理当局、联合国人道协调员或其他牵头的协调机构提供运输工具。参与的联合国机构、国际组织、NGOs 和其他人道组织向 UNJLC 提出运输请求，UNJLC 会安排运输并列出每天的任务时间表。在运输任务的执行过程中，由运输监督和运输执行单元进行协调。当任务完成以后，UNJLC 的信息管理单元会收集和处理所有相关的报告。当地方应急管理当局提出请求时，UNJLC 的供应/仓储单元会对捐赠的人道救援物资进行接收、仓储和协调分配。UNJLC 运行流程如图 5.3 所示。

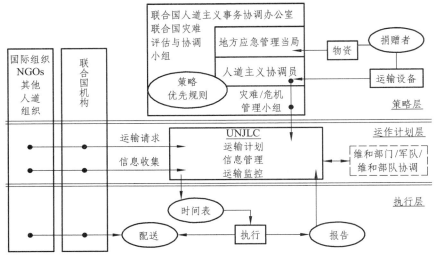

图 5.3　联合国联合物流中心运行流程

3. 信息平台

UNJLC 信息的收集和发布主要是通过 UNJLC 网站（www.unjlc.org）、邮件和新闻简报。在未部署 UNJLC 之前，UNJLC 在罗马的核心单元负责网站的维护和提供核心单元的运作信息。一旦 UNJLC 在灾区部署，信息管理模块则负责处理和提供灾区人道物流运作的相关信息。这些信息主要来自于联合国机构、地方应急管理当局、人道信息中心（HIC）、NGOs、军队和维和行动部门等，UNJLC 对这些信息进行收集、分析和处理，并在网站上共享。

另外新闻简报也是 UNJLC 发布信息的重要手段。新闻简报每周出版一期，内容为最近的物流运作信息，涵盖了运作重点、安保信息、物品库存和渠道信息、运输信息（包括地面和空中运输信息、出入境海关信息、燃油信息、交通基础设施情况等）、物流协调信息和军民协调信息等。

图 5.4 所示是一个典型的 UNJLC 信息流图，描绘了在救援过程中所有与物流相关的信息流。

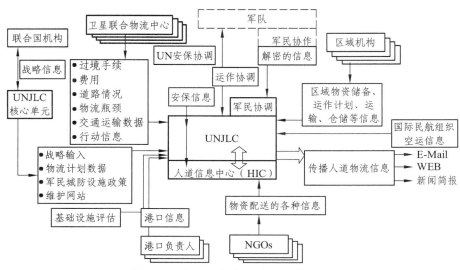

图 5.4　联合国联合物流中心信息流

4. UNJLC 的协同机制

在 UNJLC 网络中，WFP 为在人道组织提供非营利服务，其他人道组织需要注册为"特许用户"才能获得服务。目前有 20 个注册用户，包括 6 个联合国机构（WHO，OCHA，WFP，FAO，UNJLC，UNDP），4 个政府组织（意大利公司、ECHO 等），10 个国际组织和 NGO（World Vision International，Care International），这些人道组织在仓储、采购和运输中存在着各种各样的协同机会。

WFP 提供的标准服务有接受储备物资、检查储备物资、仓储、识别合适的包装、常规维护、搬运、进出海关、发布储备报告、获得共同服务。提供的特别服务有采购、出场运输、维修、托盘化、成套化、再包装和标记、二手设备翻新、处置库存、库存保险、提供培训中心设施、快速响应团队。

在 UNJLC 网络中，储备物资分为"计划支持储备"（救援物资）和"运作支持装备"（预制建筑物、生活设备）两类用于立即灾难响应；计划支持储备主要有：应急饼干、毛毯、帐篷和厨房设备。运作支持装备主要有现场员工的办公及生活条件、临时仓库的搬运设备。

UNJLC 的核心功能是"仓储"，其协同仓储机制主要有：

（1）邀请人道组织在 UNJLC 网络中某个仓库免费存储应急响应库存。这样就节约了人道组织自己建立仓库和运行仓库的成本。

（2）"白色储备物资"：这是一种共有应急能力，储备物资没有标记有任何组织的标记，每个用户愿意付费即可使用该储备物资。

（3）UNJLC 鼓励用户之间执行"储备物资借贷"策略，其前提条件是所有用户愿意让储备物资满足共有标准，处于无标记状态，这样借入组织在调遣储备物资前可以打上自己的标识。

WFP 愿意代表用户管理"采购"。其协同采购机制是通过与不同供应商建立核心产品的长期协议，产品质量能很好地保证，也能因为合并采购量变大而获得数量折扣，所有用户都能受益。

协同运输机制是通过 WFP 用户的规模经济来实现的。从一个长期协议供应商到 UNJLC 仓库的运输过程中，合并不同用户的委托物资能较快地实现整车货运，即比单个人道组织凑成整车货运的时间要快。从 UNJLC 仓库到灾区的进入点的合并效应可以这样实现，如果一个救援机构没有足够的救援物资和装备装满车辆，这时有其他 WFP 用户计划使用这个多余空间而且向同一目的地发运救援物资，则单位运输成本会下降。

5. UNJLC 协同机制的益处

WFP 成功运行 UNJLC 的原因在于能让人道组织一起使用共同的设施、识别出共同的互动目标。其开放策略吸引许多捐献者愉快地支持协同以减少昂贵基础设施的重复投资建设。具体的益处如下：

（1）免费储存：免费储存在 UNJLC 网络内的任意仓库中，以及免费得到相关标准服务。

（2）实时库存可视化：可以利用 UNJLC 提供的仓库管理软件实时监控其库存水平。

（3）灾难响应的及时性：通过如下三个方式缩短了应对提前期，① 区域前置库存，缩短了区域仓库到灾区进入点的距离；② 白色库存，共享 WFP 的救援储备物资；③ 储备库存交换，人道机构间相互共享的救援储备物资。

（4）成本效率较高：由于区域前置库存，缩短距离而降低运输成本；使用白色库存，减少人道组织自己账上所持有库存的相关成本。

（5）采购成本较低：由 WFP 协同采购，与供应商协商出优惠价格和优惠条件。WFP 也为人道组织提供进入其他联合国机构的框架协议机会。

（6）协调较易：WFP 利用联合运输和库存交换方便了各个人道组织。

（7）集结地的合理利用：用户利用合适的集结地，防止耽搁在拥挤的进入点，减少拥挤。

（8）促成供应物的标准化：以方便储备物资交换的可能性。

（9）快速响应：保证 24/48 小时的救援要求。

6. UNJLC 协同机制的障碍

UNJLC 自身没有单独应对危机的资源，这些资源由联合国各机构和捐献者提供。UNJLC 获得的资源完全依赖于其他参与者对特定救援情景的感知，所以 UNJLC 主要起到一个协调员的作用，是一个中间机构，主要功能类似一个信息中心。如果救援参与者认为 UNJLC 能有所作为，会向其提供足够的信息，UNJLC 然后向其他救援参与者提供有用的信息。这样就要求 UNJLC 不仅要在每个特定危机中创建自己的角色，还要为将来的危机创建一个期望角色。UNJLC 所能分配的资源取决于救援机构能提供的量，以及愿意让其使用的量，这是高度的情景依赖。

UNJLC 主要是在联合国各机构和其他有兴趣团体间进行水平协调，由于 UNJLC 不是一个重资源机构或直接权力机构，其成功的标准是如何让其他组织更有效地使用资源。主要面临的协同障碍如下：

标准化和标记较难：储备物资借贷的策略要求救援机构愿意定义救援物品的标准，以及愿意将商品标记延迟到向灾区发运时候。这些都限制了人道组织的一些自由，有些人道组织不情愿遵从储备物资借贷的标准要求。标准是救援物资本身的要求（大小、材料、成分），还体现到包装和标记（包装盒的类型、托盘化等）上。救援机构不愿意淡化其储备物资的拥有者标识，所以不情愿储存未作标记的救援物资，影响着救援机构延迟标记的意愿。救援机构为了不失去这些救援物资的可视化，可将标记贴到货架上，同时要充分信任仓库管理在没有明确授权下不会交换储备物资。

存储空间分配不易：当救援机构数量的不断增加，网络的存储能力逐渐不足，这时如何给救援机构分配存储空间，如何说服它们增加白色库存和虚拟库存。

优先级规则设置困难：关于有限资源（白色库存和运输能力）的优先级规则，如果需求超过 2 万户存储能力或运输能力，救援机构能按什么顺序得到多少。这是需要公平的和可信服的方式来完成。

5.4.2 红十字会和红新月会国际联合会的区域物流单元

红十字会和红新月会国际联合会（International Federation of Red Cross and Red Crescent Societies，IFRC）负责自然灾害和技术灾害时开展国际援助，参与了四川汶川地震、芦山地震等救援工作。在 2008 年的汶川地震中，IFRC 援助了 10 万顶帐篷，在联合会的协调下，奥地利、丹麦、西班牙和英国红十字会分别向四川绵竹派遣了四支紧急反应工作组，分别为绵竹九龙、兴隆、遵道、板桥和金花五个乡镇的部分受灾群众及学校、卫生院、救灾机构等提供洁净饮用水，开展卫生健康教育，修建临时厕所，搭建临时办公和生活营地等服务。

1. 区域物流单元

IFRC 是国际红十字与红新月运动的三个组成部分之一，是各国红十字会和红新月会的国际性联合组织，总部设在日内瓦。IFRC 负责自然灾害和技术灾害时开展国际援助，旨在激励、促进并推广其国家红十字会成员所开展的所有人道活动，从而改善最脆弱人群的状况。在 2012 年，其开展的项目惠及 1500 万脆弱的人们，协助国家会员（NS）响应 372 个重大紧急事件。

IFRC 认为人道物流是其核心竞争力之一，更好地承担其救助灾民的义务。目前 IFRC 在全球设有七个大区办公室，三个救灾备灾中心，并根据工作需要向数十个国家和地区派驻代表处或办事处。IFRC 的供应链结构非常松散，由不同 NS 松散组成，通过在日内瓦的 IFRC 与供应商签订框架合同。在迪拜，吉隆坡和巴拿马建立了三个区域物流单元（Regional Logistics Units，RLUs）。每个 RLU 都能提供一系列物流服务，储备有能为 2 万户发送救援物资的能力，能在任何突发事件发生后的 48 小时内为 5 000 户家庭发放救援物资，以及 24 天内能为全球任何地点的 15 000 户家庭提供救援物资。区域概念的理念是降低因知识的缺乏和灾区的偏远造成的负面影响。

RLU 临时存储救援物资，并作为区域服务提供商，具体运作如下：

（1）在靠近可能受益者的地方前置库存，在灾难时就形成了有稳定库存的区域仓库。

（2）区域物流单元通过区域供应链实现当地供应源。

（3）在区域物流单元内培训当地人员实现当地的救援能力。

（4）将运作管理责任移交给区域物流单元。

RLU 带来的好处如下：

（1）缩短响应时间：储备有够 48 小时/24 天消耗的关键救援物资。

（2）降低存储成本和协同成本：集中在一个地点存储不同会员国和其他组织的救援物资，共同使用办公和存储设施，允许更柔性地互换商品。

（3）在相同经费情况下，缩短的时间和节约的成本使更多的灾民受益。这是救援机构共同的目标。

2. IFRC 的人道物流

每个 RLU 由单个单元组成：区域物流、区域采购和区域车队。位于日内瓦的总部统一协调 RLU 提供的三种服务：物流服务（包括仓储和运输协议）、采购服务和物流支持。

每个 RLU 有实物储备，其所有者为 IFRC、NS 或其他组织。RLU 还与各种核心供应商签订有框架协议实现虚拟储备。前置的家庭应急包可以保证灾难发生后的第一响应以及 NS 救助请求。现场评估和协调小组会在 24 小时内赶赴现场并评估形式和识别最急迫需求。根据评估，发出援助呼吁。这时供应链从推式转变为拉式，同时现场人员向 RLU 报告准确的供应需求，统一的应急物资目录能确保供应与需求之间的交流更准确，更能在集聚时归类。RLU 通过向框架协议供应链下达采购订单或组织招标流程的方式支持现场代表当地采购。由 RLU 自己组织到灾区入口点的运输，也可委托第三方。

RLU 不仅为 IFRC 提供人道物流服务，还为 NS 和其他人道组织服务。NS 为内部客户，其他为外部客户。客户得到的服务质量一样，但优先级和收费模式不一样。服务终止时间可以在签署协议时确定或提前 12 周通知。目前的客户包括美国红十字、澳大利亚红十字、英国红十字、日本红十字等 12 个，其中有 4 个客户在 RLU 前置有储备物资。IFRC 的人道物资设计如图 5.5 所示。

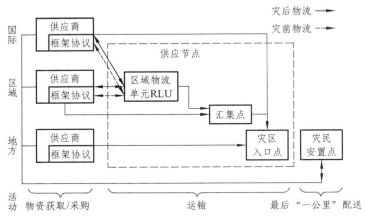

图 5.5　红十字会和红新月会国际联合会的人道物流设计

IFRC 在区域结构中平衡集中和分散元素。在灾前稳定网络中，通过与供应商的框架协议、前置库存和培训 RLU 稳定的物流员工分散其大量的物流活动。IFRC 一般采用全投机策略：前置基本救援物品（制造投机）和前置位置靠近客户（物流投机）。这些救援物资没有标记具体捐献者或特定用途，其用途非常广泛，视情况而定，这就是含有制造延迟的投机。用区域物流概念可以缩短响应时间、响应成本和响应准确性。随着更多稳定网络的区域（分散）运作，以及与专注于战略发展和全局视野的强大集中物流单元相结合，灾后临时网络的效率和效益也能得到显著提高。

3. IFRC 的协同机制

协同采购机制：与供应商建立框架协议实现战略标准物品的采购。这些协议明确产品细节、价格和运输条件、发送数量、包装信息和惩罚费用。在实际需求发生之前已明确主要信息，能缩短响应时间。如果供应商不能完成协议，则必须付出罚金。框架协议中的固定供应价格可以防止在灾难需求峰值时的价格增加。通过投标流程选择框架协议中的合适供应商，供应商提供能满足产品详细要求的最优价格而赢得合同。在框架协议中不适合价格折扣。

协同仓储机制：除了共享共同仓储设施和设备外，联合储备物资可以让用户彼此之间交换储备物资。如果一个救援组织需要的救援物资超过其账户内储备量，可以向其他救援机构借入其存储在 RLU 的救援物资。这可以增加所以客户的柔性，但要求储备物资是未作标记的。

协同运输机制：采用合并运输可以获得优惠价格和能力利用率，到目前为止，还未将运输委托给第三方。

协同的益处与激励，IFRC 发现通过 RLU 节约了高达 80% 的成本。具体如下：

（1）降低成本：前置商品缩短了仓库到灾区的距离；在准备阶段，用廉价的铁路运输代替航空运输；雇佣当地员工；储备家庭应急可以避免多次循环配送。

（2）缩短时间：缩短距离，库存可得性（前置和框架协议），已有的供应商关系和当地采购能力。

（3）RLU 的投资成本和运行成本在持续性能力利用中逐步消化，注册用户越多越容易。同时在同一地点的合并库存给成员更多的柔性，各成员有交换库存的机会。RLU 的可达性提高。

（4）高效供应链及系统概念的实施能帮助获得正反馈，提高公众声誉，大幅度增长捐赠支持。

协同的障碍与风险。

（1）RLU 的财政支持依赖于对其服务的评价。当客户认为 RLU 的工作有价值时，就会提供有效支持。客户需要透明化收益和成本，但至今还没有物流成本和成本节约的清晰盈亏平衡点，妨碍着净益处的详细计算。

（2）高度专业化和面向客户的服务标准的制定。如果客户不满意其服务或服务质量，就会放弃 RLU。

（3）在框架协议中，由于灾难应急响应对救援物资的巨大且急迫的需求，供应商违约而获得的利润可能远超过罚金，供应商可能会出售其预留给高出价救援机构的库存。这种不可靠供应商威胁着整个 RLU 概念。因此需要建立紧密可靠供应商关系，增加罚金的"软"元素，如警告立即终止业务关系。

5.4.3　人道物流集群：一种协同机制

通过前面论述 UNJLC 和 IFRC 最佳实践发现，UNJLC 和 IFRC 都是一个伞式组织，可以认为它们提供了一个物流集群，物流集群为灾难管理中的物流协调负责，通过物流集群支持其他集群运作。

1. 人道物流集群的特征

联合国机构间常设委员会（Inter-agency Standing Committee，IASC）是最早的人道协同志愿机构，在 2005 年接受使用集群的概念，目前有 11 个集群，涉及农业，难民营的协调和管理，早期恢复、教育、紧急避难所，应急通信、健康、物流、营养、保护、水、环境卫生和个人卫生等方面。

集群是指一个救援活动领域，该领域有明确的功能定义（如水和卫生设施，医疗、避难所和营养等）。集群系统可以解决协同问题，能为协同运作提供模板，解决 5 个关键协同问题：

（1）有满足当前和未来突发事件的全局能力。

（2）能在全国及当地范围内找到领导机构。

（3）能强化参与者之间的伙伴关系。

（4）担负责任，既对响应，又对灾民。

（5）战略领域层的协调和优先级。

任何人道组织只要有能力都可以领导一个集群，人道物流集群为灾难管理中的物流协调负责，人道物流集群的全球领导是 UNJLC 和 IFRC。在灾难救援情形中，人道物流集群有如下特征。

（1）被指定为全局领导者。建立在灾难救援全局上的集群是固定的，需要指定一个领导机构，为特定救援运作而动员成立的，不需要所有相关救援机构达成共识。

例如，当世界粮食计划署是集群领导者，它会自然地执行部门中的大量与食品物流相关的活动而不是集群系统的职责。但集群领导者最重要的角色是协调，使其他参与者在人道物流中合作，让系统运作起来，而且世界粮食计划署有足够的能力让物流集群的存在。所以物流集群领导者不能忽略没有参与的救援组织，目标是提高参与率而不是选择一个最好的救援机构。

（2）协同中介。协同的问题是众多参与者不能进行充分的联系（接触）。每个人与每个人相互进行协商是一个解决问题的办法，但协同成本过高。例如一组生产者 A 想将产品卖给一组客户 B，在没有中介的情况下，客户和生产者的交互次数最多为 A×B 次（极端情况，客户希望能够对比所有生产商商品的价格、质量等），当有中介时，同样的交互次数可减至 A+B 次。这个结论基于一个很强的假设：相同的交易能够通过中介实现就像是客户向供应商直接购买。类似的在救灾情景下，有 A 个救援资源和 B 个救援需求，通过人道物流集群的协调可以大大降低协同成本，更好匹配救援资源和救援需求。

（3）注重中央和地方的能力建设。集群领导要有保证中央和当地能力建设的特定责任。包括涉及各种各样的任务，如可动员的合格人员目录、基本救援物品的储备、训练人员或参与减除行动。人道物流集群在救援物资采购、运输通道管理或避难所管理等都很容易实现规模效益，但人道物流集群领导不能直接参与其中，而是由各个救援机构来实现规模效应。这是现有机构基本的特征，集群概念的目的不是改变它们，而是保持中立，通过协调帮助它们。

（4）最后诉诸的提供者。这是集群思想的一个重要部分。它指出，如果没有其他组织可以提供所需的服务，集群领导者应该承担并完成该任务。IASC 定义这种责任：它代表了集群领导要竭尽全力地保证充分和适当地响应。其基本前提条件是无障碍地进入、安全和可得的资金。

总之，有经验、有资金、有专业性、有发展目标、有使用工具、有国际视野，最重要的还要有资源人脉，包括政府的、企业的、NGO 的、志愿者的。要具备这么多条件，才能领导物流集群。

2．人道物流集群的运作

人道物流集群是为灾难管理全生命周期中的物流协调负责的，物流集群不仅服务专注物流的救援组织，还要为其他集群提供物流服务。人道物流集群协调可接触的资源有资金、技术、技术人员和可靠的交通，协调不可接触的资源有领导力、相关经验和教育、关系管理技能、研究能力和绩效管理技能。在人道救援中，人道物流集群领导者的关键活动有招募和保留付费工人或志愿者、管理和发展员工、管理通讯和信息、分配物流资源、管理账户和资金、指导高级管理人员和建立有效工作关系；人道物流集群主要协同人道救援中的一些最重要的运作。

直接授权：物流集群通过直接授权被赋予一个控制关键功能的任务。

例如：在灾难救援的最初阶段，交通管制往往是唯一可行的方案，这给物流能力施加了巨大压力。为了克服当地组织能力不足的问题，物流集群能在一段时期内承担空中或地面的交通管制任务。物流集群就能完成重要的物流任务，即能够优先运输救援物资，尽快地满足灾民的基本需求。还能为所有集群提供运输能力。

　　物流集群在协同时需要谨慎权衡有限的救援资源，物流集群的成功取决于参与者能接受并能分享其领导风格。比如参与者是可以接受这种情况：当地物流集群负责交通管制时可能会优先运输自己的货物，这是因为单一方管理的救援效果更有效。

　　供应链管理：物流集群可能会承担运营整个供应链的责任。

　　最好的例子就是在苏丹的 UNJLC。UNJLC 提供了一个非食品供应渠道系统，在当地有不下 12 条不同的供应渠道，但都愿意加入 UNJLC 的公共渠道系统，其原因有三：

　　（1）公共渠道系统填补了当地非食品物流的空白；

　　（2）不强迫其他救援组织加入，只要它们要求就能使用这个系统。

　　（3）该系统有充足的资金，会为 NGO 在营地提供免费物品。UNJLC 完成了最后诉求提供者机制，能吸引 NGO 加入，并兼并大量的潜在渠道，扩大其规模经济和范围经济。

　　框架协议管理：为了流水化采购流程，确保关键救援物资可得性、快速配送的成本效益，就要在准备阶段与供应商建立密切关系，制定采购框架协议。

　　救援物资主要有三个来源：前置库存、实物捐赠和灾后采购，其中灾后采购的比重最大。但是灾难发生的时间、地点和影响是不可预测，而每个灾难需求是不同的，因此救援物资采购不是救援机构的日常工作；救援机构在灾后会为一些特定救援物资的采购而竞争，会造成物资短缺；需求的激增会造成价格暴涨；同时灾后采购是一个非常费时的过程，特别是通过竞标的方式（招标、投标和评估的过程漫长）。IFRC 运用框架协议克服了这些挑战，提高了28%的响应能力，减少了 13%的配送延迟，节约了 7%～14%的采购成本。

　　人道物流集群领导能与供应商签订框架协议。在框架协议中，供应商为人道物流集群预留库存，明确产品细节、价格和运输条件、发送数量、包装信息和惩罚费用。在实际需求发生之前已明确主要信息，能缩短响应时间。在灾难发生后，人道物流集群决定是否使用这个协议来下订单。根据灾后条件和需要，订单会直接运送到灾区或其他物流节点（仓库、转运点）。框架协议可视为前置库存的一个变种，在框架协议下，供应商确保的库存称为"虚拟库存"，可减少前置实物库存的仓储和库存成本。

　　人道物流集群承诺在一个固定时间段内从每个供应商购买一定数量的商品，如果灾难在这段时间内发生，立即下达订单。同时，每个供应商承诺为人道物流集群预留库存，提供固定的价格计划，在要求的提前期内发生救援物资。如果在协议期满，人道物流集群的购买量没有达到其承诺量时，需给供应商支付一个固定协议费用作为救援机构的惩罚成本。固定协议费用还包含有管理成本和协调成本。如果供应商不能完成协议，则必须付出罚金。框架协议中的固定供应价格可以防止在灾难需求峰值时的价格增加。通过投标流程选择框架协议中的合适供应商，供应商提供能满足产品详细要求的最优价格而赢得合同。在框架协议中不适合价格折扣。

　　信息管理和交易：这是人道物流集群的一个核心活动，能实现人道运作相关信息的收集、处理和分享。救援信息覆盖的范围可能很宽，主要关注运输路线、基础设施状况和运输资源的可用性。这些信息通常是通过一个中心网页和一系列当地会议进行发布，让其他领域的救援组织获取。人道物流集群领导可以作为信息枢纽，起着三个作用：

　　（1）信息发布者：尽可能快的发布信息，而无关信息的相关性和质量；

　　（2）信息代理者：发布相关信息，但不检查质量；

　　（3）信息筛选者：发布相关筛选后的高质量和可靠信息。

人道物流集群领导者还为参与者提供救援专业知识。专业知识是指救援机构专注于能更有效率地执行救援任务的一些的技术和能力。这种高效率的基于经验，在技术或人力资源上特定的投资，或两者兼有。专业知识的效应表现为以较低的成本完成相同的活动，以及高质量地完成这些活动。

在人道物流中，假设救援机构拥有自己领域相应的专业知识，例如处理应急避难所，一个救援机构擅长搭建帐篷，但欠缺相应的避难所入场物流技术。这时，人道物流集群领导者需要开发特定的领域知识如人道物流需求评估、通过网站和地理信息系统获取和传播人道物流信息等知识，这些领域知识是救援机构通常不具备的，但是属于救援必备的技能。

有些专业救援知识在不同灾难救援中反复出现，人道物流集群领导者必须维持相关的经验，人道物流集群领导者不必为各种救灾情景保持无限的能力，需要开发每个参与者的技术，要知道谁可以被指派来完成这类任务或者至少保持一定的最小能力。

3. 人道物流集群的益处

物流集群的协同益处来自于人道物流的横向协同，在商业中，水平协作的主要目的是降低成本（如价格折扣）。人道组织通过物流集群则要探索所有的水平协作益处，不仅是成本效益，更重要的是关注提前期缩短、质量控制和能力保证。降低成本和提高质量的方法主要为合并行政任务和合并基础设施、在框架协议下合并采购量和标准化采购物资实现采购价格标准化、在离散化的仓储网络中前置救援物资。能力建设的方法主要为统一救援行动，在运作和项目之间有清晰的控制和交流，以及专注不同的核心竞争力。缩短提前期的方法主要有通过无缝化的标准救援流程，框架化采购及离散化储备具有前置库存，以及人道组织间相互交换储备物资。

物流集群还能实现商业物流中没有的协同益处，如节约时间，适中的区域覆盖和前期准备。在节约时间方面，通过合并运输和优先级运送来降低吞吐时间，同时减少供应链瓶颈压力。在适中的区域覆盖方面，通过目标能力和可得库存的透明化，避免过多或过少的区域覆盖。在前期准备方面，在灾难准备阶段就为应对阶段的人道物流协同奠定基础。

更主要的是小型人道组织比大型组织有更强的协同意愿。小型人道组织能从优惠采购价格中获得相对多的益处。小型人道组织难以单独支付物流基础设施费用，通过水平协同，小型人道组织就能获得物流基础设施的使用权利。物流集群还可以解决组织的学习问题，建立面向价值的文化和消除知识间隙。

在建立面向价值的文化方面，灾难救援组织的成员虽然富有策略、有才干、努力工作，但大部分是临时的志愿者，没有直接的危机管理和灾难救援运作专业背景。他们按照公共价值系统正向影响灾民的生活条件，而不会去建立有效率和有效益的供应链。通过物流集群由固定的工作人员来建立面向价值的文化。

在消除知识间隙方面，灾难救援机构拥有的知识是隐含的。救援现场员工缺乏职业晋升机会导致近 80% 的年离职率，许多现场工人在参加了第一次救援运作就不再会签订第二次的合同，1/3 的现场工人因过度劳累而离开，导致有经验的人道救援现场工人非常稀少，缺乏经验的总结和教训的学习，难以将隐含知识显性化和结构化。通过物流集群可以不断总结积累知识，消除知识间隙。

然而，当救援组织视物流为其核心竞争力，害怕因依靠其他组织的服务和技能而失去对采购流程的管理和丢失有价值的服务合同时；救援组织的使命相互冲突和相互不信任；益处的计算不明与分配不公；缺乏可得资源等都极大地影响着人道物流集群的实施和维护。

5.5　本章小结

本章主要阐述了人道物流中的协同机制，首先，介绍了中国突发事件应急体制和机制，分析了商业物流中的不同协同机制，及其各自的优缺点；然后，在此基础上，详细讲述了应用于人道物流中的协同机制：协同采购机制、协同仓储机制、协同运输机制；最后，以 UNJLC 和 IFRC 为例，介绍了人道物流协同机制的最佳实践情况，并介绍了一种新的协同机制——人道物流集群。

第6章　人道物流运作流程建模

一次成功的人道物流运作就是在最短时间内，用最少的资源，通过可持续物流运作来不断减少灾民的脆弱性，减缓灾民的紧急需求。因此，一个成功灾难救援不是临时拼凑的，必须有效准备，要从前期灾难应对汲取经验教训，还要认识到人道物流运作不仅发生在灾难期间的应对阶段和恢复阶段，还存在于两次灾难之间的减除阶段和准备阶段。然而人道物流运作是一个复杂的系统，涉及众多参与者和复杂流程。人道物流的复杂程度随着灾难的不确定程度（不知道灾民的数量、完好基础设施是什么、会捐赠什么供应物）和救援机构行为风险（组织使命、组织角色和责任、组织的本质需求）增加而增加。

6.1　人道物流建模框架

人道物流运作流程是一个有关发送救灾物资和救援服务的复杂系统，该流程涉及众多参与者，包含了许多活动，并伴随着整个灾难管理生命周期（准备阶段、应对阶段和恢复阶段）。缺乏对人道物流运作流程的理解和规划会导致人道物流效率低下，例如，过度使用昂贵的和不安全的运输方式、错误地前置储备救援物资、无计划配送和缺乏组织间协同引起的救援现场拥堵。

建立合理的人道物流框架模型可以正确地分析和理解人道物流的整体架构，从而能用一种清晰明了、易于被不同救援组织理解的方式描述人道物流的运作流程，有利于提高人道物流的协同效率和效益。

6.1.1　企业建模框架

与人道物流一样，企业也是一个复杂系统。为了正确认识和描述企业，便于不同背景的参与者能够相互沟通，需要在企业建模框架的指导下完成对企业架构进行多层次、多视图、多阶段的建模。企业建模可以被定义为知识具体化的艺术，使用建模语言将企业相关知识具体化为企业模型，可以为一个组织增加价值。换句话讲，企业建模采用图形化的知识表达为运作决策提供了公共一致的表达形式，企业建模建立的综合图形远比冗长复杂的文字解释要清楚许多，能更好地理解"如何运作"或"应该运作什么"，从而优化运作流程。

企业建模有许多方法和工具表达业务实体的结构、行为、组件和运作，以理解、再造、评估甚至控制业务运作和绩效（如 CIMOSA、ARIS、PERA、GIM、IDEF、GREA 等方法）。

企业建模方法适用于单个组织和分布式组织，其好处在于：管理系统的复杂性、更好地管理各种流程、资本化企业的知识和技术、业务流程再造、企业集成。本书采用国家标准《企业集成 企业建模框架》GB/T 16642—2008/ISO 19439：2006。

企业建模框架由三个维度构建而成，分别是：企业模型阶段（Enterprise model phase）、企业模型视图（Enterprise model view）和通用性（genericity）。如图 6.1 所示。

1. 企业模型阶段——模型生命周期的概念

企业模型的生命周期与被建模实体的生命周期相关。企业模型的生命周期是模型开发过程的结果，在模型开发过程中，模型得以创建、运作并最终废弃。这一维度划分为七个企业模型阶段，可通过对一个企业实体的起源、存在和消亡的不同描述来区分各个阶段。分解和设计说明描述了模型阶段之间的演进。

这些阶段是：域识别（domain identification）、概念定义（concept definition）、需求定义（requirements definition）、设计说明（design specification）、实施说明（implementation description）、域运作（domain operation）和退役定义（decommission definition）。其中域/企业域是企业的一部分，与一组给定业务目标和约束相关，可就此部分创建企业模型。

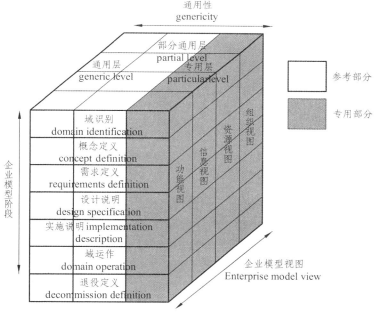

图 6.1　企业建模框架概览

2. 企业模型视图——过滤模型内容

通过企业模型视图维度，企业建模者和企业模型用户就其关注的特定方面及背景（如功能、信息和决策、资源或组织），过滤出他们对真实世界以及在模型生命周期中对该模型的各种应用。在建立企业模型时，建模者应该使企业模型视图突出某个特定方面，对其他的方面则应忽略。

企业模型视图提供了在一个统一模型中描述企业各个方面内容的手段。企业的各个方面将在不同的子集（企业模型视图）里展现给用户和模型开发者。每个企业模型视图，应包含一个事实的子集，该事实子集在同一模型中有所体现。这样，模型用户就能够集中关注有关问题，这些问题也就是各个参与者在使用企业建模时希望进行考虑的。列举了不同种企业模型视图的集合就形成了企业模型视图的维度。

框架预定义了四个视图，每个视图侧重所选企业域的一个重要企业方面。这四个视图为：

> 功能视图（function view）表示企业的功能。

> 信息视图（information view）表示企业运作过程中使用和获取的信息。

> 资源视图（resource view）表示企业运作所需的资产。

> 组织视图（organization view）表示企业运作中的组织、组织关系以及决策职责。

其中，功能视图应该代表企业域的业务流程以及业务流程的功能、行为、输入和输出。功能视图应该将单个步骤的组合描述为过程的集合（包括业务流程和企业活动），流程集合的结构如同一个活动网络，反映了活动间的逻辑连接性和相互依赖性。功能视图应该着重表达企业功能执行过程中的系统行为、相互依赖性，以及诸项元素产生的影响。

功能视图应该表达管理性运作中的决策活动，以及转换和支持性活动。功能视图应该说明与企业环境之间的关系，因为它们反映了约束，考虑了相关输入和输出。功能视图也应该定义执行功能所需的作为企业对象的全部企业实体。

3. 通用性——通用化和具体化的概念

通用化是从一个或多个特定概念到一个表示其共同特性或本质性质的较通用概念的过程。具体化是通用化的反过程，指从一个概括性概念到一个具有特定目的的事物的过程。

通用性的概念对建立一个通用建模语言构件的参考目录起到了支持作用。通用建模语言构件可以反复使用，并能具体化和汇集为特定行业及部门的模型（部分通用模型）。这样，建模活动便具备了统一模式。这些通用建模语言构件和部分通用模型，能够用于特定企业的模型开发（实例化和具体化）。

通用性维度分为三个层：通用层（generic level）、部分通用层（partial level）和专用层（particular level）。这三个层是顺序的，部分通用层是通用层的具体化，而专用层是部分通用层的具体化。专用层代表建模过程的结果，这个结果应该是特定企业域在不同企业模型阶段的模型。具体化的过程，应是从通用层到专用层的演进过程，期间要经由基于行业经验的部分通用模型。具体化的实现，则是通过对通用建模语言构件细化和实例化而完成的，例如把这些建模语言构件选定的属性限制为特定值。

> 通用层（generic level）：包含用于建立部分通用模型和特定企业专用模型的建模语言构件的集合。该层描述的建模语言构建在表达企业域时应用最为广泛。

> 部分通用层（partial level）：应该包含若干个部分通用模型集合，每一组集合适用于一个特定的工业部门或一种工业活动。部分通用模型是可反复使用的参考性模型。通过部分通用模型，用户能够获取并再次利用许多个企业通用的概念，从而提高建模效率。部分通用模型应该由通用层和/或其他的部分通用模型提供的建模语言构件来构造，能够再进一步实例化，从而在专用层生成模型，以表达流程和系统组件、约束、规则、服务、功能和协议。

> 专业层（particular level）：只涉及一个特定的企业域。这一层应包含该企业所有必需的知识，这些知识能够直接用于企业运作中的识别、说明、实施、运作和之后的退役。

6.1.2 人道物流运作的建模框架

用企业建模框架指导人道物流系统建模时，需要对企业建模框架进行调整以适应人道运作特性。

由于人道物流是面向项目的，根据灾难类型、参与者数量和特点以及环境复杂性来变化其应对方式。人道物流需要与稳定组织签订临时协议，形成跨组织项目，重点在于组织运作流程，而不是组织结构和规划。稳定组织有供应商、物流提供商、救援组织的集中和分散救援单元。

在人道物流的准备阶段，救援组织要制定灾难应急预案，主要是将救援任务和相应责任分解给救援组织的集中单元和分散单元。分散单元在灾难救援现场是作为救援参与者的信息中介的，所以分散单元不仅决定合适的前置库存水平，还要为应对阶段的救援活动建立业务联系。在人道物流的应对阶段，要协调多个稳定机构的资源，启动和部署一个物流运作。

所以在应用国家标准《企业集成 企业建模框架》GB/T 16642—2008/ISO 19439：2006时，需要做一些修改，如图 6.2 和表 6.1 所示。

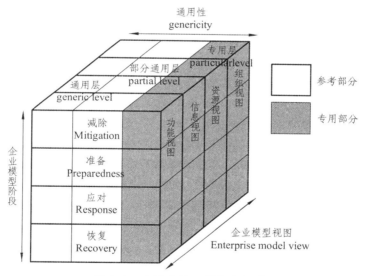

图 6.2 人道物流建模框架概览

表 6.1 人道物流的建模框架修改

	GB/T 16642/ ISO 19439	修改
建模层级	不同生命周期阶段（从需求定义到详细设计再到实现）	不同生命周期阶段（灾难管理的四个阶段）
通用性	具体化：例如提供通用概念，然后具体到一个特定的工业领域，最后再具体到一个特定企业（从一般到部分，再到特定层级）	一般化：从一个或多个特定概念抽象到一个更一般的概念，建模者或模型用户共享其本质特征
视图	从四个领域进行概念分类（功能、信息、资源和组织）	

（1）关于模型生命周期：用人道物流的四个阶段（减除、准备、应对和恢复）代替规范

推荐的企业模型七个阶段。这是为了限制模型的数量，将人道物流集中到最重要的运作阶段。

（2）修改通用性：根据规范，模型建模的具体化过程应该是从通用概念到特定企业的。但人道物流还没有通用模型可以共享，主要方式还是从特定的最佳实践抽象到通用概念。推荐从专用层到通用层进行。

（3）关于视图：规范中的视图分类适合于人道运作。唯一的区别就是要仔细分析出运作生命周期的全部阶段中的所有视图。

6.1.3　人道物流运作的模型阶段

人道物流模型阶段是人道物流模型开发的各个生命周期阶段的展现，它包括域模型从减除、准备、应对到恢复的所有模型开发活动。模型视图维度和通用性维度在每个模型阶段均要予以考虑。

通用性维度中，在通用层，每个模型阶段都应该定义通用建模语言构件的一个任务参考模型，这些通用建模语言构件是用来描述带建模实体的，然后，应利用这些建模语言构件在每个部分通用层和专业层创建模型。在部分通用层，应给每个模型阶段描述部分通用模型集，部分通用模型集表示了某一人道物流的典型功能、信息、资源和组织。这些模型能够在专用层中通过进一步实例化和具体化。在专业层中，应该为每个模型阶段提供描述特定域的对应专有模型。

在模型阶段中存在两种开发模型的活动。

（1）模型结构分解。模型结构分解的程度决定于待控制活动的需求，相关参与者在模型预期使用过程中的某个阶段作出的决策，以及活动的范围。因此，模型结构分解是要与合适的决策职责和控制职责以及时间范围对应起来的。

（2）模型内容详细设计。模型内容详细设计的程度与模型发展各阶段的演进过程相一致，内容详细设计是将新的属性添加到建模语言构件和/或部分通用模型中，并且添加更详细的功能。

人道物流在灾难管理的每个阶段均需要给救援参与者提供救援物资和救援服务，因此必须有人道物流的持续支持。而在不同的阶段物资和服务需求的数量、种类和紧急程度不一样，各个阶段有特定参与者、物资需求。人道物流贯穿在灾难管理的全过程中，人道供应链为灾难管理提供支持，反之灾难管理又促进人道物流的改进和完善，形成新的更有效的人道物流，又促进支持灾难管理在下一周期的运行。图 6.3 所示为人道物流的生命周期。

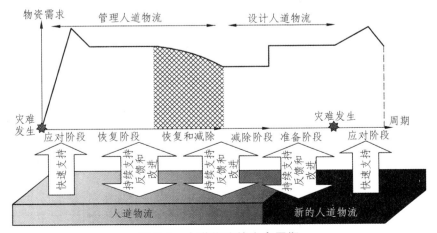

图 6.3　人道物流的生命周期

（1）应对阶段。

应对阶段是在灾难发生后启动，以抢救人的生命和防止灾难扩大的阶段。灾难应对阶段的主要任务是灾难发生时执行和应用准备阶段制定和建立的机制、法规、救援系统等，协调已有的资源和参与救援的各个部门，发动群众以及得到必要资金的支持，目的就是要最大限度地提高救灾的效率，尽可能地减少人员伤亡和财产损失，控制和预防次生灾难的发生。根据灾难的规模应对阶段可能会持续 1~5 天（突发灾难）或 2~6 月（缓慢灾难）。人道救援依赖人道物流的快速支持包括配送水、食物、医疗物资和其他一些生活必需品；把灾民送到安全的救助点；及时地把伤员送到医院。救援效率依靠人道物流的运作速度和质量。

例如 2014 年 8 月 3 日发生的云南鲁甸 6.5 级地震，国家民政系统提供的救援物资有：救灾帐篷、彩条布、折叠床、棉被、大衣、厕所帐篷、衣服、雨衣、毛巾被、毛毯、短袖衬衣、手电筒，还有大米、矿泉水、方便面、牛奶、食用油、饼干、各类药品等生活物资。明确紧急转移安置期按每人每天 25 元救助 10 天，过渡期转移安置按每人每天 15 元救助 3 个月。中国红十字系统提供的救援物资有：帐篷、棉被、夹克衫、大衣、家庭包、凉席、毛毯、洗漱包、大米、方便面、婴儿奶粉、纯净水、医用包。壹基金提供的救援物资为彩条布、帐篷、温暖包、大米和食用油。在应对阶段，因灾区道路有交通管制，红十字会只能在离震区 20 公里处建立一个震区前方物资集散中心，统一给安置点调配救灾物资。

（2）恢复阶段和减除阶段。

恢复阶段主要是帮助受灾地区的商贸、机构和社区恢复正常的生活工作状态，主要包括对受灾的人进行培训和心理辅导，持续的运送物资用于重建房屋、基础设施等。恢复阶段占整个灾难管理周期的大部分时间，一般持续 3~5 年，也是资金占用很多的一部分。减除的原则是减小灾难发生后的影响。

恢复阶段和减除阶段的物资需求不再是必须为受灾人群提供，因此人道物流不需要多批量和很短的提前期了。一方面，人道物流提供持续的支持，帮助受灾地区的社会、经济、政治活动恢复正常，并通过减除阶段使受灾地区的基础设施、经济等得到增值；另一方面，通过人道物流在恢复阶段和减除阶段的运作，其自身得到进一步的改进和完善，从而形成新的人道物流，并会在准备阶段得到巩固。

（3）准备阶段。

准备阶段是建立或提高灾难响应能力的持续过程，如设计疏散路径和建立避难场所，准备救援物资，提高人道机构响应灾难的能力等。提前准备的响应物资种类较少，主要是保障生活的基本物资，如食物、医疗物资、水、环境保障设备、避难所等。由于很难预测灾难发生的物资需求，不知道本地市场或库存能否满足需求，以及本地的市场（或仓库）可能在灾难发生时被摧毁，因此需要准备从全国甚至全球获取物资。人道物流为准备阶段的各项运作提供持续的支持；在准备阶段建立的各项基础设施又提高和改善了人道物流的运作环境；同时在恢复、减除和准备阶段人道物流的运作过程中，其自身又会不断更新和完善，最终形成新的人道物流。

6.1.4　人道物流运作的模型视图

人道物流的结构在不同的地区根据不同的政治经济和文化的差别会呈现一定的差别，但总体上是基本一致的。灾难管理参与者之间的基本人道物流结构如图 6.4 所示，包括物料和资金获取、物资的预备库存和直接应用、救援物资和受灾人群以及终端配送三个部分。在不同的过程之间由物流的运输和配送连接，其中包含了灾难管理的全过程。

1. 物料和资金获取

人道组织和机构购买物资可以从本地购买或从全球购买，这两种选择各有各的优点，本地物资有较短的提前期和较小的物流成本，全球购买可以大批量采购和有较低的单位价格。除采购外，另一部分物资和资金来自捐献者的捐助，一般发生在灾难救援和恢复过程中。

2. 物资的预备库存和直接应用

人道组织和机构在准备阶段预先采购物资储存在预备仓库或配送中心中，预备库存或配送中心一般是多层次安排的（如全球级，国家级和地区级等）。也有很多中转配送中心和临时仓库的建立以支持灾难救援和灾后重建。在准备阶段、恢复阶段和减除阶段有很多物资不需要经过库存直接应用在基础设施，如建设房屋和基础设施等，称为直接应用的物资。

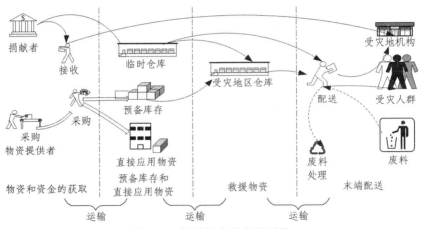

图 6.4　典型的人道物流结构

3. 救援物资分配（受灾人群救助）

人道物流最主要的任务是为受灾人群提供生活必需的救灾物资以及把受伤人员运到医疗救助点（医院、本地救助点等）。临时仓库和预备库存的物资运输到受灾地区仓库和临时库存点，再通过末端配送发放到灾民手中；同时受伤人员通过人道物流送到医院或医疗救助点。

4. 运输或配送

运输或配送是人道物流最主要的功能，是连接人道物流网络各过程的纽带。在救援阶段、恢复阶段的运输特别是末端配送是连接整个人道物流网络末端的核心，主要为受灾人群和机构配送物资，同时运送受伤人群以及处理受灾的废料等。但是受灾地区生命线的损坏常常制约了运输资源和大规模物资的运输。

6.2　人道物流的参考任务模型

　　开发人道物流运作流程的通用性模型，为救援组织提供了可重复使用、标准的业务流程，可以快速识别出人道物流的所有任务，为救援机构分配相应的角色和责任，增强了参与者之间和谐地协作和协调，改善了救援机构面对利益相关者的透明性和问责性。

6.2.1　业务流程

　　流程是至少两个活动的运作序列或操作步骤。每个活动由可测量的输入和将输入转化为可测量的输出所组成。通过实施这些活动，能够在追求给定目标过程中实现某一期望的最终结果。
　　在人道物流运作流程中，需要明确具体的流程领导者、流程的限制以及详细描述其内容和机构，还要链接和协调服务客户的活动，所以需要定义面向客户的业务流程。
　　业务流程是一个功能连贯的活动链条，是对活动执行顺序的抽象。最终结果为顾客提供一个可测量的获益。
　　业务流程通常有以下几个特点：
　　（1）根据组织的总体战略目标，业务流程拥有一个或几个目标；
　　（2）一个业务流程通常可以分解为几个任务，每个任务由与组织单元相关的任务管理者确定；
　　（3）一个业务流程通常可以跨越组织的边界，涉及多个部门；
　　（4）业务流程需要组织的各种信息和其他资源，用于执行和完成任务。
　　业务流程的组件如图 6.5 所示，业务流程的起点不是它们自己的输入，而是某些实体的要求。这些实体通常是客户，还可以是供应商、公众、治理主体和其他利益相关者。在绩效指示器的帮助下，依据业务流程职责来监测和管理业务流程所绑定的能创造预期商品或服务的所有必要任务。业务流程可以跨越多个部门甚至多个机构的边界，包括供应商、客户以及供应链中的其他参与者。

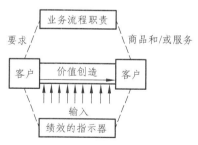

图 6.5　业务流程的组件

　　业务流程有绩效指示器控制，显示业务流程的效益和效率指标。如果业务流程满足利益相关者的要求或对到达组织战略目标有所贡献，则业务流程是有效益的。如果业务流程尽可能少地使用资源就到达效益，则业务流程是有效率的。业务流程的效率通常用流程的时间、质量和成本来测量。当效益或效率出现偏离时，业务流程职责决定重做还是为不希望的结果负责。
　　业务流程的主要好处在于：在组织中，有一个关于如何发送其产品和服务的整体视角。这样可以克服传统流程的碎片化问题，能够统一满足客户要求。
　　流程模型是以任何方式（数学、物流、符号、图形或描述等方式）对业务流程进行的抽象描述，回答为什么做（Why）、做什么（What）、怎么做（How）、何时做（When）、谁做（Who）、哪儿做（Where）等问题。流程模型表现的是一个组织的动态性，例如活动序列、活动间的控制流或特定的从属约束等。

流程参考模型是通过分析业务流程，以模型元素及规范的形式，对复杂的流程结构与关系予以抽象表达，将流程知识编制成流程参考模型，使流程参与者对业务流程逻辑达成一致的理解。这样可以为组织设计和开发其他流程时，提供标准参考流程，可以反复用于业务流程建模，指导组织按照其目的选择参考流程和适应性改变参考流程。因此流程参考模型按照组织特定要求进行适应化改写就变成了以一个特定组织的流程模型。

6.2.2　人道物流运作流程的参考模型框架

在灾难管理中需要有效地组织和实施人道物流，特别是在灾难响应阶段大量的人员、食物、帐篷、衣物、大型机械和医疗物资必须通过各种运输方式运到受灾地区，这就要求物资和资金在人道物流中快速流动，同时要尽量保持低成本。所以我们非常关心人道物流运作中的四个具体任务：评估、采购、仓储和运输。同时人道物流串联灾难管理各个阶段中所有的参与者：捐献者、人道组织、政府、非政府组织、受灾人群等。

所以用模型阶段维度和模型视图维度来构建人道物流运作的建模框架，其中功能视图用来构造人道物流运作流程的参考模型框架。

1. 参考模型框架

根据人道物流运作的建模框架，参考模型框架主要有两个维度，X 轴代表的是人道物流的功能分解，功能分解主要包括人道物流运作任务：评估、采购、仓储和运输。Y 轴代表流程的生命周期以及层级分解，流程的生命周期为准备阶段、应对阶段和恢复阶段。准备阶段包含战略、战术及运作层面的决策，应对阶段和恢复阶段只包含运作层面的决策。如图 6.6 所示。

2. 纵向层级人道物流运作任务

（1）准备阶段人道物流运作。

准备阶段是为响应阶段响应灾难救援提供一切可能的支持。在准备阶段中，人道物流主要的任务是准备救援的物资和建立人道物流基础设施和救援基础设施。图 6.7 所示为准备阶段人道物流的运作过程。

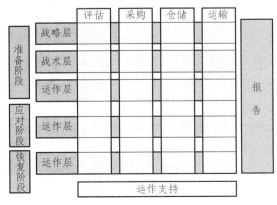

图 6.6　人道物流运作流程的参考模型框架

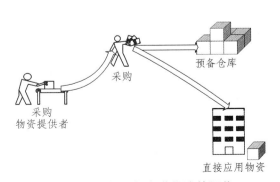

图 6.7　准备阶段人道物流的运作

（2）应对阶段人道物流运作。

应对阶段中人道物流应用准备阶段建立的人道物流基础设施和救援物资在第一时间里把救援物资运送到灾区和把受伤人群运送到医院或医疗救助点。在这一阶段，人道物流物资一部分是来自捐献者（个人、人道机构以及国际政府和组织），另一部分来自准备阶段准备的预备库存。人道物流的主要目的是把捐献者的物资及时地送到受灾人群的手里。

图 6.8 所示为应对阶段人道物流的运作过程。捐献者的物资首先集中运到灾区所在区域的临时仓库，临时仓库再按照受灾地区的所需和受灾程度等因素分别配送到受灾点的仓库，最后货物由受灾地区的仓库发出完成末端的配送任务。捐献者捐献的物资和资金被接受直接交到受灾地区的政府组织或人道机构中。

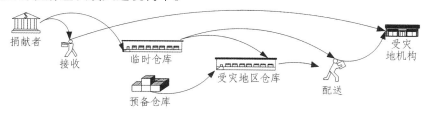

图 6.8　应对阶段人道物流的运作

（3）恢复阶段和减除阶段人道物流运作。

如前面提到的，恢复阶段和减除阶段很多运作事项是一样的，特别是人道物流的运作很多既是服务灾区恢复的各项事宜（如房屋重建或修复、基层设施恢复等）又是服务减除阶段的运作（如减灾防灾工程）。人道物流可以同时对恢复阶段和减除阶段的相同的活动提供支持，如图 6.9 所示。物资的接受者包含三个方面：

① 采购部门采购的物资不经过储存直接应用在灾难恢复和提高灾难响应能力的工程上，如房屋和基础设施的重建，防灾减灾工程的建设；

② 受灾人群和受灾机构的家庭恢复或单位恢复；

③ 受灾地区的废料处理，主要是指建筑废料的统一处理和重新利用。

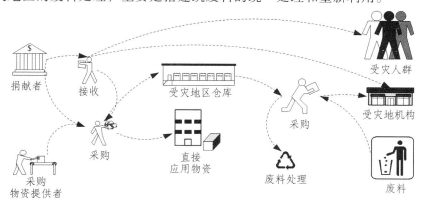

图 6.9　恢复阶段和减除阶段人道物流的运作

3. 功能层级的人道物流运作任务

（1）评估。

评估的目标是快速确定受灾地区的需求，包括受灾地区面积和人口等信息，评估是为了传递决策的基本信息，例如是否需要实施人道救援，评估人道运作开始、继续或结束的必要性和可行性等。评估不仅仅是流程的开始，也是贯穿人道运作的全生命周期中的。

评估不仅代表了确定受灾群众需求的相关活动，还包括在战略、战术和操作层面进行适当的计划。评估发生在救援行动的所有阶段。例如在灾难准备阶段的相关评估活动是制定协同使命、预测需求、项目选址和规划不同人道组织参与的应急团队。

应对阶段的相关评估工作是量化危机区域的受灾者和信息、评估物质资源和志愿者资源、确定开设避难所的数量。

在恢复阶段进行评估活动的目的也是为救援运作是否继续提供决策，例如是否继续运作避难所服务，关闭一个避难所，或者开放一个新的避难所。在这一层中还有制定运作活动的优先级、运作规划、向捐献者通报信息、现场评估参与者及其要求的资源。

（2）采购。

人道物流采购部分的功能是在正确的时间、正确的地点以最小成本确保救灾物资的可得性与高质量。因此，采购活动贯穿所有阶段，包括需求生成、货源请求、提供商评估和执行采购合同。准备阶段的特定任务是确定和选择合适的供应商，计划评估库存能力以保证物资的可得性。救援物资的另一个关键来源——捐赠：实物和货币，也需要被管理。

采购的目的是确保足够的物资、设备和服务来满足实际的需要，确保能在适当的时间实施正确的方案，这就需要在实施采购时计算出合适的采购数量，以及能满足特殊条件的物资质量，还要考虑合适的价格、提前期、合理的运输以及相关保险和保险价格。

采购包括定义需求、发出采购请求和搜寻物资、评估报价、制定采购合同以及和供应商长远的合作。此外，还包括与采购相关的交付和付款流程，捐献规则，采购程序、供应商关系管理、采购订单和相关文件管理，采购任务还包括供应商资质鉴定与选择、启动和执行采购活动等。

（3）仓储。

人道物流的储存功能是储存购买的物资和捐赠的物资。其目的是保证救援中物资的可得性（能够在应急运作中有救援物资来发送），防止物资被毁坏和盗取。储存活动会产生成本，包括持有成本、人力成本和生产成本。

仓储是为了响应较快的提前期和需求变化。因此除了预备库存和灾难管理准备阶段规划的库存外，其他的库存大多是不合适的，因为其中牵涉了非常多的资金、后勤资源和人力资源。库存成本需要和运输成本、缺货成本等相协调。仓储的主要工作是接受物资、检查、存储、质量控制、分拣、包装、贴标等。人道物流的仓储有全球级、国家级、地区级和当地级多个级别。

准备阶段和应对阶段与仓储相关的运作层活动有接受、检查、标记、包装和分类。另外准备阶段战术层的决策或规划有确定库存控制策略、库存管理的协同机制选择（VMI 或 CVMI）。准备阶段战略层中决策有仓库网络化、能力管理策略（如第三方库存）。

（4）运输和配送。

运输的功能是在应急运作过程中将货物从供应商或中央配送仓储中心运输至区域仓储中心，再从当地供应商或区域仓储中心运输到灾区入口处或当地配送中心。

人道物流中通常包括多级物资运输，把全球的物资逐步部署在受灾地区。本地仓库或配送中心通常位于受灾地区境内，物资从本地仓库或配送中心到物资分发点依靠末端配送完成。

运输包含了物流全网交付，包括全球范围内的长途运输，国内或地区内的长途运输以及本地仓库到受益群体的末端配送等。运输也包括单式或多式的运输，货物在人道物流网络中运输主要考虑货物的优先级、体积、重量、价值、目的地等。

　　战略层面关于运输的决策有承运人协作、确定第三方物流提供者和交通网络的选择。一个关键活动是服务的分配。

6.2.3　业务流程建模与符号

　　能用来可视化业务流程建模的方法主要有流程图（Flow　Charts）、角色行为图（Role Activity Diagram，RAD）、IDEF、Petri 网、统一建模语言（Unified Modeling Language，UML）、活动图（UML Activity Diagram，UAD）、事件驱动过程链（Event-driven Process Chain，EPC）等。

　　相比其他业务流程建模语言来讲，业务流程建模符号（Business Process Modeling Notation，BPMN）规范提出后能在较短时间内迅速成为业界最流行的业务流程描述语言，在于其既有 Flow Charts 的简单直观、易学好用特点，又有丰富的符号语义，易于技术实现等优点，更符合前述的适合业务人员使用的业务流程描述方法要求。据 www.bpmn.org 网站公布，截止 2011 年 4 月 1 日，已有 IBM、SAP、CORDYS、ActiveVOS 等 76 家软件公司宣布其产品支持用 BPMN 符号建模业务流程。鉴于 BPMN 规范目前已得到人们的广泛认可，以及其在支持业务流程一体化建模方面所具备的潜力，因此本文选用 BPMN 符号来描述业务流程逻辑，并以此为基础研究相关技术，以便业务人员完成业务流程一体化建模。

　　BPMN 是业务流程管理倡议组织（Business Process Management Initiative，BPMI）为满足业务流程管理需要，于 2004 年 5 月对外发布的一种业务流程建模符号规范，目的是为所有参与业务流程管理的用户提供一套易于相互交流、理解的标准化建模符号，以消除业务流程设计与业务流程实现之间的技术鸿沟。2005 年 6 月，BPMI 宣布与组织机构元模型（Organization Structure Meta-model，OMG）合并，BPMN 从此正式成为 OMG 维护、管理的一种标准。目前，BPMN 版本也已从最初的 1.0、1.1、1.2 发展为现在的 2.0，其英文全称也已由原来的 Business Process Modeling Notation 改为 Business Process Model and Notation。BPMN 的主要目标是提供一些被所有业务用户容易理解的符号，从创建流程轮廓到这些流程的实现，直到最终用户的管理监控。BPMN 的出现，弥补了从业务流程设计到流程开发的空隙。业务流程图由一组图形元素构成，这些元素让我们很容易开发一个简单的，为大多数业务分析人员更熟悉的流程图。对于建模者来说，这些图形都是易于区分和识别的，比如活动是长方形，路由是菱形。需要强调的是，BPMN 能够用一套简单的机制来创建业务流程模式，与此同时，还能够应付业务流程内在的复杂性。

　　BPMN 提供的建模元素及符号主要有四种基本元素：流对象（Flow Objects）、连接对象（Connecting Objects）、泳道（Swim Lanes）和描述对象（Artifacts）。BPMN 常用的符号元素如图 6.10 所示。

　　流对象是用于详细说明一个流程的行为，包括事件（Event）、活动（Activity）、网关（Gateway）三个对象。其中，事件（event）是触发业务流程或在业务流程执行过程中发生的某些事情。活动（activity）是企业所执行的工作，活动的类型有事务（Transaction）、事件子过程（Event Subprocess）和任务（Task）。网关（gateway）是决策点，用于控制顺序流的收敛与发散。

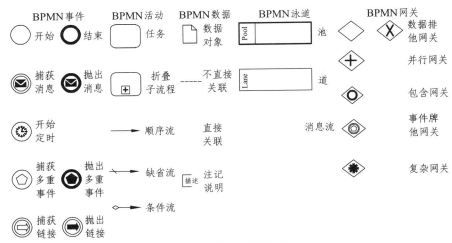

图 6.10　基本 BPMN 元素

连接对象是将流对象连接起来组成业务流程的结构，包括顺序流（Sequence Flow）、消息流（Message Flow）、结合关系（Association）。一个顺序流用于显示一个流程中活动被执行的次序。一个消息流用于显示两个独立的流程参与者之间消息的发送与接收。

模型中元素不同的功能和职责区分用泳道表示，由池（Poll）和道（Lane）组成。在 BPMN 中，两个独立的泳池代表两个流程参与者。一个泳池代表一个流程中的一个参与者，一个泳道是一个泳池的子类别用于活动的组织和分类。结合关系（association）用于连接流对象的数据、文本和其他人工信息，用于显示活动的输入和输出。

描述对象是提供附加信息，提供描述流程意义的脉络，包括数据对象（Data Objects）、组（Groups）以及标记说明（Annotations）。

BPMN 事件：

● 开始/结束：针对常规事件，表示业务流程的起始点或结束点。

● 捕获/抛出信息：表示接收或发出信息的事件。

● 开始定时：表示循环定时器事件、表示时间点、时间区间或超时。

● 捕获/抛出多重事件：表示捕获或抛出另一组事件中一个事件。

● 捕获/抛出链接：链接两个不在同一页的事件。两个相应的链接事件等同于一个顺序流的建模。

BPMN 活动：

● 任务：一个流程中不能进一步分解的原子性活动。

● 折叠子流程：表示其详细信息在图中不可见，子流程是一个流程中的活动组合。

● 顺序流：表示活动执行的顺序。

● 缺省流：表示在流程中所有别的条件不满足时，那么选择该缺省流向。

BPMN 数据：

● 数据对象：数据对象不直接影响顺序流和消息流。为需要执行的活动提供信息。数据对象可以为业务文件、email 及信件等。

● 非直接关联：表示依附在顺序流中的数据对象，表示两个活动之间的工作交接。

- 直接关联：表示信息流。
- 注记说明：表示为 BPMN 图的阅读者提供补充信息。

BPMN 泳道：

- 泳池：在一个流程中泳池代表一个参与者，参与者可能是组织、角色或一个系统。
- 泳道：泳池中的一个层级式子部分。可以完全扩展泳池的长度，用于在一个池中对活动进行组织和分类。
- 消息流：用于显示两个泳池之间的信息流。

BPMN 网关：

- 数据排他网关：对于流程分散的情况，当活动流抵达该网关时，将会在所有满足条件的流出分支中、按照既定规则选取其中一个流出分支执行。对于流程汇集的情况，在触发流程分支之前，一直等待一个流入分支。即当有一个顺序流抵达该网关时，即执行流出分支。
- 并行网关：对于流程分散的情况，同时激活所有的流出分支。对于流程汇集的情况，当所有的顺序流都抵达该网关时，即执行流出分支。
- 包含网关：对于流程分散的情况，当活动流到达该网关时，执行所有满足条件的流出分支。对于流程汇集的情况，要等待所有的顺序流都抵达该网关。
- 事件排他网关：该网关紧跟着捕获事件或任务接收对象，当顺序流抵达该网关时总是选择后续最早发生的事件分支执行。
- 复杂网关：其他网关不能表达的分散与汇集的行为均采用此网关。此网关的主要作用是表达同步的行为。它允许多个分支流入并连接多个流出分支。复杂网关携带多个参数并由参数的设定来表达该网关的具体语义。

在实践中，使用 BPMN 来表示功能视图是一个很好的方式。BPMN 从创建流程轮廓的业务分析到这些流程的实现，直到最终用户的管理监控的过程中，为用户提供了一种容易理解的符号。下面以零售商的转运流程为示例。

在该示例中用一个泳池和三个泳道代表该流程涉及的三个参与者。假定有个流程引擎驱动该流程，引擎给参与者分派任务，并负责参与者之间的交流。如图 6.11 所示。

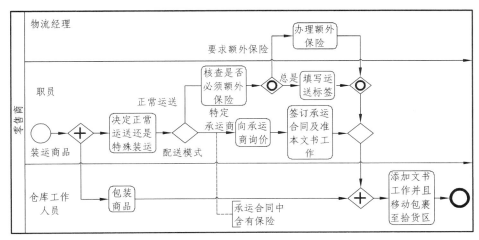

图 6.11　零售商的转运流程

开始事件"装运商品"表示流程已经准备开始，在开始事件右边有一个并行网关指出有两件并行事件要完成：当职员正在决定是否正常运送还是特殊装运的同时，仓库工人已经开始包装商品。职员的任务按照排他网关"配送模式"的逻辑判断。该网关并不为决定是否正常运送还是特殊装运负责，相反这个决策在来到该网关之间已完成。该网关仅仅作为一个路由器，按照其前续任务的结果，提供可选路径。

"配送模式"是一个排他网关，其两个输出分支中的一个可以执行，如果需要一个特殊装运，职员向不同承运商询价，然后与一个承运商签订合同并准备文书工作。如果觉得正常运送好，职员需要核查是否必须额外保险。如果需要额外保险，那么物流经理办理额外保险。在任何情况下，职员都要填写运送投递标签。这种情景就是包含网关，因为可以显示一个分支总是被执行，而另一个分支只有在额外保险需要时再执行。如果这个分支执行了，这将与第一个分支并行执行。由于这两个分支并行工作，分别执行"填写运送标签"和"办理额外保险"任务，这就需要在一个包含网关来同步这两个任务。包含网关总是等待"填写运送标签"任务的完成，因为该任务总是要开始的。如果要求额外保险，包含网关也会等待"办理额外保险"任务的完成。此外，在最后任务"添加文书工作和移动包裹至拾货区"之前，还需要同步并行网关。因为要在最后任务执行之前确保每件事情已完成。

6.2.4　人道物流的参考任务模型

1. 人道物流的总体参考任务模型

灾难管理全过程的人道物流运作是指在灾难管理整个周期中的所有物流活动。人道物流作为灾难管理运作的基础支持，在灾难各阶段高效运作是灾难管理效率的保证。灾难管理各阶段并不是独立的，而是紧密联系和重叠的。因此灾难管理全过程的人道物流运作流程是一个整体循环的网络结构，前一个阶段是后一个阶段的基础；另一方面，减除阶段和恢复阶段以及准备阶段在时间上和物流运作事项上也有重复，使得这三个阶段的运作流程有交错。如图 6.12 所示为灾难管理全过程中人道物流总体运作流程。灾难管理全过程中的人道物流运作流程以人道物流网络的基本结构和运作事项为基础。

准备阶段人道物流的主要任务是为灾难响应预备库存以及在建设基础设施如仓库、道路、避难场所等时提供物流服务。首先启动物流规划，在对灾难评估的基础上对物资需求预测，同时根据地理区域规划物资储备仓库建设。然后根据规划的预备库存的物资需求量和准备建设的基础设施采购物资，通过物流运输把物资运到相应的位置。预备仓库物资准备完成后，所有物资目录都要进入物资数据库，以便在灾难响应阶段及时查找和调用。

灾难发生后，由专家团队执行对灾区的快速需求评估，并发布评估报告，为物资的流动方向和各个灾区的物资分发提供支持。响应阶段的物资来源一是准备阶段的预备库存，二是社会的捐助，三是物资的快速采购。对于来自预备库存和社会捐助的物资，要执行物资的接受流程，进行物资的登记、分类、临时库存等程序，并将物资运输到灾区根据快速需求评估流程发布的评估报告分发物资。对于要采购的物资，首先要根据准备阶段建立的物资数据库执行物资搜寻流程，再执行物资采购流程，最后将物资运输到灾区，根据需求评估报告将物资分配到不同的区域。

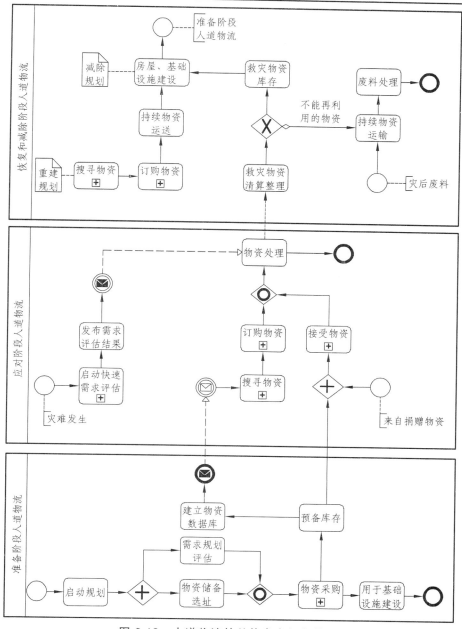

图 6.12 人道物流的总体参考任务模型

当进入恢复重建阶段后,首先是对灾区的重建规划,灾区各重建单位根据重建计划搜寻物资,并执行物资采购流程。这些采购的物资被持续地输送到工地进行灾后重建,灾后重建的房屋和基础设施在吸收灾难发生前的经验教训后建得更加牢固和科学,这些行为就是下阶段的灾难减除措施,这些灾后的重建措施要依照减除规划进行。恢复阶段的另外两个任务是灾区废料的处理以及应对阶段大量物资的清算整理。灾后废料包括建筑废料、救援过后的各种生活垃圾以及其他垃圾如医学垃圾,由专业的物流运输部门运输到指定地点处理。灾难应对阶段留下来的很多没用完的物资和已经过期的物资要进行处理,对不能继续应用的物资进行废料处理，对于可以用的物资要分类整理，执行库存操作，应用在恢复重建中。在恢复和减除的人道物流运作后又进入下一个准备阶段的人道物流运作。

2. 人道物流的任务细分

下面根据人道物流运作流程的参考模型框架，在纵向的战略、战术和运作层上对横向的评估、采购、仓储和运输各功能的具体任务进行详细说明，如表 6.2 所示。这样使人道物流的任务模型更有实际意义，实践性更强。

表 6.2　人道物流运作的任务细分

	评　估	采　购	仓　储	运　输
战略层	制定使命； 规划应急准备； 规划项目策略	谈判框架协议； 规划应急供应策略； 规划应急救援包； 规划标准物资目录； 规划供应战略	规划仓储能力； 规划仓库网络	规划运输能力； 规划运输网络； 规划运输策略
战术层	规划需求； 规划应急团队； 规划项目活动； 规划标准物资表； 选择项目地点	规划项目物资表； 规划采购方法； 规划物资搜寻方法； 规划供应运营（区域）； 规划供应运营（本地）； 规划投标程序； 预定合格供应商	规划应急仓库选址； 规划质量保证； 规划仓库布局； 设置库存控制政策	规划拼装政策； 规划特殊物资运输； 规划运输模式； 规划运输线路
运作层	评估当地能力； 评估当地资源； 评估当地供应源； 部署应急团队； 部署搜救团队； 预测需求； 识别需求； 识别受灾人数； 识别灾难类型； 识别灾难级别； 启动快速需求评估； 启动搜寻和应急； 订购物品； 确定需求优先级； 请求物品	通告订购； 分析相关的投标； 合并订购； 执行资格审查程序； 执行招标程序； 动员供应商； 监督管道； 获得报价； 购买商品； 限定供应商； 记录订购和发运信息； 选择供应商； 确定订购优先级； 寻求物品（外部）； 寻求物品（内部）； 指定特定物品； 指定标准物品； 订单生效（非标）； 订单生效（标准）	包装成套物品； 保证质量； 检查入库商品； 检查质量； 寄售商品； 清点库存； 建立装箱单； 创建运货单； 处置商品； 发布补货订单； 标记商品； 监控库存； 摘选包装物品； 准备发运文书； 准备特定证书； 准备库存转移； 接受物品； 接受自来的物品； 退货物品； 存储物品； 更新库存； 核实发运物资	合并运输； 出口物资； 移交物资； 进口物资与清关； 装载物资； 签名； 卸载物资； 准备客户单据； 发运调度； 选择运输模式； 选择运输路径； 发出运送通知； 运送跟踪

6.3　人道物流运作的参考流程

参考任务模型可以建立特定组织的人道物流运作参考流程，在任务模型基础上开发的参考流程是参考任务模型的柔性应用。下面详细描述人道物流运作中"物资搜寻"、"订购物资"、"需求评估"、"快速评估"、"接受物资"等具体流程，以适应人道运作的三种情景。根据人道物流流程发生的不同状态，人道运作可以分为紧急状态和常规状态，在人道物流流程中又含有标准物资和非标准物资的运作。救援机构通常在紧急状态下会避免运作非标准物资，故在紧急状态下，人道物流流程只有标准物资的运作。在常规状态下，人道物流流程含有标准物资和非标准物资的两种运作。

6.3.1　储备物资流程

突发事件的发生是不可避免的，同时也是难以预测的。突发事件发生后，其破坏程度很大一部分取决于人道救援工作的实施是否顺利。人道物资的储备，是实施紧急救助、安置灾民的基础和保障，直接影响人道物流系统的反应速度和最终成效。人道物资储备涉及的问题很多，包括储备仓库的合理布局、修建的数量和容量、储备物资的种类、长期和中期的储备量、储备物资的合理维护和有效管理等，而人道物资储备体系的核心作用在于能够针对常见的各种自然灾害救援要求，在灾害发生前做好各种救灾物资的储备。大量的有效物质储备可以大大压缩从灾害发生到救灾完成的间隔时间，减少采购和运输量，大大减少相关成本。

城市人道物资储备包括建立人道物资储备制度、普查现有人道物资储备、确定城市所需人道物资储备、制定人道物资储备库建设方案、建设人道物资储备库、建立人道物资储备数据库、定期检查、维护和补充人道物资。

首先，城市中所有人道物资统归人道办登记管理，应建立完善的人道物资储备制度，实现人道物资的集中管理，有利于全面掌握人道物资情况和有效调配人道物资。

其次，一方面，应普查现有人道物资储备；另一方面，确定城市所需人道物资储备。普查现有人道物资储备是根据现状调研结果和有关专家商榷分析，分类统计现有人道物资储备。确定城市所需人道物资储备是通过需求调研结果，并结合有关专家分析，分类统计所需人道物资。在普查现有人道物资储备与确定城市所需人道物资储备之间，共享现有人道物资储备数据，完成信息流的传递过程。

再次，制定人道物资储备库建设计划。在制定人道物资储备库建设方案时，最重要的是储备库选址问题。将人道物资储备库置于合理的位置，不仅可以降低成本而且还能够保证提供人道物资的时效性，它直接关系到人道物流保障的反应速度和最终成效。

最后，要保证储备库和数据库的数据一致性并定期检查、维护和补充人道物资，以免由于物资缺乏而延误人道救援。

储备物资的具体流程模型如图 6.13 所示。

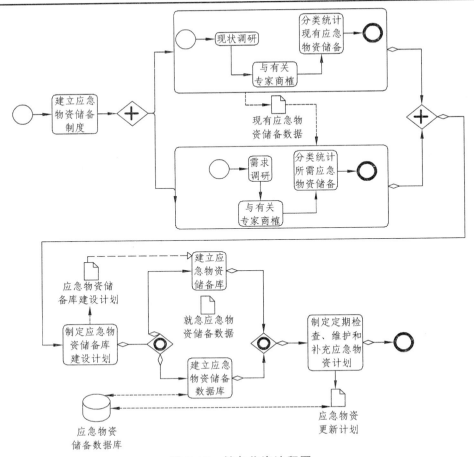

图 6.13   储备物资流程图

6.3.2   确定需求流程

人道物资需求具有以下几个特点：

（1）需求集中。

自然灾害的发生常带来区域性的破坏，为了应对灾害所带来的破坏，灾后往往在灾区形成对人道物资的集中需求。

（2）需求种类多样。

生活类自然灾害人道物资涉及灾民生活的方方面面，种类繁多。仅我国商务部人道商品数据库中暂定的食品类物资就有大米、面粉、蔬菜等 9 种，生活用品类物资有帐篷、毛毯、棉被等 16 种。

（3）需求量大。

自然灾害带来的损失较大，为维持灾区的基本生活及市场秩序，往往需要大量物资。突发性自然灾害如地震、台风等往往在很短的时间内造成巨大的损失及影响，产生的物资需求短促且需求量大；迟缓性自然灾害如雪灾、干旱等，其发生具有一定的过程，需要大量物资保障较长时间的生活需要。

（4）需求信息难以预测。

自然灾害由于其形成演变机制的复杂性，如地震、火山爆发等，目前人们对其发生时间、地点、强度、范围等的预测程度较低，难以进行人道物资需求的种类、数量的预测。

（5）需求信息不易获取。

自然灾害往往带来交通、通讯设施的损坏，这些都影响了灾区内外联系，使得灾区的需求信息存在着严重的不充分、不准确，难以准确获取。

（6）需求时效性强。

快速而及时地满足自然灾害人道物资需求，才能够减少灾害损失以及影响。同时，生活物资需求随着救援的进行以及灾区生产的恢复是不断变化着的。

对于新运作需求，即在当前运作流程中没有发现的需求，可以从两种途径中作出决定：在非应对阶段的需求确定和在应对阶段的快速需求评估，其区别在于运作区域的不同。

在非应对阶段建立的常规评估要确保运作总能够适应相应的需求。确定新需求是在疑似有新需求的地方部署一支考察团队。新需求考察团队包括从各层次派来的某一方面的专家。当前需求的基本信息都已经了解，包括社区志愿者、已满足的需求、当地资源和能力等。这支考察团队的任务是确定当前运作流程中没有识别出的受益群体的需求和数量。在应对阶段，当运作需求还不知道时，即没有运作区域附近的和以前的需求数据时，应急团队要根据社区的期望需求比照评估程序经验和技术经验进行运作。运作流程接下来的几个平行任务是确定受灾人群的数量和需求量，评估灾难类型和受灾程度。已确定的可用信息要进一步整合包括当地能力、当地预备资源以及当地可供应资源等信息。

当评估完成后，受灾地区的最终净需求必须在运作区域和可用的资金中根据人道机构的系统战略设置优先权。接下来的流程是发出物资请求和物资搜寻，这两个环节将在后面的子流程中详细描述。"确定需求"的完整流程如图 6.14 所示。

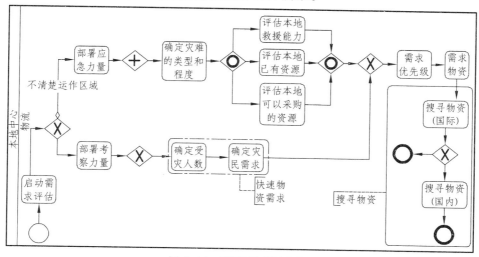

图 6.14　确定需求流程图

6.3.3　快速评估流程

快速需求评估流程包括许多任务。由于需求评估是人道机构在救援时输送物资的核心能力，所以本节详细描述这些任务。

快速需求评估有助于理解救援形势，分析受灾地区现有的生命、健康以及生计状况来评估是否需要外部援助。完整的评估需要考虑所有的项目，如水和公共设施、营养、食物、帐篷、非食品类物资以及健康保健，综合了医学、政治学以及安全环境学等。本流程这里只描述与物流管理有关的活动。在紧急状态中，人道机构必须反应迅速有效，因此首先快速评估标准物资需求。评估的方式和内容应该允许探索团队确定优先级、受灾地区的需求以及作出运作决策。

受灾人数的评估要根据其他的评估和计算确定，受灾地区的所有人口都要统计并且按年龄、性别等分类。

为满足受灾地区的各种需求，快速需求评估通常包括以下人道领域：水、公共卫生系统、食物援助和营养、帐篷和其他非食品物资、健康保健。在评估这些领域时的关键问题描述如下：

确定水和公共卫生需求：现在和以后可能的水或公共卫生的灾难；目前水资源及其使用者；每人一天的可用水量；受灾地区短期和长期的用水需求；水源处理的质量和要求，包括杀菌和净化；确定关键卫生问题；确定病菌传播类疾病风险及评估这些风险；预计目前这些需求的未来发展走向。

确定帐篷和其他非食品类物资需求：每个家庭的人数；受灾地区帐篷或非食品类物资需求分类，如孤儿、军队的需求等；没有足够居住条件的居民的数量；缺少居住条件而产生生计、健康、安全等问题的中短期风险；在现有的物资条件基础上设计合适的临时居住条件；选址设计和物资条件评估；受灾家庭和社区现有的物资、资金和人力资源；预计目前这些需求的未来发展方向。

确定食物援助和营养需求：在受灾社区确定每一个不同类型的食物资源的输入效率；食物安全；市场可用性和关键食品的价格；受灾地区中短期健康和其他风险响应策略；营养不良风险；食物获取不足的风险；厨具和餐具的需求；预计目前这些需求的未来发展方向。

确定健康保健需求：确定受灾总人口和 5 岁以下儿童的比例；确定人口和性别结构的破坏；确定增加风险的人口类型如妇女、儿童、老人、残疾人受伤人群等；确定在灾难前已存在的健康问题；确定流行病发生风险；计算不同灾难类型或人口类型的死亡率；预计目前这些需求的未来发展方向。

在评估上述领域的时候，首要的信息来源应该包括对受灾地区的直接观察、访谈和对话。此外，地方政府代表、卫生人员、老师、从商者以及其他相关人员代表的意见，以及二手资料如文献、报告、其他历史材料和灾难前的数据也是评估信息的重要来源。

快速需求评估也要考虑到本地相关参与者的责任，此外，国家法律法规、标准和指南在评估时也是考虑的对象。快速需求评估也包括对运作环境的分析，目的是确定受灾地区对支持运作的资源和设备的需求。快速需求评估的结果可以发布给受灾地区外的其他相关人员和机构，包括其他参与者、政府部门、其他政府和非政府组织等。

快速需求评估的流程输出是受灾地区的净需求，但没有排列需求的优先级。该流程要给出一个考虑外部评估需求和人道运作的建议书，这些建议也包括可能的退出策略，即考虑全面的灾难管理生命周期。快速评估不能看作是一个单一的事件，而应看作是修订和更新受灾群体需求的第一步。整个快速需求评估流程如图 6.15 所示。

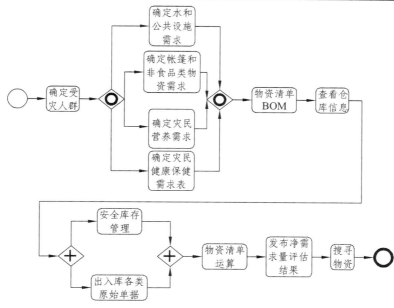

图 6.15　快速需求评估流程

6.3.4　搜寻物资流程

　　许多人道物流运作的环境在偏僻和基础条件较差的地方。因此，许多物流过程是纸质运作。人道组织的工作人员在订购物资时经常不使用标准流程，而且经常不清楚他们的能力范围。因此，以下将在任务模型的细节层次上详细描述搜寻物资流程，流程中涉及的相关信息文档也在流程中呈现。

　　搜寻物资分为两部分：灾难前和灾难后。灾难前的搜寻物资主要是对可能引发的灾难中必需的物资，对这部分的搜寻主要是根据对需求的预测和现有的库存制定相应计划，这部分对货物的搜寻是比较广泛的、大范围的。该物资的主要特点是必需品，需求量大而且不容易快速得到。灾难后对物资的搜寻主要是灾难发生时短缺的必需品，这些主要发生在重大灾难中，仓库中库存不足，必须快速地搜寻。

　　对物资的搜寻的流程在灾难前和灾难后是不一样的。灾难前对物资的搜寻必须按照流程进行，首先对需求进行预测，查看库存，统计出不满足库存不足的物品，写下货物的名称、需求数量、规格要求，然后通过 e-mail 或纸质形式传输给物流网络的上游一级。当订购请求形式传输到上游一级后，物流人员就核对请求的准确性、完整性和一致性。具体地说，根据具体的目的全面核对的信息包括连续的订购数量、日期、预算编号等。当订购请求的所有信息都核对无误，就要把订购规则与物资数据库或标准物资目录作比较。但是对于灾难后搜寻的物资，如果是急用的必需品，我们可以改变一些路径，在向上级请求的同时可以到处散播需求信息得到民间的支持，同时可以省去中间繁琐的流程。

　　搜寻物资流程如图 6.16 所示。

　　如果请求的物资不需要鉴定，并且已经包含在标准物资目录中，流程将走另一条路径。对每一个物资搜寻线路来说接下来的步骤是循环迭代的。本地可用性调查不仅包括本地仓库物资的可用性也包括本地供应商或其他组织的可用性。如果本地物资不可用，将会在订购请求的基础上制定一个订货订单。如果物资本地可用，则进一步检查本地仓库的可用性，如果本地仓库可用，则提出一个简单的存储请求，这时物资可以从本地仓库中搜寻得到。如果物资在本地仓库不能用，但可以在本地购买中得到，仍然提出一个购货订单从本地购买。

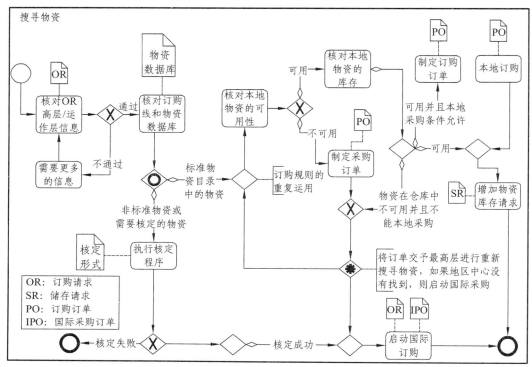

图 6.16　搜寻物资流程图

　　如果本地物资不可用，并且本地购买的条件也不满足，则物资从物流网络的上一级采购。当达到人道组织总部时在区域中心还没有搜寻到物资则启动国际采购。

6.3.5　订购物资的流程

　　人道机构目前所拥有的物资很多并不可用，而是要通过地区或国际范围的购买。虽然人道运作是面向受灾民众的，但是受灾群体本身不影响人道物流网络的结构和流程的设计，因为他们不需要向他们得到的货物和服务付款。因此，订购不是由灾民发起的而是由本地人道机构发起的。推动订购的流程是通过定期监控库存水平，看其是否低于订购线。一般来说首先考虑本地采购。

　　当有物资需求产生时，订购流程就启动了。这些需求是由于各种评估活动如"需求预测"或"确定受灾群体的数量和需求"等而产生的。本节列出的订购流程处理单种物资订购，也可以处理一种状态（标准或不标准）的物资订购，还可以按优先级采购物资。在非标准物资确定能订购之前，需要先对其验证，指明可能的种类和来源。在订购流程中物资根据其状态被划分为不同的类型：包含在标准物资目录中的物资、包含在项目标准物资清单中的物资和不能在本地购买但能在地区范围内购买得到的物资。如果物资也不能在区域范围内购买则由总部在日常订购流程中购买。

　　包含在标准物资目录中但不包含在项目标准物资清单中的物资必须由区域中心负责订购，如果物品的订购没有被完成，则将余下的物品发送到总部通过负责相关物品的专家鉴定物资类型，并向供应商发出报价请求。对于不包含在标准物资目录中当然也不包含在项目标准物资清单中的物资，供应商报价请求被发送到地区中心，并在地区中心采购，如果物品仍没有完成订购，则余下的物品由地区中心发送至总部通过负责相关物品的专家鉴定物资类型，并向供应商发出报价请求。标准和非标准物资的部分订购流程如图 6.17 所示。

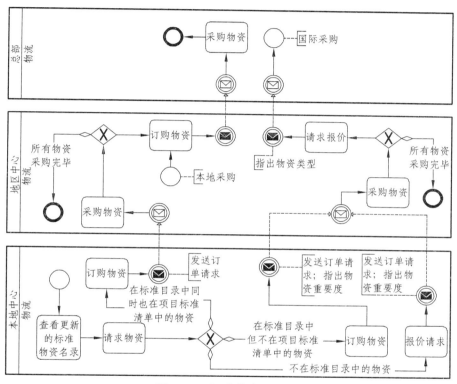

图 6.17　订购物资流程图

6.3.6　接收物资流程

　　根据人道物流的特点，货物的来源不仅仅是本地采购还有个人的捐赠以及政府机构或者其他爱心组织的捐赠，所以接收货物时按照不同的类型进行不同的处理。

　　接收物资的基本流程是：货物到达，卸载货物，明确货物的来源（这里涉及货物处理方式的不同），有单证的核对相关单证，检查货物并分类（根据货物的来源进行不同程度的检查），对接收的货物标注货单（货物的基本情况），做相应报告然后存储货物，保存相关文件。

　　接收计划的明细：在人道物流网络中要接收的物资有三个来源，即个人物资捐赠、本地购买、区域中心或国际货物。如果货物来自区域中心或国际，这部分货物是规范的，货物能够在区域或总部的物流部门预计的到达时间内被接受；如果是本地购买，则时间不能够统一，所以要根据采购者的具体情况安排接收货物；最后是捐赠的货物，该批货物比较散乱而且完全无法控制时间，需要安排专门的人员随时接收货物。到达的物体总共有三个去向，第一种分类打包之后根据需要直接分配给受害人员；第二种是分类之后存储起来，以备后患；第三种是损坏的物体，丢弃或者回收。

只有少数人被授权可以接受物资，通过这些被授权的个人，货物在接收时必须要检查货物完全符合购货订单或运货单，如果是个人捐赠，需要有专业的人员对物品进行鉴定和分类。对于所有到达的货物立刻卸载需要特殊储存条件的货物如冷链货物、药品、血液等，并对它们进行特殊的存储，放在冷冻库或者其他的冷冻设施中。

如果接受的货物来自本地，当发现有货物丢失或损坏时，那么损坏货物的包装应分离出来。一旦接收方查实了货物的丢失或损坏，就要通知发货方或供应商，让其赔偿或更换。运来的货物最初的检查通过签署货运单来完成。货运单起到两种作用：明确承运人的运货责任；标注货物接收的条件或货物的缺失。货物的遗失或损坏会影响到物流运作的计划，因此货物的遗失或损坏的报告应尽可能地详细和准确。

在检查货物时，需要把货物分为两类：不需要特殊资质检验的货物和需要特殊资质检验的货物。第一类物品如毛毯、塑料膜等普通物品；第二类物品如药品、发电机、IT设备等，这类物品通常打开包装只能检查表面是否损坏，对于物品本身性能是否已损坏只能通过有资质的专家才能检验。

货物检验应该又快又彻底，使货物在接受区域尽可能短时间地停留，因为一方面在接受区域的物资还没有进入信息系统从而使物资不能马上使用，只有到达仓库中的货物才可用；另一方面物品在接受区域长时间停留有可能被盗窃或损坏。

最后，所有在接收流程中产生的信息都要进入信息系统，这一过程应该尽快地被处理以使物资尽快可用。整个接受物资流程如图6.18所示。

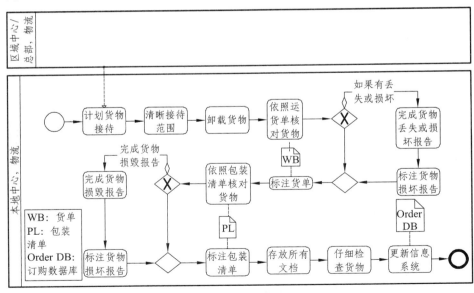

图 6.18　接受物资流程图

6.3.7　回收物资流程

救灾物资分为回收类物资和非回收类物资。回收类物资和非回收类物资品种由民政部和财政部确定。救灾物资使用结束后，未动用或者可回收的回收类救灾物资，先在灾区当地进行相应处理包括经维修、清洗、消毒和整理后，然后把这些物品进行储存，如药品、帐篷等贵重物品；对非回收类物资，发放给受灾人员使用后，不再进行回收，由当地相关救灾组织部门统一进行排查清理。如图 6.19 所示。救灾物资回收过程中产生的维修、清洗、消毒和整理等费用，由使用省份省级人民政府财政部门统一安排。救灾物资在回收报废处置中产生的残值收入，按照国库集中收缴管理有关规定，缴入省级国库。回收工作完成后，使用省份省级人民政府民政部门应会同财政部门及时将救灾储备物资的使用、回收、损坏、报废情况以及储存地点和受益人（次）数报民政部和财政部，民政部和财政部继续予以跟踪考核。

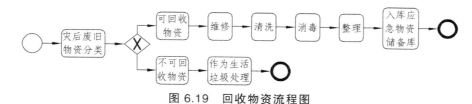

图 6.19 回收物资流程图

任务参考模型为救援机构带来的好处如下：

（1）任务参考模型为救援机构提供了一个能快速可视化救援任务的工具。救援机构和供应链伙伴不仅能够执行这些任务，还能用该工具扩展其任务模型，以适应救援机构在人道物流中的角色改变。

（2）任务参考模型能够识别人道物流在模型阶段中的增值任务，为救援机构提供了一个无缝化它们的活动的机会，并识别出它们的核心竞争力。

（3）任务参考模型可以将任务按其角色、责任进行标准化，这样救援机构可以与其供应链伙伴交流它们的任务和流程，因此救援机构间的协调和协作就更容易。救援机构还可以通过进一步深入分析其运作，来识别出能改进的潜在领域。

（4）救援机构能较容易地确定与供应链管理系统相关的需求，还能容易评估现存的系统，识别出当前部署的缺点。

6.4 本章小结

本章主要介绍了人道物流运作流程的建模方法。首先，介绍了人道物流运作的建模框架，分别从模型阶段、模型视图和通用性三个维度进行介绍。其次，分析了人道物流运作流程的参考模型框架，选定了业务流程建模符号——BPMN，建立了人道物流运作的参考任务模型。最后，详细介绍了人道物流运作的参考流程，包括储备物资流程、确定需求流程、快速评估流程、搜寻物资流程、订购物资流程、接收物资流程、回收物资流程。

第7章 人道物流协同运作流程建模

为了降低人道物流协同运作的复杂性，可以首先借鉴企业建模框架，以运作的业务观点，用业务流程建模方法来理解、分析、评估人道物流。用参考任务模型构建人道物流标准流程的术语、定义和活动，有助于提高人道物流运作的效率和效益。然后用系统分析方法抽象出参与者之间微观的输入流、输出流和相互关系，结构化分解出基本的流程元素，以此构建出人道物流协同的宏观因果关系图。最后从系统动力学的角度分析出人道物流协同模型中的系统基模，识别出参与者之间潜在的因果关系，揭示出丰富的互动行为。

7.1 人道物流协同运作的 BPMN 建模

缺乏协同是人道运作的主要弱点之一。在任何一次人道救援中，多达数百个救援机构并不能协同行动，导致太多的现场参与者没有明确的工作分工。同时参与者之间的交流远未优化，参与者因激励不同而难以共享信息，但是有着同样使命的参与者能够协调活动以确保正确的救援配送，例如在 2004 年海啸救援中，超过半数的物流活动（56%）是多个机构联合完成的。灾难越大，有足够资金的人道救援机构就越多，它们之间的协调就越难。虽然在自组织或中央系统中有许多协同模型，但不同灾难中参与者的多样性和变化性，使得难以发现和实现合适的协同模型。

7.1.1 协同成功的关键因素

1. 云南鲁甸 6.5 级地震案例

2014 年 8 月 3 日，云南省昭通市鲁甸县发生 6.5 级地震。为了有力有序做好抗震抢险救灾工作，2014 年 8 月 5 日国务院办公厅发出通知，要求有四点：

（1）坚持属地为主、分级负责的抗灾救灾工作机制。云南省要加强统筹协调，扎实做好抗震救灾各项工作。

（2）严格控制赴灾区工作人员。国务院办公厅将统一安排工作组和工作人员前往灾区。

（3）加强对社会捐赠的统一组织管理。建议通过民政部规定的渠道捐赠资金。对于捐赠的物资和装备，由捐赠地民政部门与灾区民政部门协调后，统一安排接收并有组织地运往灾区。未经协调确认的，一律不得自行分散运送。

（4）及时劝阻非紧急救援人员赴灾区。及时劝阻非专业救援组织、志愿者、游客等近期尽量不要前往灾区。

这四点措施属于灾难管理应对阶段中的运作层，能从宏观上有效解决协同救援问题。从灾难管理的全生命周期来看，人之有情即人道，不能只体现在灾后的关怀、慰问、救济和补偿上，更应当"前移"至灾难准备阶段和减除阶段，提高减灾和备灾能力；否则于受灾者裨益不大。不幸的是，从鲁甸地震可以看出当地政府在事前预防上投入很少，却在灾后不计成本地救援，鲁甸地震日渐攀升的死亡人数正是这一极端不利情况的体现。

所以，需要从灾难管理全生命周期的角度分析人道救援协同运作的关键影响因素。

2. 关键影响因素

（1）动员和分配。这是一个平衡问题。救援组织需要全面管理和控制同时发生的许多救援请求与运作。由于资源不足，不得不定义优先级来保证资金和人员的合理调遣。

（2）凝聚和效率。这是一个同步问题。人道物流中包含有许多各式各样的救援机构。一个典型的例子是国际红十字会的组织架构，其总部设在日内瓦，三个区域物流单位分别在巴拿马、迪拜和吉隆坡以及180多个分布在世界各地的国家社团。因此，当危机发生时，总部必须凝聚其下属各级机构以提高其组织网络全球行动的效率。各级救援机构必须同步行动以提高效率和响应速度。

（3）最佳实践。这是一个培训问题。事实上，救援组织拥有的救援知识是隐含的。在准备阶段，救援组织应总结其拥有的救援经验，将隐含知识显性化和结构化，从而得到供应商选择、业务流程和技术管理方面的最佳实践。并且救援组织之间彼此充分学习这些最佳实践，使得人道社区更具结构化、担当和专业。协同的目的是为了能在将来的救援运作中确保使用到这些最佳实践。当然，因为每个灾难都是独一无二的，该协同的目的不是要将最佳实践标准化，而是相互学习，提高救援效率。

所以，协同包括三个关键因素：

➢ 平衡：在给定的时间内，为不同的灾难救援动员并妥善分配资金和技术。

➢ 同步：要保证救援行动的凝聚和效率。

➢ 培训：增强救援网络成员的救灾能力和实现最佳实践。

为了实现一个有效的协同，需要相关的运作报告、书面表达的战略、反应灵敏的业务流程、正式的程序、可互用的信息系统和一个反应灵敏及有效率的物流网络。所以可以用 BPMN 总结出协同视角下的人道物流运作流程模型框架。

7.1.2　人道物流协同运作的参考模型

如图 7.1 所示的参考模型框架反映了救援机构以及救援机构之间的协同。任务参考模型框架将人道物流功能、层级决策和灾难管理生命周期结合起来。报告和运作支持为功能活动的执行提供所需的人员、技术和物流资源。

（1）准备阶段的战略层。在战略层面，物流的高层战略决策涉及整个组织，制定的决策是长期的（通常是两年或更多），无法在短时间内改变。这个阶段的典型决策是设计物流的结构和配置资源。人道物流的战略决策着重在供应商、经销商或第三方物流公司中选择战略合作伙伴，同时明确伙伴关系中的每个组织的职责和担当。

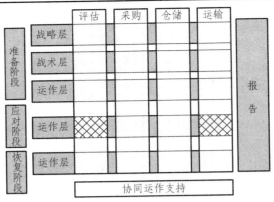

图 7.1　人道物流协同运作的参考模型框架

（2）准备阶段的战术层。在战术层面，制定的决策主要是最小化整个物流的成本。战术层面的规划要受到已在战略层面明确的约束和限制。战术层面决策的时间跨度为 6 个月到两年，战术层面的协同决策包括联合前置行动、协同采购或任务的区域划分。一般而言，战术规划是按步骤顺序完成的，其顺序是识别和分析决策问题、定义目标及预测未来的发展，识别和评估可选的解决方案，选择最合适的解决方案。

（3）准备阶段的运作层。在运作层面，主要的目的是在战术和战略决策下，优化利用资源。其时间跨度最长为六个月。运作决策处理战术决策的短期实施。特别是准备阶段的运作就是执行战略层和战术层的决策，为应对阶段做充足的准备。准备阶段的运作活动旨在防止伤亡，加快响应速度和减少灾难中的财产损失。

（4）应对阶段的运作层面。应对阶段运作层面的活动强调日常救援应对运作/服务的连续性。日常运作活动的决策需要考虑灾区的严重性和情景。应对阶段的时间大约一至三个月。这一阶段的运营服务包括救援和疏散，开放避难所和照顾灾民，提供紧急医疗服务和清理房屋、企业和街道，这些活动可以由一个自治组织或一群组织共同进展。

（5）恢复阶段的运作层面。灾难产生影响之后就要立即开始恢复阶段，通常可以持续数年。典型的活动包括修复基础设施和重要的生命支持系统、恢复日常生活及启动规划永久住房（修复、重建或重新安置的房屋）。一个强大的、组织良好的长期恢复组织可最大化资源的利用率来解决恢复的需求。

7.1.3　红十字与红新月国际联合会的 BPMN 模型

BPMN 模型限定在图 6.6 所示人道物流运作流程的参考模型框架的范围内，用 BPMN 建立一个代表救援组织实体间的相互关系的功能视图模型，可以描述它们在灾难应对阶段的活动及其顺序。本节以红十字会与红新月会国际联合会（IFRC）的实践为案例，介绍其 BPMN 模型及其运作。

2006 年 5 月 27 日在印尼日惹（Yogyakarta）发生的一次地震灾难的应对阶段中，印尼红十字会与一个位于吉隆坡的区域物流中心及日内瓦总部协同工作。当然还有其他国家社团参与提供资源，如英国、美国、西班牙和丹麦红十字会派送专业人员帮助救援运作，日本、比利时和西班牙红十字会提供物资。在灾难的初期（2006 年 5 月），日内瓦确保全局协调。2006

年 6 月一开始，吉隆坡开始领导协调物流服务应对。

在灾难应对期间，IFRC 主要有以下几类实体参与运作：

——红新月会总部（日内瓦）：确保运作在战略上协同。

——区域物流单元（RLU）：协同区域内的运作，具体地就是合并需求，控制现场配送的渠道（采购、中央仓库等）。

——物流应急反应单元（ERUlog）：如由英国红十字会成员组成，他们负责在机场接收、存储和发送现场物资。

——救援应急反应单元（ERUrelief）：如由美国和西班牙红十字会成员组成，他们帮助进行救援机构的现场分布。

——当地的国家社团（NS）：负责运作，负责在本地采购并分发救灾物资。

图 7.2 中定义了每个角色，设定了每层的协同和责任，并以层级式结构表示出来：全局协同在日内瓦，区域协同在区域物流单元，局部协同在现场。通过 BPMN 模型可以分析出 IFRC 的一些问题：

（1）关于同步情况：红新月会主要面临的问题是难以收集到及时和准确的数据，原因在于组织间的鸿沟。在 BPMN 图中，"信息收集"的活动通过消息与其他活动相联系，但该活动没有连接到一系列顺序运作上，因而被忽视。业务流程中，到日内瓦的反馈循环应该要正式地构建出来。媒体中心要频繁更新在 IFRC 网站上收集和发布的信息，要设计一个特定的物流软件来提高运作的可追溯性和可计量性。尽管这样，有关实体的特点、数量和状态等信息在供应链中难以被跟踪和系统性地传播，特别是在"最后一公里"配送中。

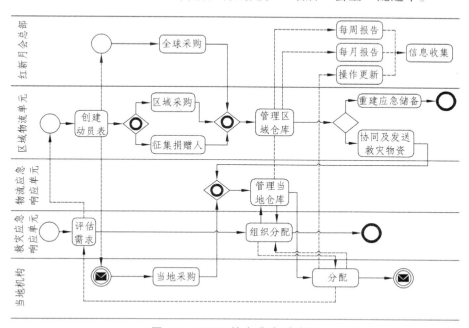

图 7.2 IFRC 的灾难应对流程

（2）关于平衡能力：由于同步出现的问题直接导致了日内瓦不能正确地为现场运作分配相应的资金和技能。该模型缺乏关于运作的宏观视角和控制，也没有系统性的信息循环使得日内瓦能够每日更新信息。

（3）关于培训组件：预定义文档和标准可以清楚地加速信息交流流程。另一方面，由于 IFRC 的两个独立部门"物流与资源动员"和"灾难管理"前移了 ERU 救援的角色。虽然救援团队与物流人员相互合作，但他们有各自的层级系统，且其活动没有与其他按顺序活动连接起来，因此出现了引起误解的功能模型，这些都可能源于灾难管理中物流人员不充分的培训。

7.1.4　关怀和安置灾民的 BPMN 模型

灾难关怀与灾民服务是灾难救援时军队、当地政府和救援机构之间主要的协同运作，救援机构如红十字会是主要的任务支持机构之一，这个运作服务的主要目的是协调救援行动，为灾民提供安置点、食物，分配救援供应物资和灾难民政福利。

关怀灾民及开放安置点属于运营服务，主要的功能和任务是评估和运输/配送，如图 7.1 中两个斜网格部分，这些服务流程的参考任务按照参考模型框架来构建。

在应对阶段，评估功能和运输/配送功能任务在一个协同平台上完成。参考任务如表 7.1 所示。

表 7.1　关怀和安置灾民的参考任务

		功能视角	
		评估	运输/配送
响应阶段	关怀灾民及开放安置点	1. 验证可用资源，充足供应启动灾民关怀时所需的人员、食品和水 2. 部署人员和资源 3. 评估策略和流程，保证人员都告知 4. 建立与各部门的通讯联系 5. 准备激活应急预案和通告公众 6. 评估初始几天的期望水平 7. 开设安置点 8. 提供人员和安置点，饮食单位，紧急急救站，民政救助运作 9. 安置点，补给单位，紧急急救站，民政救助运作之间建立通讯联系 10. 协调所以安置点的活动 11. 监控疏散活动，确保安置点根据需要而开发 12. 监控入住率和灾民需求 13. 协调提供附属人员和救援人员及补充安置点供给 14. 监控避难所入住率，适当合并安置点 15. 协调饮食站的位置，确保公共服务的最佳物流 16. 为安置点外的或无法去饮食站的灾民提供食物 17. 和当地政府救灾指挥部进行协调，保证安置点的医疗服务，包括精神健康服务	1. 在固定的或移动的饮食店提供食物 2. 在安置点、固定饮食点和救助站提供应急物资 3. 分配饮用水和冰 4. 按需分配应急物资 5. 帮助为安置点外的或无法去饮食站的个体灾民提供食物 6. 按需求持续提供食物、衣服和应急物资

关怀灾民和提供安置点的流程建模如图 7.3 所示，图中描述了当地应急管理、省级救援机构和红十字会等志愿组织在执行关怀灾民和提供安置点任务时的总体协同流程。

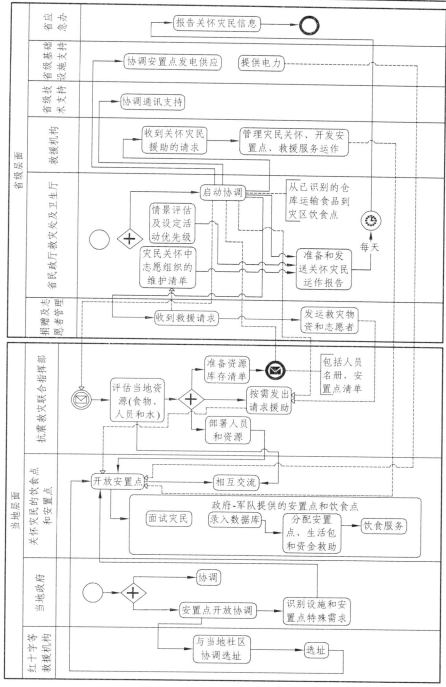

图 7.3　关怀灾民和安置点的协同流程

省级抗震救灾指挥部（由军队和省民政厅等政府机构组成）通过电话或电子文件通知关怀灾民的首位救援机构和保障机构，告知发生的灾难或潜在存在的灾难。当地层面上的灾民关怀职责一般取决于当地民政部门，其他政府机构和志愿组织提供支持。当地政府决策开发和关闭安置点，红十字会等志愿组织参与安置点的救助。当地政府识别设施和安置点的所有需求。当地民政部门评估资源（食品、水和人员）以及在安置点部署资源。

相反，在省级层面，由省级减灾委员会协调关怀灾民活动，保障支持机构制定需要的计划。省级减灾中心为社会组织提供服务协调捐赠管理以支持关怀灾民运作。省应急办、应急服务部协调提供安全资源。省应急办技术支持服务部保障安置点通讯能力。省应急办基础部保障安置点电力供应能力。省级抗震救灾指挥部要求当地提供库存和资源信息，协调当地政府救援机构完成现场的关怀灾民运作。

7.2　人道物流协同运作流程的 SADT 建模

从 2008 年的汶川地震、2013 年的芦山地震到 2014 年的鲁甸地震，军队、地方政府和救援组织在人道物流运作中的协同、协作和协调形式越来越多。这种趋势要求救援参与者相互交流、协作和协调，改善各自的授权、能力和局限。本节使用系统分析和设计技术（SADT）解释如何跨越整个灾难管理生命周期进行更有效的军队-地方政府和救援组织协同。

7.2.1　人道物流中的军地协同模型

本书将参与救援的部队、武警、公安、预备役等统称为"军队"，救援组织包括"地方政府"和"民间组织"，其中民企、国企、慈善机构和志愿者等统称为"民间组织"。虽然"地方政府"和"民间组织"都属于救援组织，但由于两者存在功能差异，因此对两者分开描述。

军队、地方政府及救援组织协同进行救援并不是一个新现象，当自然或人为灾难发生时，地方政府经常向军方求助，因为军方具备一些即时资源，如食物、药品和燃料以及后勤资源的运输、通信和人力资源。军队对救援组织的支持有两方面：一是提供安全保护，如军队护送救援车队；二是提供军队资产，包括装备（卡车或直升机）、技能和知识（医疗和工程专业知识）以及人力。军队能协同完成提供人道救助、保护人道救助、救助难民和安置灾民，实施和平协议，恢复秩序。人道物流中的军地协调如图 7.4 所示。

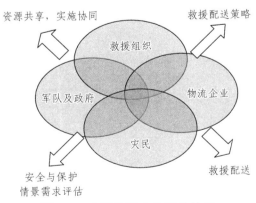

图 7.4　人道物流中的军地协同

军队是我国抢险救灾的突击力量，是"先头兵"和"主力兵"，这已成为中国特色的救灾传统的一部分。军队是自上而下的垂直结构，强调命令和控制，具有标准化的行为准则和清晰的职权和责任纲领，是中国最有组织、最有纪律的一支力量。军队可以说是当仁不让地成为应对这些灾难的主体力量。

抢险救灾等非战争军事行动任务已成为军队的第三优先职责，仅次于捍卫国家主权和打赢战争等传统军队职责。中国国防部 2013 年 4 月发布的《中国武装力量的多样化运用》白皮书指出，中国武装力量始终是抢险救灾的突击力量，承担最紧急、最艰难、最危险的救援任务。白皮书称，在解放军应急办公室的协调下，中国已组建抗洪抢险应急部队、地震灾害紧急救援队、核生化应急救援队、空中紧急运输服务队、海上应急搜救队、应急机动通信保障队和医疗防御救援队等 9 类 5 万人的国家级应急专业力量，随时待命应对洪涝、地震、核生化危机、海上紧情和疫情等九类突发情况。各军区会同地方政府组建了 4.5 万人的省级应急专业力量。

在灾难面前，中国军人都是抱着打仗的心态在救灾，甚至冒着生命危险抢救平民，这在其他一些国家实属罕见。但是军队、地方政府和救援组织之间的合作、协调，往往是不均匀且不确定的。对军队而言，救援组织并不是一个好的合作伙伴。尽管在过去十多年（从 1998 年的抗洪抢险，到 2008 年初南方雨雪冰冻灾害，从 2008 年汶川地震、2010 年玉树地震、2013 年芦山地震，到 2014 年鲁甸地震）历次重特大灾害救援中，双方的知识已经得到增长，但军方、政府和救援组织通常都不能理解彼此的组织架构和操作程序，很多军方政府官员对救援组织特殊的准则和信条缺乏了解，不完全认可救援组织的工作；救援组织因不了解军队和政府的层次结构而有微词，军方不知道这种缺乏知识和纪律的组织被视为救援机构的原因。

人道物流中军队-地方的协同机制是指军队和地方救援组织如何在国家的政策下，制定出合理的合作制度、合作方法与合作领域等，以更好地应对突发事件。例如，在准备阶段，地方政府搜集当地的人口数量、房屋质量、道路情况、通讯能力和地形条件等信息，交由军队分析研究，使得军队能根据灾难等级迅速确定有效的救援方案，同时偏远山区位置地形图能帮助直升机确定最近的停机坪选择。军队根据人口信息等确定出合理的物资储备量，与地方救援组织联合储备，既能避免重复储备而造成的浪费，也有利于救援时的分工合作，军队-地方双方应积极响应应急救援的号召，在救援时将时间和速度放在首位，国家也应制定相应的补偿机制和奖励机制。军队在救援中的优势是具有出色的前线救援能力，而地方救援组织的特点是擅长于物资储备、运输和部分协助工作，双方优势互补，分工明确，为双方合作提供了良好的基础。军队将物资的储备、搜集与运输任务交由地方救援组织完成，自己负责灾区的救援活动，两方互不重叠、干扰，达到融合高效的人道物流协同水平。

改善军队政府和救援组织之间协同关系的障碍有很多，但并不是不可克服的。大型人道运作的现实已经逐渐迫使政府及军队-民间协同成为必须。军事物流和人道物流的相似性为政府和救援组织之间协同奠定了基础，它们互补性的差异化也是政府和救援组织之间协同的充分条件。为了解决协同方面的问题，可以通过系统分析和设计技术（SADT）可视化工具为它们建立伙伴关系提供路径步骤，并建立人道物流协同的 SADT 模型，以此来理解人道物流参与者之间的互动关系，以及解释如何在一个复杂的紧急情况下更有效地实现人道运作协同。

军事物流与人道物流各自具有不同的特点，两者之间相同点和相异点如表 7.2 和表 7.3 所示。

表 7.2　军事物流与人道物流相同点分析

军事物流与民用物流相同点
运输：通过运输工具从供应点向需求点运输
响应：物流速度快、准确，响应快速
库存：具有一定的物资储备能力
系统：各自有一套完整的物流体系
物资：平时都储备有食品、饮用水、药品和油料

表 7.3　军事物流与人道物流相异点分析

	军事物流	人道物流
物资储备	帐篷、棉被、大型救援机械、医疗器械	小型救援器械、募捐的衣物
运输能力	主要依靠卡车和直升机进行物资运输，运输能力有限并且不适宜远距离救援，适合最后一公里运输	主要依靠铁路、航空和公路进行物资运输，运量大运力集中，有大量物流基础设施，适合干线运输及部分配送运输
人员配备	武警交通部队、水电部队、工程兵部队以及其他快速反应部队	员工、卡车司机、志愿者
临时配送点选择	可选择军用设施，借用民用设施或临时搭建	使用民用设施
通讯能力	除电话以外，还拥有卫星电话、无线电等高科技通讯设备	电话通讯
指挥能力	能调动地方政府、民间企业及慈善机构人员	指挥安排企业内部人员活动

7.2.2　基于 SADT 的人道物流运作分析

结构化分析和设计技术 SADT（Structured Analysis and Design Technique）是用于解决复杂的系统问题的一种工具。它已被应用到各种问题如系统维护和诊断、金融管理和库存控制等。

人道物流系统是关于众多参与者的复杂系统，参与者之间有着许多输入流和输出流，分别位于不同的层面中。为了阐明人道物流运作中的协同功能，SADT 通过一个面向团队的、有条理的结构化功能活动模块处理复杂性、用简洁完整的文字和图形清晰直观易懂地表述系统的活动和数据，微观分析该系统的内部流程，标注多态的输入流和输出流，并允许对系统进行自上而下逐步求精的分解，逐步分解出基本的流程元素，从而能在宏观和系统角度识别出潜在的因果关系。

IDEF0 是在 SADT 基础上发展起来的一种对系统流程进行建模的语言。IDEF0 方法的基本思想是结构化分析，它用有层次的图表结构来表示整个系统的层次结构。如图 7.4 所示，图中方框表示所要描述的系统的一部分功能，箭头表示图中各方框之间的制约关系。整个系统以结构分解的方法，自顶向下、一层层地分解而得到。IDEF0 还创建了一套分析程序，用于理解还未实现的系统。IDEF0 图形语言用一种独特且唯一的方式组织自然语言，克服了自然语言表述的啰唆、重复，并受到人的理解的限制。正因如此，IDEF0 可以详细描述复杂的系统。

IDEF0 基本形式如图 7.5 所示，方框代表系统功能活动，链接到方框上的箭头表示由活动产生的或活动所需要的信息或真实对象（而不是代表流或顺序），它们分别是输入、控制、输出与机制。控制和输入表示为完成此活动所需要的数据，其中控制说明了控制变换的条件或环境，或者说是约束；输出表示执行活动时产生的数据；机制表示执行基础或支撑条件，最典型的是各种设备、人员等。另外，一个方框上的输出可以连到另一个方框的输入或控制，该连接表示一种约束，即表示接收数据方框的执行条件，接收数据方框可利用输出数据方框所产生的数据。

SADT 通过功能分解步骤全面理解人道物流中的组成部分和活动，提高人道运作的伙伴关系。系统的事物（things）控制着系统的转变，好的功能分解依赖于系统对事物的正确区分。控制箭头包括规则以及对功能运作的约束。输入箭头包括要变换的事物。因此控制箭头和输入箭头分别表示事物的不同特征。机制箭头描述一个特定功能是如何实现的（如何完成或由谁来完成）。

灾难管理是一个具有四个阶段的流程，相应的人道物流在不同灾难管理阶段的运作是有区别的。首先建立 SADT 根节点，如图 7.6 所示。人道物流协同流程不仅要处置复杂的突发事件（节点 A0 的左边），还要产生一个成功的伙伴关系和成果（节点 A0 的右边）。

图 7.5　IDEF0 基本模型图　　　　　图 7.6　人道物流 SADT 协同模型的根节点 A0

在灾难救援中，所有参与者在相同的运作环境中可以单独运作，也可以协同运作。SADT 分三个阶段标记人道物流运作，图 7.7 显示了每个阶段系列的输入流和输出流，每个前续节点为下一个节点提供输入。在参与者、利益相关者以及政策的控制下，各救援主体对整个救援系统的内外部情况进行分析，在信息、人力、资金的支持下，期望最终实现对灾民的成功救援。

根据灾害生命周期的划分，将人道物流协同运作流程活动分为三个阶段：准备阶段、应对阶段和恢复重建阶段。采用 SADT 分析方法，将人道物流在灾难管理中的三个阶段进行逐层分解，分析其每个阶段的相关主体及其相互关联的活动，有助于后面对其形成机理的分析。如图 7.7 所示，准备阶段和应对阶段都要受军地双方、利益相关者和政策的控制，准备阶段主要进行物资的采购和储存并输出物资，应对阶段进行物资运输，且不断有救援主体加入到救援活动中，而在恢复重建阶段，随着救援活动进入尾声，救援主体也会陆续离开救援系统。

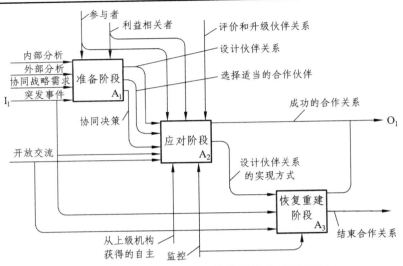

图 7.7　人道物流协同运作流程的 SADT 模型

7.2.3　准备阶段的 SADT 模型

图 7.8 所示是对准备阶段活动模块的分解。准备阶段分为三个步骤，第一步是由每个参与者决定是否进行合作（节点 A11），这种战略需求是联盟形成的第一步。当参与者的能力是变化或碎片化时，就需要团结，将碎片化的组织需求强化为一个统一需求，创造一个有效的谈判能力或杠杆能力。因此人道运作伙伴选择的基础是需求评估，每个参与者都要在内部分析及外部分析后才作出相应的决定。

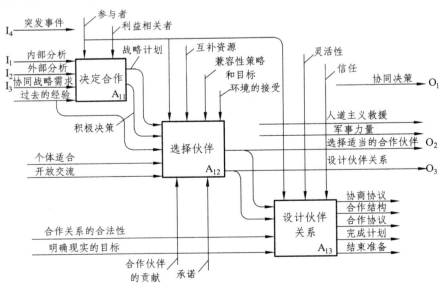

图 7.8　人道物流协同运作流程在准备阶段的 SADT 模型

兼容的战略和目标、柔性及信任是影响合作伙伴选择的关键因素（节点 A12）。然而，大多数的救援组织缺乏运输能力、安全性和计划能力。此外，由于内部的优势和劣势以及外部的机会及威胁，每个参与者都可以决定是否进行合作。合作有几个可能的动机，如武力保护、规模经济（范围经济）、资源依赖。如果一个参与者决定要协同，就需要提出一个战略规划，计划未来伙伴关系的目标和目的。

当参与者决定合作之后，一个参与者必须选择一个或多个适当的合作伙伴。如果一个参与者认为合作是有前途的，就进入第二个步骤，即选择适当的合作伙伴。潜在伙伴所拥有资源的大小和性质要被评估和调查，以便在协同时匹配这些资源。选择伙伴时，要特别关心伙伴的优势地位或潜力，以及防止伙伴在人道环境中牟利，这些都要在节点 A12 中注明。

为了选择伙伴，每个参与者都应该拟定一个选择标准，该标准要明确预期的伙伴关系任务和预期的伙伴。合作伙伴最重要的标准是一个机构组织的能力（即互补的资源）、人力、设备和技术援助。如表 7.4 所示。

表 7.4　协同伙伴关系的选择标准

协同任务相关的标准	（1）资源互补； （2）战略和目标的兼容； （3）增加合作伙伴的价值； （4）环境的适应； （5）合作伙伴补充或平衡贡献； （6）相互依存程度
合作伙伴相关的标准	（1）人员匹配：伙伴间要有人员互派； （2）文化的兼容：语言相通，组织架构类似； （3）先前经验和伙伴声誉：出名的机构毫无疑问地就是一个好的伙伴；一般不考虑与不熟悉的机构协作；另外当完成了一次协作，通常伙伴要决定新的合作活动； （4）伙伴组织的网络：领导组织与其他救援组织有大量的契约，与这些组织合作能够非常容易地接触到其他组织； （5）兼容的战略和目标：实施人道救助，赢得当地群众的民心； （6）柔性：增加柔性以适应不同的灾难救援情况； （7）可靠性：救援机构有可能不遵守协议或认为约定不适合； （8）人道原则：军队和政府可能违背人道三原则； （9）合作伙伴成为竞争对手的风险：许多救援机构为吸引媒体注意而竞争

最后步骤（节点 A13）是确定合作关系，包括组织结构、准备措施和培训。缺乏协调经常导致"最后一公里"混乱。一个选项就是制定协同协议。在决定合作之后，预期伙伴就必须协商设计合作关系，包括约束合作伙伴的协议。协议是建立在信任上的，但是也可以通过书面协议的形式体现，如提供房间和运输救援物资。

当军队、地方政府和民间救援机构相互间选定了合作伙伴，就要在准备阶段建立起军地协同的人道物流。通过图 7.9 可以看出，军民双方在准备阶段，主要在物资储备过程有重叠。因此在物资储备过程中，军队与民间组织可以相互协调，进行救灾物资的共同存储，合理优化库存策略，并采用 RFID（射频识别）技术，通过电脑进行远程物资管理，构建一个应急物资的物联网。同时统一技术标准，便于军民间相互替代运输。

　　各级地方政府可以修建小型物资储备库，储备军队与民间组织的应急救援物资。在应急预案的制定方面，军队负责潜在受灾地区的各项资料收集工作，包括人口数量、道路情况和通讯条件等，将资料交由具有相关研究经验的学者及应急物流理论研究者。此外，根据物资储备情况，利用科学理论探究与仿真相结合的方法制定出合理的应急预案。应急演练中可以发现应急预案中的不足，并提高军民融合水平。

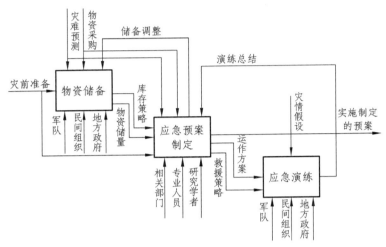

图 7.9　准备阶段中人道物流军地协同的 IDEF0 分析图

7.2.4　应对阶段的 SADT 模型

　　图 7.10 是对图 7.7 中活动模块 A2 的分解。在应对阶段，要实现合作关系，在实现合作的过程中，定义实际的合作关系又会产生许多新问题。例如一个合作伙伴不应在实现过程中寻求主导控制地位，因为这可能会使合作伙伴泄气，应该更多地关注人力资源问题、不同文化制度的融合。

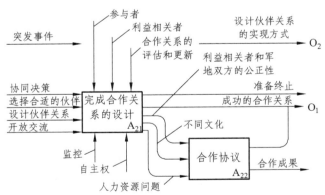

图 7.10　人道物流协同运作流程在应对阶段的 SADT 模型

　　上级父组织为一个合作关系授予一定程度的自主权有利于决策运作问题，包括维护良好关系和培育它们的协作。建立合作关系必须考虑各种各样的利益相关者（如政府）和参与者的合作偏好，它们可能更偏好与自己感兴趣的伙伴建立合作关系（如节点 A21）。

　　在开放交流中，制定的多个版本合作协议可以保证动员到正确范围内的救援物品。协同任务完成后就要终止合作关系，如果愿意继续合作关系，必须制定一个新的计划。在应对阶段中的主要问题是协同供应、需求的不可预测性和为灾民运送必需物品的最后一公里问题。因此，如图 7.10 所示，在制定合作关系中需要有效的监测以及自主权。

　　在此阶段签订的合作伙伴协议要响应文化中的并存和差异、人力资源的分配、参与者之间的公正（如节点 A22）。当军队、地方政府和民间救援机构相互间选定了合作伙伴，就要在应对阶段建立起军地协同的人道物流。

　　我国现行的救灾物流网络采用的是轴辐式网络，利用枢纽点之间干线运输的规模效益和快速运输通道，既能加快物资运输速度，又能降低物流费用。例如 2013 年芦山地震中，震区周边城市作为主要的物资接收与转运枢纽，其他枢纽城市对辐射范围内的物资进行搜集，并通过铁路、公路和航空运输，将大量物资运往接收与转运枢纽，然后由接收与转运枢纽再转运至下级的配送点，最终交由抗灾前线的军队和运输队完成"最后一公里"运输。军队应在相关枢纽及配送点维持秩序，进行物资的调度，军民间相互配合，各司其职。

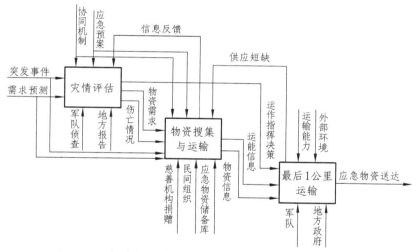

图 7.11　应对阶段中人道物流军地协同的 IDEF0 分析图

　　通过图 7.11 可知，军民在应急物流阶段的主要协同过程是物资运输，应采用民用物流替代军事物流方式进行干线物资运输，在从出救点向受灾点物资运输过程中，可采取军队主导、民间辅助的方式完成物资运输工作。现对以下两种情况：军队主导和地方主导救援中军民功能分别进行分析。

　　当发生一般灾害时，由于几乎没有伤亡人员，仅需提供应急物资保障受灾地区人员的正常生活，因此可以由地方政府及民间组织完成自救或需要部分军队的协助。若在备灾阶段，军民间共同存储应急物资，则不需要军事物流参与救援，节约了国家军队训练时间，避免了军事资源浪费。军队仅需派出少量武警官兵维持受灾地区的灾民情绪稳定，提供数据资料及灾情图片等。

　　当发生重大灾害，造成大量人员伤亡、基础设施被毁时，地方政府及民间组织完成自救已无法达到救援要求时，应采取军队主导式救援，以军队救援为核心力量，地方政府及民间组织利用自身的能力与专业优势，为军队救援解决后顾之忧。军队主要依靠专业的技术力量和装备优势进行被困人员搜救和组织群众安置、转移的工作，并向受灾点运送应急物资，在救援"黄金 72 小时"后，逐步撤出，之后由地方政府主导完成后续救援工作和灾后重建工作。

7.2.5　恢复重建阶段的 SADT 模型

图 7.12 是对图 7.7 中活动模块 A3 的分解。恢复重建阶段主要进行任务和责任的转移，以及建筑物残渣清理和灾区的重建工作。恢复重建阶段十分重要，与灾难一样都会长期地影响受灾地区。不幸的是，对于许多受灾地区，基金经常集中在短期灾难救援中，长期的重建阶段容易被忽视。此外在军地合作伙伴中，军队、地方政府和救援组织都缺乏清晰的目标。在某些运作中，军队-地方的目标是支持灾区环境，需要参与所有的救助活动，那么就难以决定运作的结束时间。

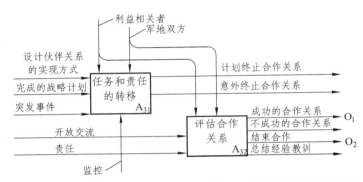

图 7.12　人道物流协同运作流程在恢复重建阶段的 SADT 模型

在重建阶段中，不论有计划还是无计划，为了防止一方长期陷入这场危机（例如当地人口、政府或救援组织长期依赖一方资源），任务和职责必须被转移。如节点 A31 右侧所示。

当有计划或无计划终止合作关系时，任务和职责通常要转移到当地。模型的最后一步是评估合作关系（如节点 A32），模型最后输出的结果是每个合作参与方的协同绩效，这对评估合作关系非常重要，可以方便捐助组织的财务审计、组织间的交流、流程经验教训的学习和活动的问责。

当军队、地方政府和民间救援机构相互间选定了合作伙伴，就要在恢复阶段建立起军地协同的人道物流。

从图 7.13 中可以看出，经过应对阶段的救援工作，灾情已基本稳定，物资需求由爆炸式增长转为平稳、确定的需求，需求物品种类也逐渐由生活必需品变为各类物品及工程建造材料。该阶段军队已基本不参与，主要依靠民间组织和地方政府完成该阶段工作。地方政府在军队工程兵及民间组织的协助下进行灾区的重建工作，军队工程兵等人员帮助修建房屋、基础设施，民间组织负责搭建简易的安置房、运输物资和发起募捐活动等，军民团结一致为灾区的重建做出贡献。

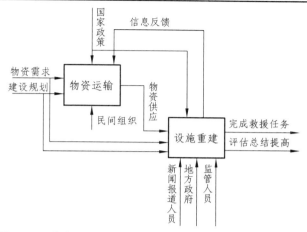

图 7.13　恢复阶段中人道物流军地协同的 IDEF0 分析图

7.3　人道物流参与者协同关系的系统基模

　　人道物流参与者之间的互动关系在利用系统分析和设计技术（SADT）揭示出来之后，需要研究参与者之间深层和复杂的内在生成关系，识别 SADT 模型中参与者间潜在的因果关系，揭示参与者协同关系的演化趋势。

7.3.1　系统基模

　　对于任何复杂的情况，都可以从事件、行为模式和系统结构三个层面来解释。在这三个层面上，只有对"系统结构"的解释是有内在生成力的，涉及行为背后的因果，有助于改变行为模式。

　　系统动力学是建立相互关系模型的重要技术，主要通过变量间的因果反馈关系建立因果关系图和流图，来识别流程输入流和输出流的因果关系，研究相互关系的作用和反馈，进而揭示系统的整体涌现性和复杂性。

　　系统基模（Systems Archetypes）是系统动力学的一个组成部分，即系统的基础模型：一系列互动模式和动态系统行为模型。系统基模用图形符号表示的反馈环和条件，以此来建立系统模型，解释系统内部各部分之间的互动关系对系统行为的影响。由于反馈环的类型、数量和关联方式的不同，就形成了不同的系统基模。

　　系统基模详细定义了涵盖社会、组织、政治或经济等多态系统行为的 10 个基模，如反应迟缓的调节回路、成长上限、舍本逐末、目标侵蚀、恶性竞争、富者愈富、共同悲剧、饮鸩止渴、成长与投资不足等。每个基模描述情景可能是消费与资源共享的相互作用、竞争与协商、改进绩效、正或负反馈、战略选择等。

　　SADT 节点间的相互关系与系统基模有相类似的特性，故将 SADT 中的输入流和输出流转化为系统基模因果环中的动态关系。用系统基模扩展 SADT 对人道物流的分析，研究深层和复杂的内生关系。系统基模要么分析趋势、要么解决问题。

用五个核心基模描述全部的人道物流 SADT 模型，这五个系统基模为：弄巧成拙/饮鸩止渴（Fixes that Fail）、意外对手/恶心竞争（Accidental Adversaries）、负担转移/舍本逐末（Shifting the Burden）、目标侵蚀（Eroding Goals）和竞争升级/恶性竞争（Escalation）。用这五个系统基模可以描述人道物流协同流程的因果环[9]，如图 7.14 所示。

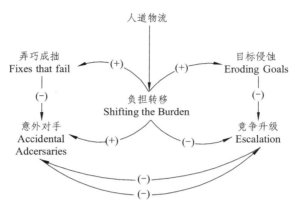

图 7.14　人道物流中顶层系统基模的因果环（来源 Heaslip，2012）

下面分别描述这五个基模在人道物流参与者中的互动模式，进一步分解系统基模，最后再集成到一个单一模型，以揭示出人道物流参与者之间更深层和更丰富的相互关系。

7.3.2 "负担转移" 系统基模

"负担转移"（Shifting the Burden）即舍本逐末，用一个简单方式处理问题，在短期内可能立即体现出正面的效果，即用"症状解"暂时消除症状。由于"根本解"是费力的，且没有立即的效果，所以容易忽视问题的根本来源。长期依赖于"症状解"，使系统因而丧失识别问题根源和解决问题的能力。一个使症状暂时消失的行为却引来更大问题。

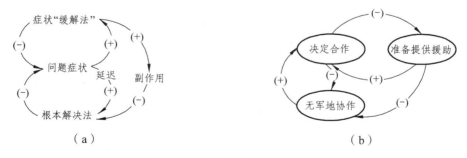

图 7.15　"负担转移" 基模

如图 7.15（a）所示，该基模由两个调节环路构成，两个都试图解决问题。上面的环路代表快速见效的症状解，它迅速解决问题症状，但只是暂时的。下面的环路包含了时间滞延，它代表较根本的解决方式，但其效果要较长的时间才会显现出来。然而它可能是唯一持久见效的方式。

"负担转移"的结构说明了许多立意甚佳的"解决方案",长期来看会将事情弄得更糟。这种短期而立即见效的解决方案诱惑力很大。缓和问题的症状的确解除某些压力,但也降低了找出更根本解决方法的念头。此时,潜在的问题不但没解决,甚至可能恶化;有时症状解的副作用火上加油,使问题更严重。一段时间之后,大家越来越依赖症状解,渐渐成为唯一的解。有些公司的管理者在处理人事问题的过程中,就常含有"负担转移"的结构。"负担转移"最严重的后果是"目标腐蚀"。

"负担转移"表述了实现人道物流合作关系的方式,如图 7.15(b)所示。这就等同于 SADT 节点 A12 和节点 A13 分别描述的选择伙伴挑战和设计伙伴关系挑战。这已在 SADT 的准备阶段注明。准备阶段是整个流程的一个逻辑上和实际上的起点,这部分是图 7.14"负担转移"节点的分解展开,其固有的风险是选择了一个症状解,即选择援助提供伙伴,但这不是根本解,无法从根本上解决突发事件情景下必须解决的问题。也就是说,不能仅仅将救助提供的准备看成一个孤立的任务,因为其结果不仅可能因使命不同,而无意识地相互对立(图 7.14 的左下方),还会对参与者预测的工作关系产生负面影响,相互误解,并感到对方的威胁(图 7.14 的右下方)。

7.3.3　"弄巧成拙"系统基模

"弄巧成拙"(Fixes that Fail)即饮鸩止渴,是系统动力学的一个系统基模,用于描述这样一种情况,短期内有效的修补措施给系统的长期行为带来了侧边效应,不断恶化原问题,可能造成不断使用更多修补措施的需要。与"负担转移"(Shifting the Burden)基模类似。

该基模可以用一个因果循环来描述,系统有两个反馈环,一个是修补行动的平衡反馈环 B1;第二个是意外后果的增强型反馈环 R2,该环对问题的影响是延迟的,因此很难认识到产生新问题的来源。如图 7.16 (a)所示。

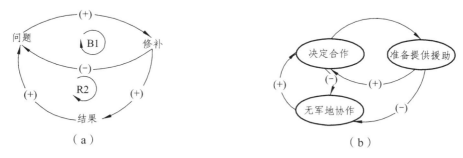

图 7.16　"弄巧成拙"基模

人道物流的"弄巧成拙"基模位于图 7.14 的左上部分,启动"决定合作"(准备阶段的部分内容),自然导致"准备提供援助"和适当时候安排必要救助或响应,但会产生一个风险就是救援参与者可能不会协同。产生不协同风险的原因在于,这里有大量的因素如范围、规模、社会、组织、训练、能力等影响着灾难救援的效果,所以这种方式的潜在输出因未达到灾难救援效果会导致负面反馈,即负面影响救援机构与政府军队联合提供救助的情况。这部分因果图与"弄巧成拙"基模相关,最终表达的是救援参与者之间的相互关系是脆弱的,而且还非常容易瓦解。

7.3.4 "意外对手" 系统基模

"意外对手"（Accidental Adversaries）即恶心竞争，是系统动力学建模中的系统基模，描述了一种退化模式：

当两个主体决定为一个共同目标相互协作时，双方都以为采取的行动会给对方带来益处，都能从协同中获益。当主体一方或双方因外部压力需要修补一个局部绩效间隙，而这个修补行动意外地削弱了彼此的成功时，合作行为的结局可能在主体间产生不满和挫折感，从而将合作的主体转变为了对手，联盟被瓦解。与 "竞争升级"（Escalation）基模类似。

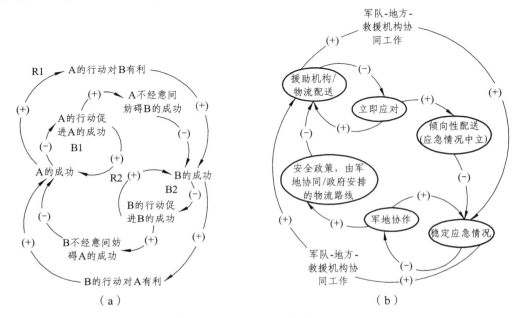

图 7.17 "意外对手" 基模

该基模的因果环如图 7.17（a）所示，其行为模式从外部的强化环 R1 开始，A 与 B 构成彼此都受益的协力联盟。A 采用一个对 B 有利的行动，增加了 B 的成功，反之亦然。一段时间后，B 为调整绩效启动了一系列修补行动，该行动增加了 B 的绩效，产生了一个平衡环 B2，但也不经意间妨碍了另一方的成功，形成了负增益环 R2，该环意外地削弱了正增益环 R1。这样 B 采取的修补行动使得 A 也要开始修补其绩效，同样激活它自己的平衡环 B1。形成的 R2 是动力协同失去控制的关键点。

人道物流的 "意外对手"（Accidental Adversaries）系统基模位于图 7-14 中的左下方，该基模的因果环如图 7.17（b）所示。该基模与双方彼此理解或误解关键援助提供方的立即应对运作情况相关，情况可能认识到救援倾向性（中立），例如为热点灾区提供救助或交通便利的地区提供救助；或给灾民提供直接救助，而不顾灾民的实际状态或条件。很明显这会带来正面或负面的稳定影响，即 "稳定应急情况"（在 SADT 模型中的 A21 节点中描述）。

如果在整个人道物流生命周期中没有保持救援中立，政府机构在安排物流路线（如交通管制）时可能会使各方产生冲突，给救助的发送带来负面影响。这部分图包含了军队-地方-救援机构的相互关系，它们不仅要发送救援，还要寻求协作以稳定复杂的突发事件（SADT 模型中的 A12 节点中描述）。

7.3.5 "竞争升级"系统基模

"竞争升级"（Escalation）即恶性竞争，可以被视为一个非合作博弈，双方期望只有自己一方能赢。它们为了提防对方，要对另一方的行动做出响应。进攻增加会带来自我破坏行为。双方往往把自己的行为看成是对对方的防卫反应，而各自的"防卫"行动导致双方都不愿意看到的恶性循环，其因果环如图 7.18（a）所示。

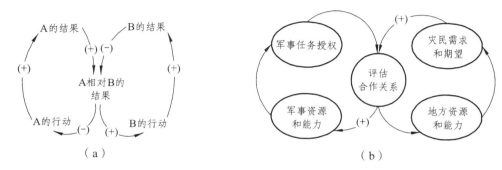

图 7.18　"竞争升级"基模

在图 7.14 的右下方，为人道物流的"竞争升级"（Escalation）基模，其因果环如图 7.18（b）所示，注意要力求避免前一个因果环产生的有意或无意的输出，也就是要避免来自其他参与者行动所造成的有意的、能感知或预期的威胁。在这个因果环中央是"持续监控和评估救援合作关系"，如果只有两个参与者时，该环就相对简单。该环来自于 SADT 模型的 A21 节点。在这里军队、地方政府和救援机构都有各自可察觉的或意识到的任务、授权和能力，当把这些任务、授权和任务集中在一起时，就可以完成它们共同努力的目标。这种情况还可能扩展到灾难的恢复阶段，即任务转移到基本服务、基础设施和生活方式的重建、再生和振兴。这是可识别的正向因果连接，反映了 SADT 模型中的 A31 和 A32 节点。

7.3.6 "目标侵蚀"系统基模

"目标侵蚀"（Eroding Goals）是一个类似"舍本逐末"的基模。当前问题需要立即处理，逐步降低长期、根本目标。如图 7.19（a）所示。

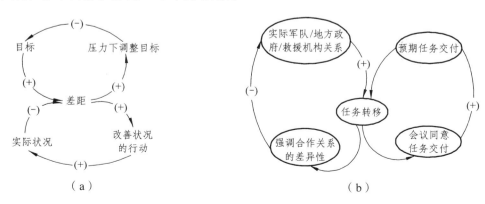

图 7.19　"目标侵蚀"基模

图 7.14 的右上方是"目标侵蚀"基模，即一旦选定了伙伴，就要识别合适的应急应对任务（节点 A31）。为发送援助而进行的任务分配时，需要反映所有参与者的预期任务责任和实际任务责任，处理每个合作关系的差异性。这样就逐步降低最初的目标和使命，最终因内外压力而防弃要努力实现的目标，如图 7.19（b）所示。

7.4　人道物流参与者协同的因果关系分析

上节分别用五个系统基模（弄巧成拙、意外对手、负担转移、目标侵蚀和竞争升级）分别描述了人道物流参与者之间单个因果关系。为了全面理解人道物流各参与者之间的相互关系，本节将这五个模型集成到图 7.14 中形成一个如图 7.20 所示的单一模型，以揭示人道物流参与者之间更深层和更丰富的因果关系。

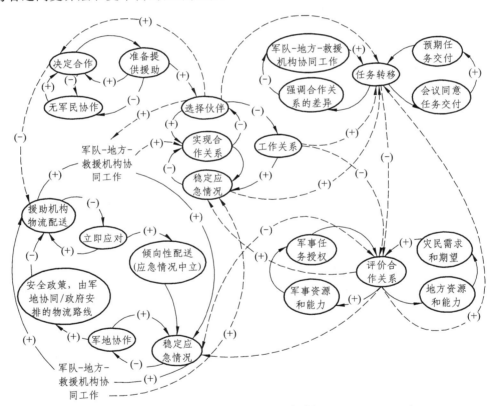

图 7.20　人道物流详细的因果关系图（来源 Heaslip,2012）

在人道物流运作中，所有的参与者都会受到一连串调节，其目的是解除苦难、改善物流、相互交流和供应救援，可以用经典的"负担转移"来描述。"负担转移"位于图形的中心区域，期望执行一系列调节获得快速成功。因此"负担转移"是症状解而不是根本解。这就等同于 SADT 节点 A12 和节点 A13 分别描述的伙伴选择挑战和合作关系设计。

与此相呼应，忽略或不重视人道物流运作所面临的潜在根本问题，而仅仅只解决短期问题，可能对协同救援造成负面影响，歪曲人道支持，把一方的行动认为是对另一方的威胁，即"竞争升级"，即图 7.8 中节点 A12 所描述的承诺水平、贡献和互补战略。

例如，军队-地方政府与救援机构间有时会出现微妙的关系，它们在不同的授权下从事共同事业：前者要保持灾区稳定和尽可能中立地提供安全的社会政治环境，后者给灾民提供与政治无关的关怀和人道救助。反过来，这会提供和设置一个在参与者之间不经意地产生敌意的隐患基础，虽然它们需要共同工作，但最终真的成为了"意外对手"。在这种情况下，灾民、物流企业和救援机构之间的联结相当脆弱，SADT 模型节点 A21 定义的设计协商、合作关系协议和预期成果成为了恶化联结的因素或行为，如图 7.10 所示。军队-政府与物流企业会寻求实现短期运作成果（为了发送商品和资源的授权，如安全陆地、海洋和空域）；救援机构和灾民可能寻求完成长期目标（确保社会、经济和政治的内聚性，以帮助个人和社区自我维持和自立）。

本质上，"意外对手"和"竞争升级"这两种基模在这种情况下是彼此相互对立的。虽然人道运作可能"负担转移"，并被相关参与者误解，但仍有可能成功地合作，这种合作最终会以彼此成为对手而终止。（例如从"负担转移"到"弄巧成拙"的环）

类似地，在相反方向，从一个参与者到另一个参与者的"负担转移"可能逐步降低最初的目标和人道救助的使命，即造成"目标侵蚀"。最终，尽力要完成的目标在内外压力不足情况下被逐步降低。

例如，救援机构实施了为从灾区转移出来的灾民提供避难所和食物的救援运作，这种运作主动地加剧了整个社区的迁移，而原社区恰恰是需要集中援助的（因此降低了从一个群体到其他群体的救援效果）。还有一个严重的后果就是在追逐"下一个最好事情"和快速解决问题时，制度化地不断改变运作目标（即 SADT 模型节点 A22 和 A31 中的合作关系成果和有计划/无计划的合作关系终止），使得人道目标逐渐被调整或蠕变。这就是在图 7.20 中有一个负面输出可能导致"竞争升级"的情况。

通过详细系统基模的因果图可以发现妨碍救援组织愿意协同的障碍如下：

（1）核心竞争力问题。救援参与者感知物流是组织的核心竞争力之一，害怕依靠其他组织的服务和技能，失去对物流流程的管理和丢失有价值的供应商合同。因此勉强依赖于其他组织。

（2）文化差异和相互信任。组织文化差异以及不信任阻碍做协作的实施和维护。

（3）当组织与同类组合协作时，很难区分这些组织时会不利于协作。

（4）一个参与者很难让所有参与者都能满意地合作，很难确定和分析潜在伙伴的战略能力、组织能力和可靠性。这就要求协同组织要评估参与者是否提供了能协作的必要资格，明确必要资格有哪些。同时参与者自身需要透露出能说服其他组织参与协作的信息。

（5）竞争伙伴很难协同。协同救援中的参与方相互之间的竞争程度影响着潜在益处的实现。非竞争伙伴间更易协同。如果竞争伙伴进行物流协作，物流协作不能成为其竞争优势，不愿意共享信息和计划数据，就难以从合并和联合计划中获得益处。

（6）缺乏透明感知潜在及已有合作益处会妨碍协同。但如果感知到实质的净益处，参与者愿意横向物流协同。

（7）冲突的组织使命和原则会妨碍协同。

（8）匮乏的可得资源和不充足的救援能力会妨碍协同。

7.5　本章小结

本章主要讲述了人道物流协同运作流程建模，包括 BPMN 建模、SADT 建模、系统基模，以降低人道物流协同运作的复杂性，提高人道物流运作的效率和效益。首先，分析了人道物流协同的关键因素——平衡、同步、培训，进而用 BPMN 总结出了人道物流协同运作的模型框架，以红十字与红新月国际联合会为例，构建了人道物流协同运作模型，同时，关怀和安置灾民作为人道物流中主要的协同运作，建立了其 BPMN 模型。其次，对人道物流协同运作流程进行 SADT 建模，使得在整个灾难管理生命周期内，军队、地方政府和各救援组织到达更高效的协同。并着重分析了应对阶段的 SADT 模型，揭示了人道救援中各参与者的任务，及他们之间的关系。最后，进行了人道物流参与者协同的因果关系分析，将五个系统基模（弄巧成拙、意外对手、负担转移、目标侵蚀和竞争升级）集合到一起，形成一个单一模型，以展现出人道物流参与者之间更深层和更丰富的因果关系，并揭示出妨碍组织意愿协同的六大障碍。

第8章　人道救援物流定量协同模型

针对人道物流供应网络，建立不考虑位置决策的库存协同模型，考虑灾前的供应协同来减少救援物资的可能损失，灾后则通过分配物资救助受灾人群，研究供应节点间采取协同策略时对人道物流的影响。以雅安地震为实例，在适用条件下，利用灾前的短期、临期预测信息进行库存前置，得到具体的协同方案，对比有限协同和无协同两种情景下的救援效率和效益，量化采取协同策略时对人道救援满足率、救援成本等相关参数的影响。

8.1　协同模型描述

8.1.1　模型假设

本章研究的对象是一个供应网络，该网络可以通过灾前的供应重置来减少救援物资的损失，灾后则通过物资分配救助受灾人群。根据灾难的预报结果，供应网络中的供应节点分为受影响和不受影响两类。如图 8.1 所示，受影响供应节点的物资为本地物资，指距离受灾地区较近、可由当地政府机关管辖的供应物资，在受影响范围内的红色节点表示受影响供应节点，其能力由初始库存和存储容量表示。不受影响供应节点的物资即为外部物资，是指外部机构的可用物资，蓝色节点表示不受影响供应节点，其能力由可用库存和备用容量来描述，备用容量可以保证灾后大宗物资从不受影响库存节点到灾难现场的转运。虚线范围内是受灾难影响的范围，需求节点都包含在这个范围内。网络中每个供应节点对应于一个设施如仓库或配送中心（目的是持有大量的救援物资），这些供应节点分为受影响节点（集合 A）和未落在灾害区域内、不受影响节点（集合 N）。所有供应节点的集合定义为 $N+=N \cup A$，所有需求节点的集合是 H。

人道救援物流协同过程示意图如图 8.1 所示，第一阶段通过采取协同策略（供应物资在供应节点间调配）提高救援效率并减少救援物资的损失，此阶段物资仅在供应节点之间运送，不限容量；第二阶段是灾后响应阶段，通过配送物资救助受灾人群，物资在供应节点之间以及供给节点与需求节点运输以满足需求。问题的目标是建立二阶段随机线性规划模型，表示整个协同救援过程，在成功实现救援的基础上追求整个救援物流网络运作成本的最小。

模型假设如下：

（1）假设灾难的发生是可预测且可预报的；

（2）灾难发生之前，需求节点的初始需求预测是已知的，与需求节点的人口数量相关。

灾难发生后，如果附近的和流离失所的居民都对物资有需求，那么实际需求量可能会增加；反之，如果受灾地区的居民被转移到其他安全地区或者该地区基本未受灾难的影响，那么实际需求量可能会减少。这种需求变化由需求变化因子表示，需求变化因子是关于初始需求预测和需求节点到灾难发生点距离的一个函数。同样，如果供应节点所在地域受到灾难影响，供应节点可能会由于设备损坏造成供应减少。这种供应变化由供给变化因子表示，供应变化因子是关于灾难发生的严重程度和供应节点到灾难发生点距离的一个函数；

（3）假设系统决策者了解灾难预报情况，并在灾难发生后采取积极措施统筹人道救援物资的分配；

（4）供应节点之间的相互联系可以具体化为物理设施（如省市之间或国家之间的运输路线等），通常这些运输线路会有容量限制，在本章模型建立中，线路上的容量限制不被考虑在内；

（5）本模型中用拥堵系数来表示响应阶段由于道路损坏而造成的运输服务水平下降（如节点之间运输时间变长）。

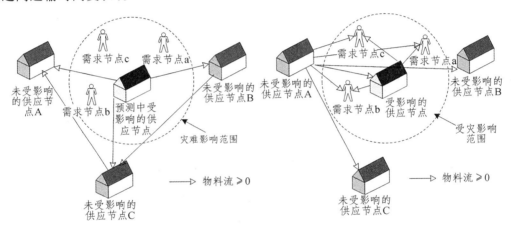

图 8.1　人道物流协同过程示意图

8.1.2　模型参变量说明

在上述分析的基础上，本章建立一个两阶段模型：第一阶段为前置决策阶段，整合灾难数据信息，在供应节点之间进行物资调配；第二阶段则为响应阶段，供应节点向需求节点分配救灾物资或者供应节点间进行物资的转运。根据灾难的严重程度将灾难情景类型定义为 ω，不同级别的灾难发生的概率为 P_ω。在建立协同模型之前对模型中涉及的变量和常量进行说明。

（1）第一阶段决策变量：

S_n——物资前置后供应节点 n 的物资数量，$n \in N^+$；

x_{nj}——供应节点 n 运至供应节点 j 的物资数量，$n \in N^+$，$j \in N$；

Z_n——供应点 n 的未被利用的库存能力，$n \in N^+$；

$a_{nj} = \begin{cases} 0 & otherwise \\ 1 & \text{从供应节点}n\text{到}j\text{有运量} \end{cases}$　　　$n \in N^+, j \in N$。

（1）第二阶段决策变量：

$u_{h\omega}$——灾难情景 ω 时需求节点 h 未满足的需求数量，$h \in H$；

$w_{jn\omega}$——灾难情景 ω 时供应节点 j 运至供应节点 n 的物资数量，$n \in N^+$；

$y_{nh\omega}$——灾难情景 ω 时供应节点 n 运至需求节点 h 的物资数量，$n \in N^+$，$h \in H$；

$b_{nh\omega} = \begin{cases} 0, & otherwise \\ 1, & 灾难情景\omega时供应节点n到需求节点h有运量 \end{cases}$　$n \in N^+$，$h \in H$。

（2）供应节点参数：

I_n——物资前置前供应节点 n 的初始库存，$n \in N^+$；

C_n——节点 n 的存储容量（$n \in A$）/备用容量，（$n \in N$），$n \in N^+$；

C_p——供应物资损失的处罚成本；

T_1——第一阶段中允许进行前置决策的最长时间；

K_1——拥堵系数（km/h），近似于运输速度；

d_{nj}^s——供应节点 n 与供应节点 j 之间的距离（km），$n,j \in N^+$。

（3）需求节点参数：

F_h——灾前需求节点 h 的预测需求，$h \in H$；

T_2——第二阶段中允许的最长响应时间；

v_h——需求节点 h 未需求被满足的单位成本，$h \in H$；

d_{nh}^d——供应节点 n 到需求节点 h 的距离，$n \in N^+$，$h \in H$；

$m_{h\omega}$——灾难情景 ω 时，需求节点 h 必须满足的需求比例；

$K_{2\omega}$——灾难情景 ω 时的特定拥堵系数（km/h），近似于运输速度。

（4）供应和需求变化系数：

$R_{n\omega}$——灾难情景 ω 时，供应节点 n 的供应变化系数，$n \in N^+$ 且 $0 \leqslant R_{n\omega} \leqslant 1$；

γ_{hw}——灾难情景 ω 时，需求节点 h 的需求变化系数，$h \in H$。

8.2　建立协同模型

利用上节中符号定义，建立二阶段随机线性规划模型如下[71]：

$$\min Z = \sum_{n \in N^+} \sum_{j \in N^+} x_{nj} d_{nj}^s + \sum_{\omega \in \Omega} p_\omega \left\{ \sum_{n \in N^+} \sum_{h \in H} y_{nh\omega} d_{nh}^d + \sum_{n \in N^+} \sum_{j \in N^+} w_{nj\omega} d_{nj}^s + \right.$$
$$\left. \sum_{h \in H} u_{h\omega} v_h + \sum_{n \in N^+} S_n (1 - R_{n\omega}) c_p \right\} \tag{8.1}$$

s.t

$$\sum_{j \in N} x_{nj} + S_n = \sum_{j \in N} x_{jn} + I_n, \forall n \in N^+ \tag{8.2}$$

$$\sum_{j \in N} x_{nj} \leqslant I_n, \forall n \in N^+ \tag{8.3}$$

$$S_n + z_n = C_n, \forall n \in N^+ \tag{8.4}$$

$$a_{nj}d_{nj}^s \leqslant T_1 K_1, \ \forall n, \ j \in N^+ \tag{8.5}$$

$$x_{nj} < I_n a_{nj}, \forall n \in N^+, j \in N \tag{8.6}$$

$$\sum_{j \in N^+} w_{nj\omega} + \sum_{h \in H} y_{nh\omega} \leqslant S_n R_{n\omega} + \sum_{i \in N^+} w_{in\omega}, \forall n \in N^+, \ \omega \in \Omega \tag{8.7}$$

$$\sum_{n \in N^+} y_{nh\omega} + u_{h\omega} = F_h \gamma_{h\omega}, \forall h \in H, \omega \in \Omega \tag{8.8}$$

$$\sum_{n \in N^+} y_{nh\omega} \geqslant m_{yh\omega} F_h \gamma_{h\omega}, \ \forall h \in H, \ \omega \in \Omega \tag{8.9}$$

$$b_{nh\omega}d_{nh}^d \leqslant T_2 K_{2\omega}, \ \forall n, \ j \in N^+, \ \omega \in \Omega \tag{8.10}$$

$$y_{nh\omega} \leqslant S_n R_{n\omega} b_{nh\omega}, \forall n, \ j \in N^+, \ \omega \in \Omega \tag{8.11}$$

$$x_{nj}, z_n, w_{nj\omega}, y_{nh\omega}, u_{h\omega}, S_n \geqslant 0, \forall n, j \in N^+, h \in H, \omega \in \Omega \tag{8.12}$$

$$a_{nj}, b_{nh\omega} \in \{0,1\}, \ \forall n, \ j \in N^+, \ h \in H, \ \omega \in \Omega \tag{8.13}$$

其中，目标函数（8.1）表示在规定时间内完成救援任务的基础上追求总成本的最小化。涉及第一阶段库存前置的相关成本，第二阶段供应点之间物资调配的成本、供应点到需求点的物资配送成本、供应短缺的惩罚成本及供应损失的惩罚成本。假设单位运输成本是关于两点间距离的线性方程。

约束条件（8.2）是一个平衡流约束，保证供应节点向外输出量与前置供应量之和与向内输入量、初始库存的和相等；约束条件（8.3）确保了仅当前可用库存能够前置，如此就消除了转运的可能性；约束条件（8.4）保证前置供应不超过设备可用的存储能力；约束条件（8.5）确保供应网络中前置供应时间不超过灾前可用最长时间；第二阶段约束条件（8.6）与第一阶段平衡流约束模式相似，在一个更大的供应协同网络中，包括供应节点之间再分配的物资量及供应节点运至需求节点的物资量（$y_{nh\omega}$）；约束条件（8.7）中，控制了供需需求；约束条件（8.8）中，确保最小需求量能够满足所有节点的需求；约束条件（8.9）反映了受协同网络中交通拥堵影响条件下，向灾害相关地区提供救援服务响应最大允许时间。最后，将非负约束条件（8.11）赋予所有决策变量，保证其为大于等于零的非负数，并在（8.12）中规定 0-1 变量的取值范围。

该模型为混合整数线性规划问题。在对所建立模型进行验证的过程中，为了更加深入地理解协同、库存前置以及人道救援响应之间的权衡关系，需要解决以下问题：

（1）如果人道物流网络中，各个成员救援组织之间并不协同，那么在人道救援过程中能够满足需求的救援物资占需求总量的百分比是多少？

（2）为了确保灾后 48 小时之内满足所有救援物资需求，应当增加的供应量是多少？该问题可以延伸为适用性普遍更加的问题，即为了确保满足灾后 Y 天内受灾点物资需求的 X%，不受影响的仓储点应有多少可用库存？

（3）当人道物流系统中的决策者有机会制定协同决策时，决策者应当如何做出最佳协同决策（诸如如何选择适当供应节点以及供应节点所应储备的最佳库存水平等等一系列决策）？

此外，还要分析库存前置在减少人道物流协同机制中的成本以及满足受灾地区物资需求等方面的益处，理解由于储备能力以及可用救援物资供应量带来的解决方案的敏感性和多变性。

为了便于量化协同的优势，方便进行模型验证计算，引入以下定义：

定义 1：需求节点总需求量的最大值定义为 $TD_{wc} = \max_\omega\{\Sigma_h m_{h\omega} F_h \gamma_{h\omega}\}$。该符号意为特定情境下需求点的最大救援物资需求量，也可以近似理解为人道救援网络中需求点灾后的最大需求激增量；

定义 2：需求节点总需求量的最小值定义为 $TD_{bc} = \min_\omega\{\Sigma_h m_{h\omega} F_h \gamma_{h\omega}\}$。该式子反映救援网络中不发生需求激增时的需求量；

定义 3：供应节点可用库存的最小值定义为 $TS_{wc} = \min_\omega\{\Sigma_h S_n R_{n\omega}\}$。该式子反映出现最大供应损失的情景；

定义 4：供应节点可用库存的最大值定义为 $TS_{bc} = \max_\omega\{\Sigma_h S_n R_{n\omega}\}$。在此种情况下，供应节点不出现任何供应损失；

定义 5：人道救援过程中各个参与者之间无协同的情景定义如下：$I_n = 0$，$C_n = 0$，$\forall n \in N$。在此种情况下，意味着不受影响的供应节点不具备存储能力且可用于人道救援物资的可用库存为零；

定义 6：有限协同情景定义如下：$I_n = 0$，$C_n > 0$，$\forall n \in N$。在此种情况下，意味着不受影响的供应节点可用于人道救援物资的可用库存为零，但是具备接受从受影响供应节点调配而来的物资的能力。

一般情况下，该随机线性规划模型可以适用于大部分由距离、库存量、位置等因素决定的库存前置问题。通过运用 Lingo 求解得到最佳方案。

为了确保假设情景的可行性，必须保证供应物资充足（即 $TS_{bc} \geq TD_{wc}$）。考虑到需求节点的最小总需求量是已知的，我们假设需求的公平性贯穿人道救援的始末，即对于 $h \in H$ 以及 $\omega \in \Omega$，$m_{h\omega}$ 的值相同。那么在供应节点可用库存最小的情况下，可满足需求点需求量的百分比即为最佳供应情况下总物资需求量与最坏供应情况下未满足需求量的比值，一般情况下即 $(TS_{bc})/\max_\omega\{\Sigma_h F_h \gamma_{h\omega}\}$。

库存前置不发生的条件为：$TS_{wc} \geq TD_{wc}$，如果这种情况下总供应量仍可以满足需求，则不需要将供应物资从受影响的供应节点运送至不受影响的供应节点。因此第一阶段的前置成本为零，此时的期望缺货损失小于第一阶段期望运输成本。

若 $TS_{wc} \leq TD_{wc} \leq TS_{bc}$，需要将供应物资从受影响的供应节点运送至不受影响的供应节点以确保满足需求点的物资需求，应采用库存前置的协同策略来应对这种情况的发生。

8.3　模型求解分析

8.3.1　算例背景

根据中国国家地震台测定，北京时间 2013 年 4 月 20 日 8 时 02 分在四川省雅安市芦山县（东经 103.0°，北纬 30.3°）发生 7.0 级地震，震源深度 13 公里，震中距成都约 100 公里。

由 1998 年实施的《地震预测管理条例》可知，地震预测可以分为临震、短期、中期以及长期预测四类。其中，对 10 日内将会发生的地震的预测被称为临震预测；对 3 个月内会发生的地震的预测被称为短期预测。但是地震预测方面的进步未能转化成为地震预报方面的进步，因后者取决于国家预报系统的进步。

假设雅安地震是可预报的，实际上雅安地震是成功预测了的。根据南方周末的报道，四川测绘院根据断层形变活动进行地震的短期预测。结论如下：强震可能发生的时间为 2013 年 2 月 25 日至 2013 年 5 月 10 日，可能发生强震的区域：木里—稻城—九龙—雅江—道孚—康定—丹巴—雅安—石棉—越西—冕宁—木里等县所围成的区域内。可能发生强震的震级：6.0~6.9 级[70]。在以四川测绘院名义填写的"地震短临预测卡"中的"地域"栏中画了一个圆并标上 A、B、C、D 四点，后验证实雅安地震的震中刚刚在圆圈之内，紧挨着 A 点（东经 103.03°，北纬 30.62°），而震中的坐标是东经 103.0°，北纬 30.3°。根据预测结果在本章的算例分析中，使用的预测结果是：2013 年 2 月 25 日至 2013 年 5 月 10 日期间，在东经 103.03°，北纬 30.62°的位置（A 点）发生 6.9 级地震，该预测结果主要用于确定供应网络中的供应与需求节点。

8.3.2　模型数据

模型中所需要的数据可分为五种类型，即供应网络、情景分类、受灾地区决策、受灾地区需求预测及供应节点的初始库存。以下分别对模型数据进行收集处理，应用于模型求解中。

1. 供应网络

供应网络是建立人道救援协同机制的物质基础。建立供应网络首先需要根据地震的预测震级确定影响范围。Gutenberg 提出的地震震级 m 和震中烈度 I_0 的关系如式（8.14）所示。

$$m = \frac{2}{3} \cdot I_0 + 1 \tag{8.14}$$

本章中地震预测震级 $m = 6.9$，由式（8.14）可以得出震中烈度约为 9 度。根据国家规定的权限被批准作为一个地区抗震设防依据的最低地震烈度为 6 度。7 度烈度会造成房屋损坏、地表出现裂缝或喷沙冒水，故本章假设 7 度及以上的烈度会对供应网络中的供应节点造成影响。烈度衰减关系如式（8.15）所示。

$$I = 4.524 + 1.443m - 1.844\ln(r + 16) \tag{8.15}$$

其中，r 为震中距，通过计算得知 9 度烈度衰减为 7 度烈度需要 38 km 的衰减距离。在以预测震中为圆心，半径为 38 km 的预测影响区域中，即烈度大于等于 7 度的受影响区域，选取一个具有代表性的受影响供应节点，即芦山县的救灾物资储备点；再选取六个需求节点：震中北部的日隆镇和卧龙镇、震中西南部的芦山县大川镇、震中西部的宝兴县陇东镇、震中东南部的大邑县西岭镇和花水湾镇进行分析。影响区域中包括地震中的需求节点，本章选取其中的六个需求节点均包含在影响区域内。

根据地震预测结果，结合地理位置、救灾物资储备点分布情况等因素，供应网络如图 8.2 所示。

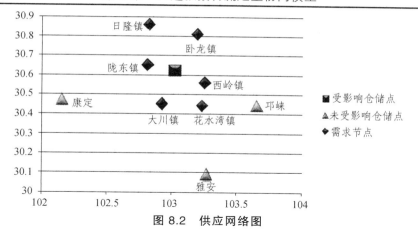

图 8.2　供应网络图

由图 8.2 可知，本章选择的供应节点共四个，包括地震的预测震中、雅安市、康定县、邛崃市，在人道救援过程中形成协同供应网络对受灾点进行物资运送。预测震中为受影响的供应节点，其他三处均为不受地震影响的供应节点。需求节点包括陇东镇、大川镇及西岭镇。四个供应节点相互协同，供应点之间相互转运、供应点向需求点分配救援物资，尽可能地提高救灾效率，实现人道救援的目的。

2. 情景分类

在 4·20 雅安地震发生之前，对于震情的未知性体现在两个方面，即与震中的相对位置及里氏震级，而这两个层面促使每种情景的形成和发展走向。节点根据是否在影响区域内分为两种类型：一般节点和需求节点。一般节点为不在地震影响区域内，未受地震影响的节点。不同里氏震级的地震影响节点的需求变化系数，其结构框架如图 8.3 所示。

地震按照震级大小分为弱震、有感地震、中强震（震级不小于 5 级且不大于 6 级）、强震（震级大于 7 级小于或等于 8 级）、巨大地震（震级大于 8 级小于或等于 12 级）。由于弱震和有感地震对人们的日常生活基本没有影响，故本章重点分析中强震、强震、巨大地震对节点的影响，如表 8.1 所示，P_ω =（0.4，0，0.48，0.12）。

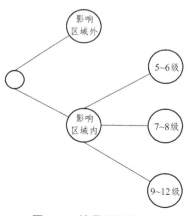

图 8.3　情景结构框架

表 8.1　情景的各种可能性总结表

相对位置	相对位置概率	里氏震级	震级概率	ω	P_ω
一般节点	0.40	——	1.00	1	0.40
需求节点	0.60	5～6	0.0	2	0
		7～8	0.80	3	0.48
		9～12	0.20	4	0.12

3. 初始库存与物资需求预测

假设相邻区域的供应节点会为需求节点提供最初的物资供应服务，受影响供应节点的初始库存可看作关于相邻县区人口数量及供应节点位置变量的函数。即地震发生时，每个需求节点都会发生需求激增的情况。设 P_h 代表需求节点 h 的人口数量，则供应节点的初始库存为：$I_n = \alpha \Sigma_n l(h) P_h$。其中 $l(h)$ 是指示函数，若需求节点 h 接收供应节点 n 的物资，则函数值为 1，反之取 0。α 是一个取值为 0~1 的范围变量，代表受影响供应节点向需求节点 h 提供的物资占需求点 h 总物资需求量的比例，本章中 α 取 0.2。

需求点对供应物资的需求量是根据其人口数量进行预测的。结合实际情况，在灾难发生后，应当假设受灾地区的一部分人口会及时疏散至安全地带（如紧急避难场所、临近安全地带等）。由于主震源位置固定，因此救援物资的需求量随需求点距震源的距离增大而逐渐减少。需要特别指出的是，在计算过程中，应确保总需求量不能超过受灾地区设定需求点的总人数。地震的发生随之而来的必然是物资需求的变化，本章中物资需求是关于人口数量的函数：$F_h = \alpha \times P_h$，α 取 0.2。地震的救援物资需求预测如表 8.2 所示。

表 8.2　地震紧急救援物资需求预测

需求节点	人口数量	物资需求量
大川镇	6 559	1 312
陇东镇	7 369	1 474
西岭镇	6 123	1 225
花水湾镇	8 198	1 640
卧龙镇	2 861	572
日隆镇	2 893	579

4. 初始库存与物资需求预测

模型中变量的初始值如表 8.3 所示。

表 8.3　初始变量表

参数	参数值
受影响仓库的供应点参数	
I_n	$\alpha \Sigma_n l(h) P_h$
C_n	$2 \times I_n$
$R_{n\omega}$	[1.0，0.9，0.85，0.8]
成本参数	
C_p	100
V_h	100

续表 8.3

参数	参数值
运输时间参数	
T_1	15
K_1	40
T_2	10
$K_{2\omega}$	[55, 45, 40, 30]
需求点参数	
F_h	$0.2 \times P_h$
$\gamma_{h,\omega}$	$\left[\dfrac{\max_{k \in H} d(t,k)}{d(t,h)} \right]^{\omega}$

结合图 8.2 中的情景决策框架，表 8.2 总结了各种情景的可能性。我们认为人道物流协同网络中的需求具有均衡性，因此可以将某种特定情景下所有需求点的 $m_{h\omega}$ 设为相同的值。其余参数的值将随着不同案例的具体数据变化而变化。

为便于更好地评价协同带来的效益，本章定义两个评价指标如式（8.16）、（8.17）所示，平均需求满足率是指在不同情境下，需求节点 h 的期望物资满足率；前置百分比为灾前从受影响供应节点转运至安全供应节点的比例。

$$平均需求满足率 = \sum_{\omega} p_{\omega} \left[\frac{\sum_h \sum_n y_{nh\omega}}{\sum_h F_h \gamma_{h\omega}} \right] \tag{8.16}$$

$$前置比例 = \frac{\sum_{n \in A} \sum_j x_{nj}}{\sum_{n \in A} I_n} \tag{8.17}$$

在利用收集到的数据进行模型求解之前，对模型中所涉及的物资供应方案进行大致描述。之后分别就初选前置点位置、协同机制的影响、供应及救援的关系以及经济参数的敏感性分析等方面对模型进行求解验证。

8.4　模型结果分析

8.4.1　协同机制的影响

考虑有限协同及需求的公平性，在供应节点拥有最大可用库存的情况时，可被满足的最大需求量用如下公式表示：

$$m^* = \frac{TS_{bc}}{\max_{\omega} \left\{ \Sigma_h F_h \gamma_{h\omega} \right\}} \tag{8.18}$$

为验证协同机制在人道物流中的作用，在所有 $\omega > 1$ 的需求节点设定 $m_{h\omega} = m^*$。受影响供应节点的初始库存与可用库存的天数相关，在这种特定情境下，需求点的总需求与可用库存的供应天数成正比关系。假设供应物资的需求量和消耗量是一一对应的，总结供应节点初始库存、库存前置比例及需求满足百分比之间的关系如表 8.4 所示。

表 8.4　协同限制条件下可用库存达到的服务水平

受影响供应节点可用库存天数	m^*	期望损失	前置百分比	所选仓库数量	平均需求满足率
1	0.25	1 539 097.6	0.97	1	0.27
2	0.51	977 351.1	0.89	2	0.55
3	0.76	845 445.7	0.92	2	0.73
4	1.00	755 841.9	0.90	3	0.99

当参与人道救援的组织间不协同时，即预测受影响供应节点没有库存前置的机会，不能将供应物资提前存放至安全供应节点。因此，在供应节点拥有最小可用库存的情况下可被满足的最大需求量用如下公式表示：

$$m^* = \frac{TS_{wc}}{\max_\omega \{\Sigma_h F_h \gamma_{h\omega}\}} \tag{8.19}$$

由于不能通过仓库间的协同避免供应损失，要达到对物资供应需求量 100%满足的目的需要的时间更长。表 8.5 总结了这种情况下的计算结果。

表 8.5　组织间无协同条件下可用库存达到的服务水平

受影响供应节点可用库存天数	M^*	期望损失	平均需求满足率
1	0.20	599 906.6	0.25
2	0.41	455 840.4	0.50
3	0.61	324 160.5	0.75
4	0.81	287 772.7	0.93
5	1	263 754.3	0.99

将表 8.4 与表 8.5 中的数据进行对比，可以得出：在不协同的情况下人道物流的期望成本更小，这是由于供应节点之间不协同将大大减少物资运输的成本，但是运输成本减少的同时受灾点物资需求的平均满足率下降。由表 8.4、8.5 可得，第一阶段库存前置的成本超过占总成本的 50%。而在不协同的条件下，第一阶段的成本为 0，第二阶段总成本大部分是由于未满足需求而产生的。

8.4.2　敏感性分析

与模型中主要经济参数相关的变量包括供应物资运输成本、未满足需求惩罚成本 v 以及供应损失物资惩罚成本 c_p（如遭受损坏的物资应当被计入供应损失当中）。为了描述模型中的成本形式，引入以下成本参数：

$$r_1 = \frac{c_p}{v} \tag{8.20}$$

$$r_2 = \frac{c_p}{d_{nj}^s} \tag{8.21}$$

$$r_3 = \frac{d_{nj}^s}{v} \tag{8.22}$$

r_1 表示供应损失成本与未满足需求处罚的比值；r_2 表示供应损失成本与第一阶段供应节点间运输成本的比值，考虑到库存前置的条件和最优前置位置，结果可参考距离受灾区域最近的未受影响的供应节点；r_3 表示第一阶段物资调配的运输成本与未满足需求惩罚成本的比值。成本比率与表 8.4 中所定义的基本参数有关。运输成本乘以取值介于 0 和 1 之间的因子来实现运输成本降低。如 $0.1d_{nj}^s$ 表示运输成本降低 90%。大部分成本之间的相互作用是直观的，其数据之间的联系如图 8.4、8.5、8.6 所示。

如果供应损失成本远远高于第一阶段的物资运输成本，则必须采用库存前置的措施。由图 8.4 可知，物资供应成本变化范围是 50（r_1=0.5）至 100（r_1=1），运输成本因子在 0 和 0.35之间变化。当 r_3=0 时，供应损失成本加倍。若 r_3 的值增加，供应前置的比重随之减少。因此，当需求节点的总需求量最大时，如果供应网络中有足够的物资供应可以满足受灾地的物资需求，如果供应损失的处罚成本远远高于运输成本，人道物流协同的过程中只需确保最大限度减少供应损失。

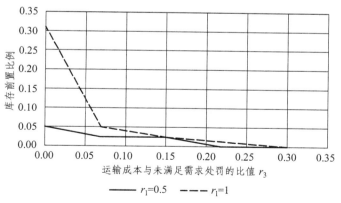

图 8.4　库存前置比例与 r_3 关系图

图 8.5 总结了未满足需求处罚成本对平均需求满足率的影响。若未满足需求的处罚成本增加，平均需求满足率的值随之增加，且距离最近的需求点最先被满足。在此影响下，若对需求点来说，单位处罚成本大于第二阶段单位运输成本，其需求将在最大程度上得到满足。值得注意的是，即使有足够的库存可以 100%满足所有情境下的物资需求时，满足率仅有 94%。这种情况的出现是由于供应损失（如未采取库存前置措施等），使得在需求节点总需求量最大时物资需求也不能完全被满足。此时将物资运送至安全供应节点，再分配至需

求节点的过程所消耗成本是不必要的，因此出现小部分供应损失比 100%满足物资需求的经济效益更好。

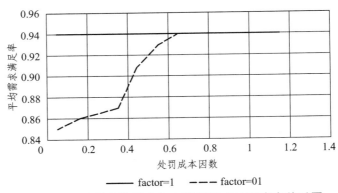

图 8.5　平均需求满足率与未满足需求处罚成本关系图

图 8.6 表明当运输成本保持不变时供应损失处罚成本与前置比例的关系。处罚成本增加时，前置比率增加；当未满足需求处罚成本较高时，前置比例的变化率增大。因此，当运输成本与处罚成本的比值增加时，库存前置的比率降低；当供应损失的处罚成本很大时，库存前置比率的变化是极小的。在实际应用中，可以得出库存前置比率的增加将减少，供应损失同时增加平均需求满足率的值。

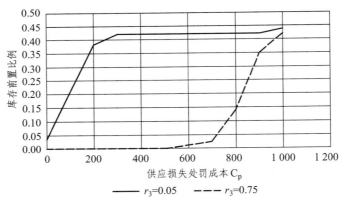

图 8.6　库存前置比例与供应损失处罚成本关系图

本章中仅仅就救援参与者之间存在限制协同和不协同两种情形进行计算比较，在实际过程中，会存在其他形式的协同模式，如部分协同部分不协同等模式，在具体应用模型时，结合所需解决问题的实际情况进行计算分析。但仍然得到有意义的启发：

（1）供应节点可用库存的最小值小于需求节点总需求量的最大值且供应节点可用库存的最大值大于需求节点总需求量的最大值时可以采取协同策略；

（2）采取协同策略时的救援成本高于不协同时的救援成本，但救援效率和平均需求满足率有明显提高。

8.5　汶川地震与雅安地震应急响应对比分析

2008 年 5·12 汶川地震与 2013 年 4·20 雅安地震人道救援情况对比如表 8.6 所示。

表 8.6　汶川地震与雅安地震对比表

项　目	雅安地震	汶川地震
震　级	震级为 7.0 级	震级为 8.0 级
响应时间	启动国家三级救灾应急响应 四川省政府启动一级应急响应救灾 （17 分钟完成）	启动国家地震一级应急预案；民政部启动自然灾害救助二级应急预案，之后改为一级响应（1 个半小时完成）
伤　亡	179 人死亡，11 492 人受伤	69 227 人死亡，3 746 436 人受伤
首场新闻发布会	灾后 3 个半小时举行	灾后一天零 2 个小时举行
恢复通讯	灾后 28 个小时宝兴县城恢复通讯	灾后 48 个小时汶川地区恢复通讯
恢复交通	灾后 8 小时芦宝县基本恢复畅通	灾后 3 天零 7 小时，汶川"生命线"打通
第一批物资送达	灾后 8 小时由四川省红十字会调集	灾后 40 小时由国家调集物资
供　电	灾后第 27 个小时芦山、天全县城恢复供电	灾后第 4 天恢复供电

根据表 8.6 所显示数据，我们可以看出救灾模式已经从政府单一救灾转向政府、民间、国际共同行动，形成人道主义救援协同系统，使得救灾效率更高。

总结从汶川地震到雅安地震，政府、军队在灾难的应对上更加快速与适当；民间组织和大众媒体更加成熟理性。5 年来，我国的灾难救援在协同机制、救援能力、沟通交流等方面都有长足的进步，这些积极的进步细数如下：

（1）军队救援效率提高。汶川地震发生后的 36 个小时，灾区共有 20 架直升机在进行救援任务；雅安地震发生后 3 天便有 28 架直升机对伤员和救援物资进行运送。这说明军队对灾难救援的重视程度及救援能力、效率都有了提升。

（2）救援主力是专业救援队伍。汶川灾区与雅安灾区都是山区，灾后发生的次生及衍生灾害都阻断了唯一的救援通道，救援队伍及物资无法顺利进入灾区。汶川地震中官兵们连夜抢修，在灾后第三天终于恢复通行，雅安地震中救援队伍中的专业人员运用爆破等专业技术，在灾后第二天就打通了这条救援大道。这说明救援团队中不仅专业人才储备更充足了，专业的救灾设备也更完善了。

（3）参与救援的民间组织更加专业。在汶川地震的救援中民间组织大多是各自为战，沟通、协同欠佳。大多数民间组织在汶川地震中积累了经验，并且持有破拆、顶升、卫星电话等全套救援设备，救援能力可靠。

（4）大众媒体对救援的积极影响增加，让救援效率提高。雅安地震中，国家地震台网通过认证微博发布了地震通报，网友们的努力也为救援提供了众多有价值的信息。这说明大众媒体在救灾中发挥了自身优势即提高信息传递的及时性和通达性。

（5）志愿者们更加理性。汶川地震中一些缺乏救援技能的志愿者们成为了"新灾民"，雅安地震中志愿者们更多的体会到"黄金 72 小时不添堵，守望也是力量"的真谛，在灾区以外的地方贡献自己的力量。

（6）捐赠方式更加便捷。汶川地震发生时，个人捐款主要是通过单位、银行汇款、红十字会等传统方式；雅安地震中捐款平台延伸到了微博、淘宝等，新浪微博公益平台项目捐款总计达 9 366 万元。

第9章　中国人道物流的挑战和措施

中国是一个自然灾难频发的国家，同时也是世界上自然灾难最为严重的国家之一。2008 年发生的汶川地震就造成 69 227 人死亡。经过这次地震的洗礼，国际和国内的救援组织在灾难救援中的作用虽然得到了证实和褒扬，但同时也暴露出了很多问题。因此救援组织应该在灾难环境中建立稳定、弹性和敏捷的人道供应链，而要进行这样的研究，则必须要首先清楚人道物流在中国实施时面临哪些问题和挑战，哪些问题和挑战是最紧迫的，然后才能针对这些问题提出相应的解决措施。

9.1　方案设计与选择论证

本章的核心内容——人道物流在中国面临的问题和挑战属于描述性研究，此类研究方法一般采用定性研究，例如访谈、案例研究等方法。Yin 认为，访谈和案例研究方法能够帮助研究者从实际情况出发探寻问题的本质，因此是最适合描述性问题的研究方法[59]。访谈和案例研究能够为研究人道物流在中国面临的问题和挑战时研究需要解决的"是什么"和"为什么"问题提供解释性支持。

本章的研究共分为两个阶段：

在第一阶段，搜集一手和二手资料，全面而系统地分析人道物流在中国面临的问题和挑战；

在第二阶段，搜集一手数据分析影响人道物流实施的显著因素，也就是人道物流在中国所面临的最紧迫的问题，这些问题应该得到学术界和实践界充分的重视。

9.1.1　资料采集

Ghauri 对一手资料和二手资料的定义如下[60]：

所谓一手资料，是指研究者搜集的用于研究问题的原始资料，二手资料则是别人收集的，可能用于其他目的的资料。

一手资料和二手资料各有自己的优缺点：一手资料虽然是无偏见的，直接服务于研究目的的基础资料，但搜集耗费时间长，且一手资料是未经处理的海量数据，不容易获得，只有当被调查人愿意接受调查时才能获取资料；二手资料的可获得性高，研究者只需在相应的搜索引擎中检索资料即可获得，查询速度相对较快，但二手资料却不一定是完全适用于研究者的课题内容，并不能够完全服务于研究目的。鉴于一手资料和二手资料的互补性，本章采用一手资料与二手资料相结合的资料采集方法，取长补短，力求达到所搜集到的资料是完备并可靠的。

1. 二手资料

二手资料的收集采用文献研究法。

二手资料主要来自于各种公开发表的文献，包括期刊文章、会议论文、书籍、报刊、电子文档等。二手资料用于进行人道物流、灾难等相关概念的界定，分析国内外人道物流研究现状，并在前人的研究基础上补充一些概念，借以分析人道物流在中国的实施环境以及救援机构在中国的概况。

2. 一手资料

一手资料的收集采用专家咨询法和问卷调查法。

首先，在分析人道物流在我国面临的问题和挑战时，采用二手资料与一手资料结合的方式，二手资料用于归纳迄今为止已有对人道物流面临问题和挑战的研究，专家咨询法获得的一手资料则用于对这些已有研究进行补充和修正。通过邮件方式咨询了目前人道物流领域的知名国外学者，得到了他们对本书所归纳的人道物流面临问题与挑战的肯定及相关建议。至此，第一阶段资料搜集结束。

第二阶段采用问卷调查法，也是以汶川地震为案例的案例分析法，具体内容在下节叙述。

9.1.2 问卷调查

汶川地震是近年来最能体现我国人道救援概貌的一次灾难，在这次地震中，从民众到政府自下而上，以及从政府到民众自上而下的救援结合得到了充分的体现。据统计，在灾区一线参与救灾的救援机构有 300 多家，而几乎全国范围内服务于不同领域的 NGO 都不同程度地参与到了救灾工作的各个环节中，各 NGO 招募的单独行动志愿者更是达到 300 万左右[61]，因此，在资料搜集的第二阶段，选择汶川地震作为问卷调查的背景具有可证性。

调查问卷所获得的数据有两个作用：

第一：判断第一阶段所归纳的人道物流面临的问题和挑战是否是人道物流在中国所面临的真实问题和挑战；

第二：分析影响人道物流实施的显著因素。

在问卷设计前，由于影响人道物流实施的因素几乎都是定性的，因此在问卷中采用定量化提问的策略，每个影响人道物流实施的因素对应一个问题，要求被调查者从 0～15 之间选择一个符合自己对问题认同度的数值。

为了尽量避免调查误差，对调查问题同时采用正负两种提问形式。然后应用因素分析法（Factor Analysis）分析影响人道物流实施的显著性因素。

为了尽可能地使一手资料全面，避免研究以偏概全，在选择问卷调查 NGO 时遵循下面四项准则：

（1）类型全面。既要有红十字会这样的大型国家 NGO（GONGO），也要有如自然之友这样的草根 NGO 和乐施会这样的国际 NGO 以及基金会；

（2）地域全面。既要有四川本地的 NGO，也要有外地的 NGO；

（3）运作阶段全面。既要有在救援应对阶段运作的 NGO，也要有在重建和准备阶段服务的 NGO；

（4）业务全面。既要有集中致力于灾难救援的 NGO，也要有主要业务并非灾难救援的 NGO。

不仅如此，在选择调查问卷填写人时也要注意以下两项准则：

（1）问卷填写人应对汶川地震救援情况有详细了解；

（2）愿意参与调查且愿意坦诚地回答问题。

基于以上六项准则进行问卷发放（见表 9.1）。在发放过程中我们发现：大多数草根 NGO

表9.1　调查问卷

填表人：＿＿＿＿＿＿　　所在单位：＿＿＿＿＿＿　　日期：＿＿＿＿＿＿

表一

下表列举了这次救援中的物流活动可能遇到的问题和挑战，请在您认为也是您所在组织遇到的问题后面打"√"。

储备金不足	
无序捐赠	
供应商交货延迟	
灾民对机构产生依赖性	
交通受毁导致运输不畅	
真实需求信息获得困难	
灾区通行受限制	
缺乏物流专业人员	
缺乏合作	
资源竞争	
不够重视物流	
缺少救灾经验	
志愿者管理困难	

表二

下面的问题在多大程度上代表了您的认同度，请在0～15之间选择一个数字填入表格中（注：数字越高代表认同度越高）。

1	灾难前我们有充足的资金	
2	捐赠者捐献的物资是无序的，需要经过我们的再次分拣和包装	
3	供应商给我们的交货时间都非常及时	
4	灾民对我们的依赖程度很高	
5	道路被破坏后给我们的运输活动造成很大影响	
6	救援中我们很难获得真实的需求信息	
7	救援中我们很少受到进入灾区的通行限制	
8	救援中我们经常能够找到有能力解决物流问题的人	
9	我们与其他组织（政府和其他救援组织）有密切合作	
10	在物资采购方面，我们与其他组织经常存在竞争情况	
11	无论在任何时候，我们对物流在救援中发挥的作用都非常重视	
12	我们有充分的救灾经验	
13	我们的志愿者管理很少遇到困难	
14	在这次救援中，我们的物流活动进行得非常顺利，很少遇到问题和障碍	

非常支持调查，乐意填写问卷，且很快就能返回调查结果；但调查一些 GONGO 时则需要复杂的程序，且不一定愿意接受调查。

在调查初期共拟定了 109 家可参与调查的 NGO（包括 NGO 联盟），但最后实际接收到的有效调查问卷数量只有 29 份，回复率为 26.6%。虽然样本数量不够大，鉴于作者时间和能力的限制，并没有进行后续补充调查，希望后续研究者能够完善这一调查。

9.2　人道物流挑战分析模型

本节将介绍利益相关者理论及其应用，以及人道物流挑战分析模型、人道物流利益相关者模型和人道物流在中国面临的挑战分析模型，为分析人道物流在中国面临的问题和挑战提供理论基础。

9.2.1　利益相关者理论

"利益相关者"（stakeholder）一词最早是由斯坦福研究院于 1963 年提出来的，认为利益相关者是"没有他们的支持组织就不能存在的集合"。1984 年 Freeman 在其代表作《Strategic Management：A Stakeholder Approach》中重新定义了广义的利益相关者：

"利益相关者是任何能够影响企业目标实现，或受企业目标的实现所影响的个人或团体。"

利益相关者理论认为：在一个公司中，不应当只有股东影响公司的利益，公司员工、政府、供应商、贸易商、投资者、顾客、社会环境都会影响公司的生存与发展。

现在利益相关者理论一般用于公司战略管理，也应用于持续性供应链管理和闭环供应链管理。和人道物流一样，这些应用领域都有社会嵌入性特征，换句话说，在物流领域，利益相关者理论主要应用于解决除了追求利益最大化以外的问题。这是本章应用利益相关者理论到人道物流的基本依据。

利益相关者理论在本章的应用有二：

（1）分析人道物流在中国面临的问题和挑战：应用利益相关者理论区分人道物流利益相关者环境，这里等同为救援机构 NGO 的利益相关者环境，包括：输入/输出环境（input/output environment）、竞争环境（competitive environment）、制度环境（regulatory environment）、内部利益相关者（internal stakeholders）。为后文设计问卷和分析挑战奠定基础。

（2）初步提出解决这些问题和挑战的措施：明确人道物流所面临的问题和挑战后，根据问题所出现的利益相关者环境提出针对性的解决措施。例如，如果问题出现在输入端，则救援机构有必要与它们的供应商共同解决问题。

9.2.2　人道物流利益相关者模型

根据 Freeman 的利益相关者概念，定义人道物流利益相关者如下：

"人道物流利益相关者是指所有那些影响人道物流实施效果和受人道物流实施效果影响的组织和个人。"

因此，人道物流利益相关者应当包括：NGO 救援组织、GO（国家组织，Government Organizations）、受益群体、供应商、捐赠者、志愿者和救灾环境，如图 9.1 所示。

（1）NGO 救援组织：包括本地和国际非政府救援组织；

（2）GO 救援组织：包括本地和国家政府机构及军队等救援机构；

（3）受益群体：救援物资和善款的终端受益者，即受灾个人或团体；

（4）供应商：包括物资供应商和第三方物流服务提供商；

（5）捐赠者：个人和团体捐赠者，以及向 NGO 提供运作资金的基金会；

（6）救灾环境：受灾地的人道物流实施环境，主要指受灾地的基础设施和政治法律环境。

要想全面且可靠地对人道物流在中国面临的挑战有一个系统的认识，必须对人道物流所有的利益相关者都做调查，但由于作者的时间和能力局限，只对 NGO 救援组织做了问卷调查，没有对人道物流其他利益相关者进行研究。在第 2 章已经提出，人道物流的实施主体有 NGO 救援组织，因此，从 NGO 救援组织的角度看待人道物流利益相关者，即将 NGO 救援组织在灾难救援中的利益相关者等同于人道物流利益相关者。

因此，这里定义 NGO 救援组织在灾难救援中的利益相关者如下：

"NGO 救援组织在灾难救援中的利益相关者是指 NGO 从参与灾难救援到退出的过程中所有影响 NGO 救援组织运作活动和受 NGO 救援组织运作活动影响的个人和团体。"

因此，灾难救援中 NGO 救援组织的利益相关者包括：GO 救援组织、内部工作人员、志愿者、供应商、捐赠者、受益群体和救灾环境，如图 9.2 所示。

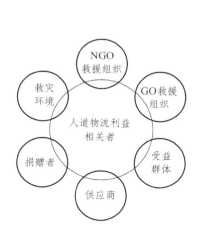

图 9.1　人道物流利益相关者模型

图 9.2　NGO 的利益相关者模型

（1）GO 救援组织：本地和国家政府机构及军队。在发展中国家，政府控制救灾信息，决定国际 NGO 是否可以进入灾区救灾，NGO 向政府纳税并提供志愿服务。

（2）内部工作人员：不管是 GONGO、国际 NGO 还是草根 NGO，在 NGO 长期工作的内部人员并不多，大多数为临时雇佣的志愿者，且人员周转率很大。NGO 需要按时为这些人员提供工资和福利。

（3）志愿者：大多数 NGO 一般都靠志愿者进行正常运转。在灾难救援中，虽然 NGO 不用为志愿者提供工资，但人身保险和相应的培训却是必需的，尽管不是每一个 NGO 都有能力提供。

（4）捐赠者：NGO 接收企业和个人捐赠，以及基金会支持的资金和物资，对资金和物资的使用效率和透明度负责。

（5）供应商：包括物资供应商和提供仓储、运输服务的第三方物流企业。NGO 从捐赠者处接收资金开展救援项目，对资金的使用效率负责；并从物资供应商处购买救援物资，付出成本；购买第三方物流企业的物流服务。

（6）受益群体：受灾个人或团体，从 NGO 处免费接收物资和善款，有时被动地需要为 NGO 宣传。

（7）救灾环境：灾区的基础设施和政治法律环境。

为了更简单地表述 NGO 救援组织的利益相关者模型，将 NGO 救援组织的利益相关者分为四类：

（1）由供应商、捐赠者和受益群体构成的输入/输出环境（Input/output Environment）；

（2）由救灾环境构成的制度环境（Regulatory Environment）；

（3）由 GO 救援组织、其他 NGO 救援组织构成的竞争环境（Competitive Environment）；

（4）由志愿者和 NGO 救援组织工作人员构成的内部利益相关者（Internal Stakeholders）。

在灾难救援中，NGO 救援组织从供应商和捐赠者处接收物资和资金，经过一系列物流活动最终将物资发放到受灾民众手中，在这个过程中，供应商和捐赠者是 NGO 救援组织的输入环境，受益群体是 NGO 救援组织的输出环境；NGO 救援组织救灾时所处的环境，特别是基础设施环境是利益相关者中的制度环境；NGO 救援组织与其他救援组织在救援过程中为吸引媒体和公众注意，获取资源而竞争，虽然在发展中国家 NGO 救援组织与 GO 救援组织之间并不一定是竞争关系，这里仍将 GO 救援组织归类于 NGO 的竞争环境，GO 救援组织与 NGO 救援组织，NGO 救援组织之间可能因为合作关系而发生职能和任务交错；最后，志愿者和 NGO 救援组织长期雇佣人员则归为 NGO 救援组织的内部利益相关者。这种关系在图 9.3 中表示了出来，虚线代表 NGO 救援组织所处的制度环境。

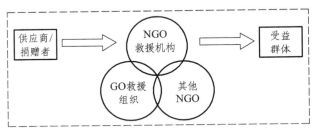

图 9.3 NGO 救援组织与其利益相关者之间的关系

9.2.3　人道物流挑战分析模型

Xinhui（2007）通过两个 NGO 案例分析初步认为中国的人道物流面临：缺少人道物流专业人才、物流运作多为手工、评估和计划不够、缺乏合作四大问题[62]。

目前，中国人道物流面临的挑战主要有：对人道物流不够重视、NGO 救援机构缺乏对其从业人员的培训且从业人员物流知识匮乏、缺乏不同 NGO 救援机构之间以及与政府的有效合作、缺乏人道物流绩效衡量标准和运作规范、基础设施建设不够、缺乏灾难救援知识、缺乏长期运作资金、投入到物流技术和设施的资金太少。

Kovacs（2009）认为可以从灾难类型、NGO 的运作模式和所在地以及利益相关者环境三个方面分析人道物流面临的问题和挑战[23]，如图 9.4 所示。

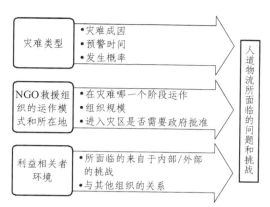

图 9.4　Kovacs 的人道物流挑战分析模型

下面分别从不同类型灾难、灾难生命周期和 NGO 救援组织类型三个方面分析人道物流在不同情况下所面临的问题和挑战。

1. 灾难类型

灾难是否可预测给人道物流带来的问题和挑战是不一样的。突变型灾难经常会对地区的基础设施造成很大影响：例如，地震及其引起的地质次生灾难会摧毁桥梁、公路、铁路等交通基础设施，切断水电气及通讯基础设施。因此，人道物流所面临的挑战之一就是要解决基础设施不可用所导致的物流瓶颈问题，基础设施对人道物流实施的影响是战略性的。不仅如此，应对突变型灾难需要敏捷的供应链，此时人道物流最重视应对速度。因此，如何在灾难发生后建立敏捷的供应链也是人道物流在突变型灾难背景下所面临的主要问题之一。对于缓变型灾难来说，预测甚至是计划都是有可能的，例如可以根据飓风的进程有计划地疏散受灾民众。在缓变型灾难背景下，库存前置、如何进行仓库选址和路径规划、库存控制等问题是人道物流需要解决的关键问题。前置库存的种类和数量；选址，目的是为了让灾难既不会对前置库存产生影响，前置库存点又尽可能地靠近受灾地区，以保证灾难发生后的应对速度。同时，不同于突变型灾难背景下人道物流重视应对速度，缓变型灾难背景下的人道物流所注重的是成本效益。

不同成因的灾难带给人道物流的挑战也不尽相同。我们不能阻止自然灾难的发生，却可以阻止人为灾难，对自然灾难我们只能采取准备和预防。然而，由于人为因素的影响，人为灾难通常会带有政治和宗教色彩，因此，在大部分人为灾难的物流运作中，NGO 救援组织从业人员有时面临人身安全问题，经常自顾不暇，人员安全是人道物流在人为灾难背景下通常会面临的问题。

2. 灾难生命周期

人道物流在灾难不同阶段面临不同的问题和挑战。

在准备阶段，有仓储能力的 NGO 救援组织需要进行库存前置，不同于商业物流，NGO 救援组织并不清楚下一次灾难将在何时何地发生，灾民的需求是一次性的，因此也不能采用商业物流的方法预测救援物资需求进行采购、选址和库存管理。其次，NGO 救援组织还需要在准备阶段培训从业人员的物流知识，而大多数 NGO 都没有足够的经费用于人员培训，因此，如何提高 NGO 救援组织从业人员的物流素质也是人道物流的另一问题。

人道物流对救灾的作用主要体现在应对阶段，在该阶段人道物流面临的问题最多也最难。在应对阶段，NGO 救援组织之间、NGO 救援组织和政府之间缺少合作，导致物流效率低下。然而，NGO 救援组织的资源禀赋决定了它们在应对阶段获取资源和媒体注意时的竞争性，NGO 救援组织之间的合作很难，即使有也不能上升到战略层面；NGO 救援组织和政府之间的合作比 NGO 救援组织之间的合作更难形成，只有少数 GONGO 救援组织才能获得政府的资源支持；其次，物流技术使用不够也是人道物流所面临的一大问题，由于经费和资源限制，发展中国家的 NGO 救援组织人道物流运作大多依靠志愿者手工搬卸，很少使用物流机械；再次，NGO 救援组织需要在灾难发生后短期内建立以自身为中心的临时救援网络，该网络内的物流信息随着救援的进行呈爆炸式增长，NGO 救援组织有必要及时筛选处理得到有用信息为物流活动服务，这对 NGO 救援组织的信息系统能力提出了很高的要求。

在重建阶段，灾民和当地政府都对 NGO 救援组织及其捐赠者产生了依赖性，他们希望依靠 NGO 救援组织而非自己完成重建。NGO 救援组织需要依靠自身力量采购用于重建的建筑材料等资源。在采购环节参与重建的 NGO 救援组织数量很多，受灾地区及附近的材料资源却是有限的，资源稀缺导致 NGO 救援组织在重建阶段的资源竞争，一方面提高了当地的材料价格；另一方面，没有竞争能力的 NGO 只能从其他地区采购材料，大大增加了物流成本。

3. NGO 救援组织类型

不同类型的 NGO 救援组织在规模、地域、组织结构和文化背景上都不尽相同，因此它们应对灾难的反应速度也不一样。

首先从地域上来说，受灾地 NGO 救援组织具有本地优势，对灾难的反应速度最快，他们通常活跃在应对的第一个阶段即紧急救援阶段，既参与物资募集和发放，也参与一线救援活动；外地 NGO 救援组织的反应速度仅次于本地 NGO 救援组织，它们一般不参与一线救援活动，只提供物资筹集等相关的物流服务；而国际 NGO 救援组织，特别是那些在受灾国家没有活动或活动有限的国外 NGO 救援组织，在进入灾区开展活动之前需要获得政府允许，它们的活动范围有限，一般仅参与应对的第二阶段即过渡阶段和重建阶段。

再从组织规模来说，草根 NGO 救援组织规模小、资金少、能力弱，能够开展的活动有限，无论在资金还是人力上它们都没有和大型 NGO 竞争的能力，因此只能独辟蹊径选择大型 NGO 救援组织没有涉及或忽视的小众市场（niche market）作为自己的活动范围，但草根 NGO 救援组织也具有大型 NGO 救援组织所没有的优势：首先，与许多大型 NGO 救援组织相比，草根 NGO 救援组织百分之百地自下而上地使其更贴近民众，它们也就更能了解受灾民众的真实需求；其次，草根救援组织的运作灵活性也是许多大型 NGO 救援组织所不能比拟的，他们没有规范的流程制度和章法，既节省了物流运作时间，也节省了运作成本。

本章的研究对象是突变型自然灾难救援中的人道物流，因此，不同灾难下面临的挑战不同这一问题可以忽略。

9.2.4　人道物流在中国的挑战分析模型

前面已经介绍了人道物流利益相关者模型，以及 Kovacs 提出的人道物流挑战分析模型。在使用这两个模型分析人道物流在中国面临的问题和挑战之前，首先要明确 Kovacs 所提出的分析模型是否适合中国的具体情况。

人道物流在中国虽然没有理论，但却有实践，且大规模实践是从 2008 年汶川地震开始的，NGO 救援组织的作用在这次地震中得到了集中体现。迄今为止，只有在发生大规模的政府不可能单独应对的自然灾难时，人道物流才会在灾难救援中出现，因此，以灾难类型为切入点分析人道物流在中国实施时面临的问题和挑战从实践上来说是不可行的，但从灾难不同阶段进行分析却是可行的。因此，本节只从 NGO 救援组织运作模式和利益相关者两个方面，并辅以灾难管理三个阶段：准备、应对和恢复，对人道物流在中国面临的问题和挑战进行分析。

修改后适用中国国情的概念模型如图 9.5 所示。

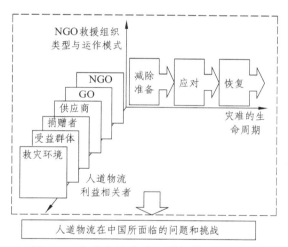

图 9.5　人道物流在中国的挑战分析模型

接下来在该模型和人道物流利益相关者模型这两个概念模型的基础上，系统地对人道物流在我国面临的挑战进行分析。

9.3　人道物流在中国面临的问题和挑战

本节在 9.2 节的理论和概念模型基础上，对人道物流在中国面临的问题和挑战进行研究。首先进行问题分析，应用专家咨询法，从 NGO 救援组织类型、灾难的生命周期和利益相关者三个维度归纳总结了人道物流在中国面临的问题。然后阐述问卷调查结果，分析了影响人道物流实施的显著性因素，并按优先级别对这些因素，即人道物流面临的显著问题和挑战进行了系统阐述。

9.3.1　问题分析

根据前面对研究人道物流面临问题和挑战的相关文献分析，结合表 9.2 的问卷调查信息，从输入/输出环境、制度环境、竞争环境和内部利益相关者四个方面，以不同类型 NGO 救援组织为视角，将人道物流在中国实施时所面临的问题和挑战分布于灾难三个阶段，如表 9.3 所示。

1. 输入/输出环境

人道物流在输入/输出环境所面临的问题即供应商、捐赠者和受益群体在灾难三个阶段中给人道物流实施所造成的问题。在准备阶段，GONGO 救援组织和草根 NGO 救援组织都面临资金不足的问题，因此不能对人员进行有效的培训，并且也不具备储存足够救援物资的能力，而国际 NGO 救援组织由于其规模和体制的成熟性，此时并不担心筹集不到足够的运作资金。在应对阶段，无序捐赠和供应商交货延迟是所有 NGO 救援组织共同面对的问题，个人捐赠者所捐赠的物资往往需要经过二次分拣，打包后才能运往灾区，且这些物资并不一定是当时灾民所迫切需要的物资，无序捐赠会造成 NGO 救援组织的物流成本增加；此外，由于受灾地区的物资稀缺性，NGO 救援组织多会选择受灾地以外的企业作为物资供应商，但种种原因所导致的供应商交货延迟有时确是不可避免的，这种问题在重建阶段同样会出现。不仅如此，重建阶段受益群体对 NGO 救援组织产生的依赖性也会增加人道物流运作的复杂度和工作量。

2. 制度环境

制度环境对人道物流实施造成的问题指人道物流的实施环境对人道物流所产生的影响。制度环境包括：自然环境、政治法律环境、社会文化环境和基础设施。其中后三个方面对人道物流的影响最大，他们造成的问题主要集中于应对阶段，在这个阶段，无论是 GONGO 救援组织、草根 NGO 救援组织，还是国际 NGO 救援组织，都面临交通设施被毁所造成的物流运输瓶颈问题，以及真实需求信息获取困难的问题。对一些没有本地化的国际 NGO 救援组织来说，进入受灾地还需要政府的许可，这更限制了它们可以开展的救援活动范围。此外，由于中国目前还缺乏对人道物流的研究，能够胜任救援中物流活动规划、调度和指挥的人才很少，造成 NGO 救援组织的用人问题，这也会对人道物流的有效实施带来不利影响。

3. 竞争环境

竞争环境对人道物流实施所造成的问题主要指 GO 救援组织及其他 NGO 救援组织对 NGO 救援组织实施人道物流所造成的影响。NGO 救援组织之间及 NGO 救援组织与 GO 救援组织之间缺乏合作所造成的资源竞争是竞争环境带给人道物流的最主要挑战。该挑战贯穿了灾难的三个阶段，对人道物流的实施起着关键的作用。

表 9.2　NGO 救援机构调查信息

NGO救援机构序号	输入/输出环境				制度环境				竞争环境		内部利益相关者		
	准备阶段资金不足	无序捐赠	供应商交货延迟	受益者对NGO产生依赖性	交通受毁导致运输不畅	真实需求信息获得困难	灾区通行受限制	缺乏物流专业人员	缺乏合作	资源竞争	不够重视物流	缺少救灾经验	志愿者管理困难
1	√	√	√		√	√		√	√	√	√	√	√
2	√	√	√	√	√	√		√			√	√	√
3		√	√	√	√	√	√	√	√	√	√	√	√
4		√		√	√	√		√	√	√	√	√	√
5	√			√	√		√	√	√	√	√	√	√
6	√	√	√		√	√		√	√	√	√	√	√
7	√	√			√	√		√	√	√	√	√	√
8		√		√	√	√		√	√	√	√	√	√
9	√		√		√	√		√	√	√	√	√	√
10	√	√			√	√	√	√	√	√	√	√	√
11	√				√	√		√	√	√	√	√	√
12	√	√	√	√	√	√		√	√	√	√	√	√
13	√	√	√		√	√		√	√	√	√	√	√
14	√	√			√	√		√	√	√	√	√	√
15	√		√		√	√		√	√	√	√	√	√
16	√	√	√	√	√	√	√	√	√	√	√	√	√
17	√	√			√	√		√	√	√	√	√	√
18		√	√		√	√		√	√	√	√	√	√
19	√	√	√		√	√	√	√	√	√	√	√	√
20	√	√	√	√	√	√		√	√	√	√	√	√
21	√		√		√	√		√	√	√	√		√
22	√		√	√	√	√	√	√	√	√	√	√	√
23	√		√		√	√		√	√	√	√	√	√
24	√		√	√	√	√	√	√	√	√	√	√	√
25	√				√	√		√	√	√	√	√	√
26	√	√	√	√	√	√		√	√	√	√	√	
27		√	√		√	√		√	√	√	√	√	
28	√	√		√	√	√		√	√	√	√	√	√
29	√	√	√		√	√		√	√	√	√	√	√

4. 内部利益相关者

内部利益相关者对人道物流实施所造成的问题指由于 NGO 救援组织内部运作管理方式的差异和不当对人道物流产生的影响。这些影响一方面来自于 NGO 救援组织工作人员和志愿者；另一方面也来自于 NGO 救援组织的背景结构和文化。NGO 救援组织不够重视物流在救援活动中发挥的作用，因此也就缺少相应的物流准备活动，例如在准备阶段进行运输路径规划、需求评估，对工作人员进行物流知识培训，以及投资物流技术等；同样，在应对阶段对物流也不够重视，到发现物流的作用时才采取措施。此外，人道物流还面临 NGO 救援组织缺乏救灾经验的挑战，有时候 NGO 救援组织还会遇到志愿者管理上的问题。

需要注意的是，本书力求使所分析出的人道物流面临的各问题和挑战之间的关系是独立的。例如，NGO 救援组织的运作资金是输入/输出端所控制的，资金不足会造成物资储备不足及没有培训从业人员等问题，同样，在内部利益相关者中，NGO 救援组织不够重视物流在救援活动中的作用也会造成一系列衍生问题，其中某些问题和资金不足所造成的问题是重复的。因此，在分析人道物流所面临的问题和挑战时，选择资金不足和不够重视物流的作用作为分析结果，避免问题的重复。

表 9.3　人道物流在中国实施时面临的问题和挑战

利益相关者	救援组织类型	准　备	应　对	重　建
输入/输出环境	GONGO 救援组织	资金不足→缺少物资储备、缺乏人员培训	资金不足； 无序捐赠； 供应商交货延迟	供应商交货延迟； 受益群体对 NGO 援助产生依赖性
	国际 NGO 救援组织	—	资金不足； 无序捐赠； 供应商交货延迟	供应商交货延迟 受益群体对 NGO 援助产生依赖性
	草根 NGO 救援组织	资金不足→缺少物资储备、缺乏人员培训	资金不足； 无序捐赠； 供应商交货延迟	供应商交货延迟； 受益群体对 NGO 援助产生依赖性
制度环境	GONGO 救援组织	缺少人道物流专业人员	交通基础设施毁坏严重→运输瓶颈； 缺乏真实的需求信息； 缺少人道物流专业人员	—
	国际 NGO 救援组织	缺少人道物流专业人员	缺少人道物流专业人员； 进入灾区需要政府许可； 交通基础设施毁坏严重→运输瓶颈； 缺乏真实的需求信息； 缺少人道物流专业人员	—
	草根 NGO 救援组织	缺少人道物流专业人员	交通基础设施毁坏严重→运输瓶颈； 缺乏真实的需求信息	—

续表 9.3

利益相关者	救援组织类型	准　备	应　对	重　建
竞争环境	GONGO 救援组织	缺少与其他 NGO 的合作	缺少与其他 NGO 的合作；资源竞争	缺少与其他 NGO 的合作；资源竞争
	国际 NGO 救援组织	缺少与其他 NGO 和 GO 的合作	缺少与其他 NGO 的合作；资源竞争	缺少与其他 NGO 的合作；资源竞争
	草根 NGO 救援组织	缺少与其他 NGO 和 GO 的合作	缺少与其他 NGO 和 GO 的合作；资源竞争	缺少与其他 NGO 和 GO 的合作；资源竞争
内部利益相关者	GONGO 救援组织	不够重视物流在救援中发挥的作用→缺少物流计划、缺少对从业人员进行物流知识培训、缺乏对物流设施设备的投资	不够重视物流在救援中发挥的作用→缺少物流计划、缺少对从业人员进行物流知识培训、缺乏对物流设施设备的投资；缺乏救灾经验；志愿者管理困难	—
	国际 NGO 救援组织	不够重视物流在救援中发挥的作用→缺少物流计划、缺少对从业人员进行物流知识培训、缺乏对物流设施设备的投资	不够重视物流在救援中发挥的作用→缺少物流计划、缺少对从业人员进行物流知识培训、缺乏对物流设施设备的投资	
	草根 NGO 救援组织	不够重视物流在救援中发挥的作用→缺少物流计划、缺少对从业人员进行物流知识培训、缺乏对物流设施设备的投资	不够重视物流在救援中发挥的作用→缺少物流计划、缺少对从业人员进行物流知识培训、缺乏对物流设施设备的投资；缺少救灾经验；志愿者管理困难	

可以看到，虽然前面所归纳的人道物流在中国实施所面临的问题和挑战比较全面，但我们还是希望能够在这 13 个问题中找出那些对人道物流实施影响最为显著的问题，也就是那些最需要迫切解决的问题。

在采用因素分析法分析显著因素之前，先将人道物流实施面临的问题抽象成为影响因素，如表 9.4 所示。这些影响因素分别分布于输入/输出环境、制度环境、竞争环境和内部利益相关者四个部分，每个部分都包括几个影响因素，用 C（Challenge）开头，后面加序号标记这些影响因素。

表 9.4 人道物流实施影响因素

	因　素	因素说明
输入/输出环境	储备金（C1）	是否有足够的资金储备
	捐赠无序度（C2）	无序捐赠
	交货时间准时性（C3）	是否供应商交货延迟
	受益群体依赖性（C4）	受益群体对 NGO 的依赖程度
制度环境	基础设施的脆弱性（C5）	基础设施对运输的影响
	需求信息可获得性（C6）	是否真实需求信息的获取困难
	通行限制（C7）	进入受灾地是否受限
	物流人才（C8）	是否缺少物流专业人员
竞争环境	合作（C9）	与 GO、其他 NGO 是否有合作
	资源竞争（C10）	是否与其他组织存在资源竞争
内部利益相关者	重视程度（C11）	是否重视物流在灾难救援中的作用
	救灾经验（C12）	是否有救灾经验
	志愿者管理困难程度（C13）	是否志愿者管理很困难

接下来分析这些因素对人道物流实施绩效的影响程度，找出显著性因素，并对影响程度进行排序，找到影响最大的五个因素，分析其出现原因、影响机理和初步的解决措施。

根据问卷调查结果，在 Excel 中使用逐步回归分析得到如表 9.5 所示的结果，这里只列出了显著性因素。

表 9.5 回归分析结果

	回归系数（Coefficients）	t 检验值（t Stat）	P 值（P-value）
截距（Intercept）	4.482		
C5	− 0.260	− 5.114	0.000
C9	0.228	4.998	0.003
C6	− 0.189	− 4.299	0.001
C11	0.150	3.266	0.001
C8	0.113	3.221	0.000
C3	0.101	2.614	0.000
C2	− 0.088	− 2.356	0.003
C7	0.072	2.620	0.000
C13	0.056	2.114	0.000

回归分析结果发现：C1、C4、C10、C12 这四个因素为非显著因素，对人道物流的实施影响不显著，即：准备阶段是否有足够的资金、受益群体对 NGO 的依赖程度、资源竞争和 NGO 是否有救灾经验，因此，这些问题并不是为提高人道物流绩效要首先解决的问题。

其他因素对人道物流实施绩效的影响是显著的。可以看到，C5 和 C9 的显著性程度最大，然后依次为：C6、C11、C8、C3、C2、C7、C13，也就是说，影响中国人道物流实施前五大最紧迫的问题包括：

（1）基础设施脆弱；

（2）缺乏合作；

（3）很难获得真实的需求信息；

（4）不够重视物流在救援活动中发挥的作用；

（5）缺少物流人才。

就人道物流的利益相关者来说，这五个问题出现在：制度环境、竞争环境、输入/输出环境和内部利益相关者四个环境中。就灾难的三阶段来说，基础设施的脆弱性凸显于应对阶段，缺乏合作则贯穿了准备、应对和重建三个阶段，很难获得真实的需求信息主要是在应对阶段，不够重视物流在救援活动中发挥的作用和缺少物流人才集中于准备和应对阶段。因此，在三个阶段中，人道物流的实施都面临问题和挑战。

将这五个问题和 Fritz 研究所所提出的对人道物流面临的问题和挑战进行对比，发现在表述上其实是大同小异的。

（1）对人道物流不够重视：等同于不够重视物流在救援活动中发挥的作用；

（2）NGO 救援组织缺乏对其从业人员的培训且从业人员物流知识匮乏：等同于 NGO 救援组织不够重视物流在救援活动中发挥的作用会造成从业人员缺乏培训；

（3）缺乏不同 NGO 救援组织之间和与政府的有效合作：等同于缺乏合作；

（4）缺乏人道物流绩效衡量标准和运作规范：等同于 NGO 救援组织不够重视物流在救援活动中发挥的作用也会造成 NGO 救援组织缺乏人道物流绩效评价方法和系统；

（5）基础设施建设不够：等同于基础设施脆弱。

Fritz 研究所对其所分析的五大挑战是以 2004 年印度洋海啸为背景，两次灾难同样发生在发展中国家，且都造成了重大损失和伤亡，那么在人道物流实施时面临的挑战上也应该有类似之处，因此上面的分析是有依据的。

下一节分别就这五大问题进行分析和讨论。

9.3.2　人道物流在中国面临的问题和挑战

1. 基础设施脆弱

基础设施是人道物流实施的基本条件。灾难发生后，基础设施能否保持连续性运作是决定救援组织应对速度的关键因素，而物流基础设施，包括交通网、通信网、仓库等建筑，则决定了 NGO 救援组织是否能够及时将救援物资发放到灾民手中。因此，加强物流基础设施的建设，只可能提高人道组织的救援效率。如果基础设施建设不足或质量贫乏，NGO 救援组织在物资运输过程中就会遭遇物流瓶颈。

之所以用"基础设施脆弱"而非"基础设施匮乏"作为人道物流面临问题的表述，这里有必要首先解释脆弱的含义。"脆弱"和"脆弱性"是在研究或日常中经常会使用到的两个词汇，但它们一直都被"滥用"了，经常只是为了避免对"贫乏""匮乏"等词的重复使用。然而，脆弱与"贫乏"、"匮乏"等描述"缺少"、"缺乏"的词的含义并不相同。维基百科中对脆弱的定义是：个体、组织、社会或系统遭受物理或心理伤害的敏感度（susceptibility），IFRC对灾难中的脆弱性定义为：个体或组织在应对、抵抗和从灾难影响中恢复的能力减弱。IFRC认为，要评估个体或组织的脆弱性，需要回答两个问题：在什么样的情况下他们是脆弱的？是什么让他们在这样的情况下变得脆弱？不难看出，形成脆弱性需要两个条件：第一，外部触发因素；第二，内在因素。可以从对供应链脆弱性的定义类比来看：供应链的脆弱性并不只是由带来风险的外部因素引起的，外部风险只是诱因，供应链的系统特征才是造成供应链脆弱性的驱动力，决定了供应链受外部风险影响的概率和程度。同样，基础设施之所以变得脆弱，不仅仅是灾难对其造成的影响，更重要的是基础设施本身所决定的。

事实上，在汶川地震救援初期，NGO救援组织并不缺乏物资的募集渠道，采购方面基本上也能保持透明公开，但却并不能在速度和需求准确性上满足受灾民众迫切需要救援物资的要求。物流并不是NGO救援组织的强项，除了一些国际NGO救援组织之外，很少有NGO救援组织曾经参与到这种大规模的救援活动，它们既缺少救灾经验，更面临物流环节中一个最基本的"运输"问题。出现这种问题的主要原因却并不是NGO救援组织所能够控制的，这就是基础设施问题。地震后短时间内，灾区的基础设施受到严重破坏，大部分通往灾区的地面交通要道被毁坏，一些道路被阻断的偏远山村最初只能依靠直升机空投物资，主要道路抢修完毕以后，社会捐赠物资开始源源不断运往灾区，但余震仍多次中断了这些抢修的道路。现实情况是：红十字会的大货车遇到滑坡路段就只有停下来，将物资卸载到那些能够适应山地运输的越野车上，越野车再分批次转运物资。然而，红十字会是没有越野车的，这些基本上都是一些俱乐部和私人提供的志愿服务。一家NGO救援组织负责人在接收某研究小组的访谈时说：那时物资已经严重积压了，好多车都进不去（灾区）[63]。交通基础设施被破坏后造成救援物资积压，不能及时送到灾民手中，一些保质期短的物资更是容易在积压期间过期，增加了仓储成本。虽然NGO救援组织运力不足也或多或少地影响了救援物资运送，但并不是造成物资积压的根本原因，根本原因还是在交通基础设施被毁。据某NGO救援组织负责人说，即使有越野车、私家车，但救援到达不到的盲点还是有很多，有些地方都过了一周了还没有任何救援，而有的地方物资又过量了[63]。一些偏远农村因为道路不通，信息不畅，直到救援开始后很长一段时间才得到物资援助，而那些灾难后短时间内打通了交通要道的受灾地得到的物资援助甚至超出了他们的需求，产生了许多浪费。

不仅仅只有交通基础设施的破坏造成了物流瓶颈，物资中转点的仓储和转运能力不足也会造成物资积压。地震期间成都作为灾区的物资集散地，车站和机场等物资中转地资源都非常紧张，许多NGO救援组织只有自己组织车队将救援物资拉到红十字会，但这也只限于本地NGO救援组织，外地NGO救援组织仍然面临由于物资转运点能力不足造成的物流瓶颈。救援物资集散地的物资仓储和转运能力决定了救援物资是否能够及时到达灾民手中。

从上面的现状可以看到地震中基础设施是脆弱的。然而，正如前面所解释的"脆弱"的涵义，地震后大量基础设施被毁的原因并不能完全归咎于地震的高烈度和强度，我们知道，2010年2月27日发生的8.8级智利地震，仅造成了1 000多人死亡或重伤，同比之下，我国级数为8级的汶川地震却造成了69 227人死亡。智利和我国同为发展中国家，是世界上发生地震最频繁、最强烈的国家，世界全部地震能量的约四分之一在智利释放，但死亡人数却一直不多，这其中的原因，不仅是因为智利地广人稀，有地震应急经验，更重要的是智利的基础设施建设脆弱性低：在智利，建筑质量标准非常严格，地震发生后虽然很多建筑受到损害但并没有完全倒塌，甚至有人说："地震本身不会杀人，而建筑会杀人"，借用这句话到人道物流上就是："地震本身不影响物流，而基础设施会影响物流。"至于为什么我国的基础设施建设还很薄弱，存在许多"豆腐渣"工程，这里不再深究其本质原因。本文想要强调的是：不能把基础设施的毁坏都归咎于自然因素，实际上人为因素才是造成风险的根本原因。

2. 缺乏合作

资源依赖、微观经济学、战略管理理论是解释组织间合作驱动力的最佳理论。不是每个组织都能够获得组织生存所需的所有资源，每个组织可获取的资源种类和数目都不同，某些组织可能缺少另外组织拥有的资源，这就是资源稀缺，是组织间进行合作的首要驱动力因素，资源稀缺非但没有加剧竞争反而促进了组织间的合作。有效的组织间合作能够降低交易成本。在灾难救援中，NGO 救援组织之间、NGO 救援组织与 GO 救援组织的合作能够有效提高人道物流的实施绩效。

在研读由中华扶贫基金会所支持的汶川地震救援系列丛书后，我们发现：地震救援中，NGO 救援组织之间、NGO 救援组织与 GO 救援组织的合作通常只发生在应对和重建阶段，大部分合作又只存在于应对阶段，例如四川"5·12"民间救助服务中心（简称救助中心）、NGO 四川地区救灾联合办公室（简称联合办）、新驼峰行动等 NGO 联盟从形成到解散的时间都不长，最多的达到一年，最少的不到一个月；NGO 救援组织与 GO 救援组织的合作更是少见，主要集中于 GONGO 救援组织，如中国扶贫基金会、中国慈善总会、红十字会基金会以及红十字会这样的大型 GONGO 救援组织，少数国际 NGO 救援组织也和 GO 救援组织有合作，但都只是初步的信息交流，并没有与 GO 救援组织建立长期的合作关系。几乎没有草根 NGO 救援组织和 GO 救援组织合作。

首先，以 NGO 救援组织之间的合作来说，地震期间，虽然参与救援的 NGO 救援组织数目众多，尤其以草根 NGO 救援组织居多，但救援期间建立的影响力较大的 NGO 救援组织联盟只不过五、六家，其他组织虽然也有联合，但几乎都是三三两两的，并不成气候。且这些 NGO 联盟存在时间较短，有的只参与紧急救援，有的只参与重建，少数运作时间长的联盟既参与了应对也参与了重建，没有一个 NGO 救援组织联盟的运作贯穿了灾难管理的三个阶段，不仅如此，NGO 救援组织联盟成员间的合作也并没有上升到战略层面。某 NGO 救援组织负责人认为：虽然 NGO 救援组织联合起来后能做很多单独做不了的事，但合作并没有上升到战略层，只不过是为了应急之需，一些草根 NGO 居住证也表示在救援中，由于没有合作基础，机构并没有与其他 NGO 救援组织联盟[72]。作为救灾期间典型的 NGO 救援组织联盟，联合办从成立到解散不到三周的时间，却集合了 100 多家草根 NGO 救援组织的力量，成功转运了价值 1 000 万元的救援物资。然而，这并不代表联合办在运作过程中就一帆风顺没有任何问题，联合办某负责人认为："合作中的误会肯定是有的，主要是大家（NGO）对资源太紧张了，也没有成文的合作制度[64]。"联合办在救援行动开始一个月后即宣布解散，此时参与联合的各个 NGO 救援组织根据实际情况，愿意继续联合的继续联合，不愿意的就选择离开。可以看到，救援阶段临时形成的 NGO 联盟成员之间并没有进行深入的合作，仅仅停留在运作联合层面，表现为 NGO 救援组织在灾区联合办公，建立初步的负责体制募集、采购和转运物资，达到联合初期规定的目标后立即解散。这种运作联合虽然综合了各 NGO 救援组织成员之间的人力资源优势，却只能为短期的项目运作服务，而且，由于联合目标达到后联盟即解散，一方面，联合期间成员集合的资源流失；另一方面，联合体的评估也无法实现，联盟成员也就不能从评估中进行学习以提高下一次灾难的救援效率。因此，建议 NGO 救援组织之间的合作能够贯穿灾难管理三个阶段：减除准备、应对和恢复，并且将合作上升到战略层面。

其次，以 NGO 救援组织与 GO 救援组织，主要是与政府的合作来说。地震救援期间，少有 NGO 救援组织与政府的合作，一些草根 NGO 救援组织或 NGO 救援组织联盟依靠 GONGO 救援组织进行运作，例如新驼峰行动小组成立后并不直接将募集物资运往灾区，而是联系其他有政府背景或与政府有良好合作关系的组织、基金会将救灾物资运往灾区[65]。事实虽然如此，但在多家草根 NGO 救援组织联盟发表的联合行动声明中，草根 NGO 救援组织都表明了与政府合作的愿望，以"协助政府"的功能作为贯穿声明的主线[66]，可见，草根 NGO 将自己的功能定位为"辅助政府"救灾。并且，即使那些和政府有联系的草根 NGO 救援组织与政府打交道时也只停留在汇报、展示等初步的信息交互层面，例如救助中心在整个救援活动中和政府的接触包括：给抗震救灾指挥部写报告；向政府进行工作汇报；请政府视察工作等。在救灾过程中，草根 NGO 救援组织和政府的关系一直都是比较微妙的。虽然政府对某些草根 NGO 救援组织的态度是支持的，但对大多数草根 NGO 救援组织却抱着不信任和怀疑的态度，联合办成立初期就有某领导人因为政府调查原因迫于各方压力辞去其原在单位的职务。在救援中期，国家规定，除红十字会和慈善总会两家机构能够公开募集资金外，其他组织的募集资金必须转交到相关部门。所有这些都体现了政府对草根 NGO 救援组织及联盟的不信任，它们与政府的关系当然更谈不上合作，一些草根 NGO 救援组织由于得不到政府开的通行证，不能深入一线灾区，也就完成不了组织的既定目标，大大降低了组织积极性。

事实上，NGO 救援组织之间能够在大灾后形成初步的联盟并不是偶然的，这是由 NGO 救援组织的资源禀赋性所决定的。不同 NGO 拥有的资源不一样，专才不一样，单个组织并不能有效地参与救灾，只有联合起来整合各 NGO 救援组织的资源才能实现功能互补的可能，资源禀赋性也是 NGO 救援组织联合能够实现的功能基础。

而为什么 NGO 救援组织之间的联合上升不到战略层面，作者认为有以下几点原因：

（1）资源竞争。

NGO 救援组织虽然具有独立性，但它们也和企业一样是竞争的关系：为了吸引民众注意、扩大组织声誉、筹募资金，NGO 救援组织之间必须竞争有限的社会资源，特别是社会捐赠资源，这种竞争活动主要通过捐赠倡导、游说、广告、慈善晚宴等形式表现。NGO 救援组织之间的这种资源竞争关系是导致 NGO 救援组织间的合作不能上升到战略层面的内在原因。

（2）缺乏沟通机制。

地震救援期间虽然 NGO 救援组织形成了联合体，但这种联合并不紧密，成员之间缺少沟通，造成联合体内部的横向信息不对称，使得 NGO 救援组织联合只停留在运作层。地震后上海多家民间组织发布联合声明后，各 NGO 救援组织开始分别募集物资，当灾民需求紧缺为药品时，一些 NGO 救援组织成员还停留在衣物募捐上，正如某负责人所说，尽管联合的 NGO 救援组织反应比较快，但之前联系并不多，这种松散的临时拼凑起来的组织在需要高度协作的项目前就会出现沟通不畅的弊端。缺乏相应的沟通机制也是 NGO 救援组织联合上升不到战略层的内在原因。

（3）联合行动的风险太大。

草根 NGO 救援组织之间的联合行动压力和风险都很大。地震救援期间，参与救援的草根 NGO 大部分都是未在民政部登记注册的民间组织，没有合法身份，进行联合行动时只会给政府造成压力，即使注册过的 NGO 救援组织在考虑联合时也会通过某些措施规避政府的某些调查。按照某 NGO 救援组织负责人的话就是：动作做的越大，联合行动的风险就越高[63]。在这种联合行动有风险，单独行动效率又低的双方制约下，很多 NGO 救援组织选择了小规模联合，而且即使联合了，也不做让政府敏感的事，一些 NGO 救援组织联盟如救灾中心就只选择了做信息和协调服务，而不去接触实际的资金、物资的募集与采购，在整个救援流程中只充当了信息中介的角色，虽然也发挥了很大的作用，但并未发挥 NGO 救援组织作为公民社会代表，比政府更能了解民众需求的才干。联合行动风险太大是 NGO 救援组织不能联合或联合上升不到战略层面的外在原因。

与 NGO 救援组织之间能够形成联盟不同，没有政府色彩的 NGO 救援组织与政府之间很难形成合作关系却是必然的。一方面不同等级主体之间的合作是非常困难的。草根 NGO 救援组织是自下而上，扎根于民间的社会团体，而政府则是自上而下管理社会的机构，草根 NGO 救援组织和政府的等级是截然不同的，它们之间的合作缺少理论基础。而另一方面草根 NGO 救援组织与政府的合作却并非不可能，由于草根 NGO 救援组织并不能免除它们的受益群体和捐赠人受政治环境的影响，草根 NGO 救援组织与政府的合作却是不可避免的，尤其是在政府无暇关注或者无力关注的盲点区域。作者认为草根 NGO 救援组织与政府之间很难形成合作的原因如下。

（1）内在原因。

等级差异性：自上而下的政府逻辑与自下而上的 NGO 救援组织逻辑之间有矛盾。

（2）外在原因。

草根 NGO 救援组织的合法性：许多草根 NGO 救援组织并没有在民政部正式登记注册过，参与救灾没有合法身份，政府对它们是监管的态度，当然更谈不上合作了。

3. 很难获得真实的需求信息

毫无疑问，真实的需求信息对于物资计划、采购等一系列流程的顺利开展起着关键的作用。在商业物流中，企业采用各种评估工具预测需求，以"共赢"为目标结成供应链，尽量保证节点企业的信息透明，减少"牛鞭效应"对需求信息差异的影响。在人道物流中，NGO 救援组织却很难获得真实的需求信息，这是由受灾地的制度环境所造成的。

在救援过程中，NGO 救援组织得到的需求信息经常是不真实的，与实际需求有偏差，一些草根 NGO 救援组织甚至根本就没有获得需求信息的可靠渠道。地震发生几天后，一些外地的草根 NGO 救援组织、国际 NGO 救援组织由于没有进入受灾地，不能进行紧急需求评估，只能通过网络、报纸等渠道获取信息，据某 NGO 救援组织负责人说，它们在震后一周之后仍然只掌握了粗略的需求信息[72]，此时它们只有通过不断尝试联系其他已经进入灾区的 NGO 救援组织，找人了解具体情况，然后再派小分队前往成都进行需求评估，大大降低了它们的反应速度。一些国际 NGO 救援组织由于不能进入灾区，也就根本没有办法进行实地需求评估，然而比起 GONGO 救援组织和草根 NGO 救援组织，国际 NGO 救援组织的人力物力都是比较专业和充分的，因此只要能够进入灾区，必然能在救援活动中发挥它们的优势，但现实是它们连最根本的需求信息都不能获得。对于 GONGO 救援组织如红十字会来说，它们能够在震后第一时间内进入灾区，但它们的需求信息获得渠道确是非常单一的：《四川省红十字会自然灾害等突发公共事件应急预案》中规定，"各级红十字会负责向同级政府相关部收集本地区灾害信息并及时将灾情逐级报送省红十字会，报送方式为红十字系统使用的灾情报表。"可以看到，GONGO 救援组织获取需求信息只是依靠政府相关部门及组织体系实现的，而显然，只有一种信息渠道是肯定无法捕捉、验证所需信息的真实性的。一些 NGO 救援组织对从政府获取有效信息也表示怀疑，某 NGO 救援组织负责人说：当时通过中国扶贫基金会找扶贫办、民政系统了解灾民需求情况，但它们的回答是："下面的需求都报上来了，但我们连整理的时间都没有[63]。"很多 NGO 救援组织表示，有时候新闻报道并不准确，只有真正在去灾区的途中了，进入灾区了，才知道民众到底有什么需求，需要多少。因此，派出先遣小分队是获取真实需求信息的最可靠方式，这种方式却受到灾情的制约，并非所有 NGO 救援组织都有能力派出需求评估队伍，对于大部分既没有救灾宗旨也没有救灾经验的 NGO 救援组织来说，它们还是只能通过政府、媒体、或者其他 NGO 救援组织获取需求信息，但间接渠道导致的信息不对称则增加了它们获取真实信息的难度。即使有的 NGO 能够从各方渠道获得可靠信息，但受堵车、截留、货物转运的影响，救援物资到达成都后仍然会与原需求出现偏差。

　　NGO 救援组织之所以很难获得真实的需求信息，不仅是因为灾难发生后对通信设施的破坏，获取信息的渠道受限，且渠道内信息不对称是主要原因。由于政府对 NGO 救援组织的不信任，没有对 NGO 救援组织开放救灾信息，一些没有能力派遣小分队的 NGO 救援组织不得不通过网络、报纸等媒体获取并不真实的需求信息，信息在这些流通渠道中经过渲染、错误放大或缩小，到达 NGO 救援组织时已经与真实需求出现了很大的偏差。有些 NGO 救援组织接收的定向捐赠物资要根据捐赠者意愿分发，这可能并不是灾民的真实需求，这与救援物资的需求导向是矛盾的。

4. 不够重视物流在救援活动中发挥的作用

　　商业物流自被提出以来，由于它对企业降低成本的有效作用，得到了学术界和企业界的共同重视，因此无论是理论还是实践都已经发展得比较成熟。而比商业物流滞后了几十年的人道物流，其研究刚刚开始，理论和实践都很欠缺，人们对它的认识不足，重视也不够，导致 NGO 在准备和应对阶段缺乏物资募集计划和物资配送规划，缺少对从业人员进行物流知识培训，缺少对物流设施设备的投资。同时也使得 NGO 救援组织在救援过程中没有应用足够的、成熟的物流技术。我们知道，物流技术的应用在商业物流中是必需的，能够大大降低企业的物流成本，提高企业的物流信息化水平。和商业物流一样，物流技术的应用，尤其是物流信息技术的应用，同样能够提高人道物流的实施绩效。NGO 救援组织应用 GIS/GPS 技术能够帮助 NGO 实现需求的快速定位和预测；应用 RFID 能够帮助 NGO 救援组织更好地管理资源，实现物资捐赠和发放过程的公开和透明。尽管如此，应用物流信息技术的 NGO 救援组织还非常少，仅限于大型的国际 NGO 救援组织，如国际红十字会、联合国政府间组织等。

由于对人道物流不够重视会直接导致 NGO 救援组织在救援过程中较少使用物流技术，因此，下文将主要对物流技术在救援中的应用进行讨论。

地震期间，从应对到恢复，很少有 NGO 救援组织使用物流设备，特别是物流搬运和装卸设备，大型国字号 NGO 救援组织也不例外。紧急救援期间，NGO 救援组织到达灾区物资集散点后转运的所有物资的装卸和搬运几乎都由志愿者手工实现，NGO 救援组织大都使用志愿者充当应该由物流机械完成活动的劳力，有运输能力的 NGO 救援组织不是接收物资而是转运物资。虽然比起使用物流机械来，志愿者是免费的，节省了租赁物流机械的成本，但物流效率却在无形中降低了。不仅物流设备的使用很少，物流信息技术的使用更是凤毛麟角。NGO 救援组织在物资采购、运输、转运和发放过程中，为了保证整个流程的透明度，虽然都采取了一定的措施，但这些措施都是最基本的手工操作，一些 NGO 救援组织选择在供应链终端对接收物资民众拍照的方式保证物资已经送到了灾民手中。此外，在整个物资募集、采购、仓储、运输、转运、接收和发放的过程中，NGO 救援组织大都采用手工填写单据、造花名册等方式实现入库、出库、购买证明等流程。这些操作均是采用手工记录的方式，并不能避免工作人员疏忽或失职所带来的风险，同时，这种方式大大增加了工作量，也使整个物资发放流程过于复杂化和广告化，虽然不能否定 NGO 救援组织需要通过拍照将物资发放信息公示给捐赠者，但从某种程度上来说这却很容易被认为是 NGO 救援组织的一种作秀行为，无疑给受益群体带来了压力。

GIS/GPS 技术能够应用于需求预测。地震救援前期，对于一般的 NGO 救援组织来说，使用 GIS/GPS 技术进行需求预测根本就是不可能的，只有官方才能使用，大部分 NGO 救援组织均是采用派出小分队到灾区评估灾情的方式预测灾民需求，少数 NGO 救援组织根本就不进行需求评估，直接根据媒体发布的信息进行募捐，当这些募捐物资达到灾区时，才发现原来并不是灾民迫切需求的东西。

出现这种情况的原因并不是偶然的，事实上，NGO 救援组织相关人员对物流的认识还停留在比较片面的层次，认为物流就是运输，就是盘算怎么找到足够的车和人把物资送到灾区，对使用如 RFID 等物流技术几乎从来没有考虑过。

本文认为，如果 NGO 救援组织能够应用物流信息技术，至少能够应用 RFID 技术和条码技术到整个物流过程中，不仅物流效率能够得到很大程度的提高，物资发放也能得到很好的监管和问责。

为什么 NGO 救援组织对物流在救援活动中的作用不够重视？一方面，汶川地震是新中国成立以来发生的第二次造成重大人员伤亡的灾难，此前由于发生的灾难没有达到如此的规模，社会行动不充分，NGO 救援组织缺乏对如此大规模灾难的应对经验，也就看不到物流在救援中发挥的作用；另一方面，我国致力于救灾的 NGO 救援组织并不多，物流对 NGO 救援组织来说，不能说是完全陌生的领域，但至少它们对物流并不熟悉，也没有专长；最后，虽然应急物流迄今为止已经有了一定的研究成果，但主体为 NGO 救援组织的人道物流却长时间被学术界所忽视。

5. 缺少物流人才

Fritz 研究所在 2005 年的人道物流国际会议上表示：受灾实地缺少具有物流知识的工作人员，人道组织的救援效率因此受影响。在印度尼西亚海啸救援中，由于缺乏有物流知识背景的工作人员，88%的人道组织不得不从其他地方调派力量[1]。为了解决物流人才在人道救援中的缺失问题，2007 年 Fritz 和其他多个 NGO 救援组织（IFRC，Oxfam 等）合作成立了人道物流项目，用以培训人道物流专业人才，可见人才对救援的重要性。除此以外，虽然很高的人员周转率正是人道物流救援网络区别与商业供应链的主要特点之一，但同时也对人道物流的实施绩效带来显著影响。由于 NGO 救援组织的职业前景相对模糊以及受灾地救援环境带来的压力，NGO 救援组织的人员周转率非常高。据统计，大型 NGO 救援组织每年的人员周转率可达到 80%[67]，而如果灾难救援中 NGO 救援组织工作人员的周转率太高，则会造成经验流失和管理的困难。

　　物流人才一般都在企业中工作，NGO 救援组织中基本没有设置专门的物流职位。在地震救援中，NGO 救援组织的内部员工很多都缺乏物流知识，在招募志愿者时也很少会考虑志愿者是否有物流专业知识。NGO 救援组织在物资转运时常常缺少能够进行有效物资调配的人员。事实上，汶川地震前期物资曾一度在省红十字会积压，最后西南交通大学物流学院陆续派出有专业物流知识的志愿者参加到救援中，方解决了物资积压的燃眉之急。这更说明了专业物流人才在救灾物资转运中发挥的作用。试想如果 NGO 救援组织内部有或事先招募了专业物流志愿者，救援物资还会不会被积压在仓库内？并且，如果 NGO 救援组织有招募物流人才的计划，它们又能够招募到有能力的人吗？

　　NGO 救援组织缺乏物流专业人才有两方面原因。一方面，由于 NGO 救援组织在中国的发展并不成熟，NGO 救援组织行业前途并不乐观，且工资较低，这与专业人才对工作的需求是不符合的，且草根 NGO 救援组织又限于规模和资金，不需要聘请额外人员，也没有多余的资金用于支付工资。NGO 救援组织的高人员周转率也使得人才流失严重；另一方面，人道物流在中国的研究才刚刚开始，虽然国外已经开始有机构认识到人道物流的作用并设立相应的人道物流专才培训项目，但国内却没有，市场上尚缺乏人道物流专业人才。

9.4　人道物流在中国的解决措施

　　根据本章前面所做研究提出解决问题的思路和方向，希望能够对 NGO 救援机构和政府在迎接下一次灾难挑战之前的准备时间里为更高效地进行下一次的灾难救援，思考应该做什么和怎么做提供帮助。针对人道物流的不同利益相关者，将解决问题的思路和方向大致分为政府能够做的和 NGO 救援机构能够做的两部分。

9.4.1　政　府

1. 购买 NGO 救援组织的服务

　　政府购买 NGO 救援组织服务模式起源于西方发达国家，是由政府付费或购买，民间组织提供服务的政府—NGO 合作模式。在欧美等发达国家，公民社会已经发展得比较成熟，而 NGO 作为公民社会的主体，在灾难救援中发挥的作用不可小视。政府购买 NGO 救援组织服务一方面能够为 NGO 救援组织提供稳定的服务项目和资金来源，优化 NGO 救援组织的服务质量；另一方面也弥补了政府的职能空缺，降低了政府的财政负担。在灾难管理中，一方面，政府通过购买 NGO 救援组织的服务，为 NGO 救援组织，尤其是 GONGO 救援组织和草根 NGO 提供稳定的资金来源，NGO 可以将资金投入到人员培训，并合法化草根 NGO 救援组织和国际 NGO 救援组织参与敏感项目服务；另一方面，NGO 救援组织也能够与政府建立良好关系，增加了获取信息的渠道；最后，政府还可以通过物流项目招标的方式，让 NGO 救援组织重视物流，达到通过政府—NGO 合作提高灾难管理效率的目的。

我国政府购买 NGO 服务始于 1994 年深圳市政府向罗湖区的一个公司招投标，2002 年政府购买 NGO 服务转向卫生领域，2006 年财政部出台《关于政府购买社区卫生服务的一些试点意见》。尽管如此，迄今为止，政府购买 NGO 服务在我国仍然是偶然性的事件，并没有形成常态，很多 NGO 救援组织，尤其是草根 NGO 救援组织，仍然缺乏运营项目所必需的资金和渠道。其中的原因比较复杂：首先由于我国政治法律和社会环境的限制，政府对 NGO 救援组织的认识还处于"防范"阶段。民政部是参与购买 NGO 救援组织服务的主体，但购买 NGO 救援组织服务的资金却并不是由民政部而是由财政部来出，这就涉及政府内机构的职能交叉问题，财政部也并没有将购买 NGO 救援组织服务的资金纳入年度预备费预算；其次，政府购买 NGO 救援组织服务还没有相关法规。虽然政府出台了一些指导意见和通知，但这些对政府如何购买 NGO 救援组织服务，包括购买哪些服务、怎样购买、怎样监督 NGO 救援组织使用资金等内容并没有本质的指导意义。迄今为止还没有政府购买 NGO 服务的法规出台。

对于以上现状，这里提出几个解决方案：针对民政部和财政部的职能交叉问题，民政部没有权利下拨用于购买 NGO 救援组织服务的资金，而财政部没有将该部分资金纳入预备费预算的依据。民政部可以选择一些有能力的 NGO 救援组织做项目试点，将购买 NGO 救援组织服务能够产生的社会和经济效益，例如能够解决多少人的就业问题，能够产生多大的 GDP，形成政府购买 NGO 救援组织服务项目报告，交给财政部，为财政部提供将购买 NGO 组织服务的资金纳入预算的依据；其次，针对还没有政府购买 NGO 救援组织服务法律法规问题，除了要加快拟定这些法规的进程之外，还可以通过修订或完善我国两部政府购买非政府产品（服务）的法案：《政府采购法》和《招标投标法》的方式，将政府购买 NGO 救援组织服务纳入到法案中，推动政府购买 NGO 救援组织服务的常态化。

2. 鼓励常规性社会捐赠

常规性社会捐赠即连续性的、常规的，由社会大众包括个人、企业向 NGO 救援组织捐赠的模式。不同于灾难发生后社会提供给 NGO 救援组织的紧急捐赠，常规性社会捐赠不仅能够为 NGO 救援组织在没有灾难时运行其他项目提供资金，而且能够为有救灾宗旨的 NGO 救援组织提供准备阶段的储备金，NGO 救援组织可以利用这些储备金培训从业人员，投资到信息系统开发等业务。

在欧美等发达国家，NGO 救援组织资金一般来源于三个方面，即政府的财政拨款、自身的经营所得和面向社会公众募集的资金。虽然面向社会公众募集的资金并不是这些 NGO 救援组织资金的主要来源，但却是形成 NGO 救援组织志愿性和独立性的基础；而在我国，由于政府还没有开放购买 NGO 救援组织服务，大部分 NGO 救援组织的资金主要来源于社会捐款，并且常规捐赠的部分不多，主要由紧急捐赠的部分构成，这导致 NGO 救援组织，特别是那些有救灾宗旨的草根 NGO 救援组织，在灾难准备阶段没有足够的资金实施灾难风险减除项目。虽然灾难发生后公民高涨的捐赠意愿能够为 NGO 救援组织提供大量资金，但由于准备不足，NGO 救援组织的救援效率不会比有准备时候的救援效率高。

我国常规性社会捐赠不"常规"的原因有二：首先，公民的经常性捐赠意识还不强；其次，我国的 NGO 救援组织发展还相当不成熟，并且国家还没有出台正式的法律来规范 NGO 救援组织的合法性和纪律性，因此，也就没有成熟的社会捐赠机制，法律对个人和企业的捐赠引导力度不足；再次，目前我国只允许公募基金会面向社会大众募集资金，其他 NGO 救援组织没有社会募捐的法律资格，导致 NGO 救援组织常态下募集资金非常困难。

对此，建议政府要鼓励常规性的社会捐赠，可以出台社会捐赠规范条例，规定能够进行社会募捐的团体类型，但不只限于公募基金会，规范社会募捐的渠道和监督机制。

3. 鼓励 NGO 救援组织参与救灾

NGO 救援组织是组成公民社会的主要力量，特别是草根 NGO 救援组织，由于其相对于 GONGO 救援组织的自下而上性，与底层民众最近，更能代表公民的真实需求。在国外，NGO 救援组织是仅次于政府和军队参与灾难应对的主体之一，政府购买 NGO 救援组织服务，鼓励 NGO 救援组织参与救灾，不仅为 NGO 救援组织提供了资金来源，使非政府组织有充足的资金进行灾难救援，同时也分担了政府和军队的救灾重担，NGO 救援组织也因此成为这些国家灾害救援的中坚力量。在我国，2007 年颁布的《中华人民共和国突发事件应对法》中提出国家要建立有效的社会动员机制，2009 年发布的《中国的减灾行动》白皮书也将社会参与纳入减灾建设，指出国家要不断完善社会动员机制，统筹安排政府资源和社会力量，形成优势互补、协同配合的抗灾救灾格局，充分发挥民间组织、基层自治组织和志愿者队伍在综合减灾工作中的作用。可以看到，虽然社会力量参与救灾已经纳入了国家法案，但只是明确了要发挥民间组织（NGO）在救灾中发挥的作用，并没有回答 NGO 如何参与救灾，怎样规范 NGO 救援组织参与救灾，如何平衡救灾过程中非政府与政府的关系，如何对 NGO 救援组织参与救灾进行监督等一系列问题。由此可见，虽然政府已经认识到 NGO 救援组织在救灾中发挥的作用，但还没有明确 NGO 救援组织如何参与救灾。这其中的原因既有外在的也有内在的原因，一方面我国的 NGO 救援组织现在还发展得相当不成熟，NGO 救援组织在救灾中的作用直到汶川地震时才"爆发"了出来，国家建立 NGO 救援组织参与救灾的机制和法制还需要一段准备时间；另一方面，政府对 NGO 救援组织，尤其是草根 NGO 救援组织还是不够信任，始终要或多或少限制 NGO 救援组织参与救灾的宽度和深度。

我们认为，政府鼓励 NGO 救援组织参与救灾的方式应该是多方面的，除了要完善相应的社会动员机制以外，还可以通过购买 NGO 救援组织参与灾难管理三个阶段执行项目服务的方式鼓励 NGO 救援组织参与救灾，例如灾后重建项目、灾难减除项目等。如此，NGO 救援组织既能够得到充足的资金用于人员培训和技术发展，也能够与政府建立良好的合作关系，增加了获取信息的渠道。

4. 整合现有的物流基础设施到灾难救援中

物流基础设施是经济环境中物流系统运行的基础条件，包括公路、铁路、机场、港口、码头、货场、物流中心、仓库、物流线路以及信息网络等。同样，物流基础设施，尤其是交通基础设施、仓储设施和信息网络，对人道物流实施的关键作用也毋庸置疑。近几年来，我国正在大力发展物流基础设施建设，出台了《物流业调整和振兴规划》等一系列发展物流基础设施建设的意见；但是，可以看到，这些意见中都只指出要发展物流基础设施建设，为国家的经济发展服务，并没有提到物流基础设施对灾难救援的作用。虽然交通基础设施是公共物品，为发展经济而建设的公路、铁路等同样也为灾难救援中的物资运输而服务，但如仓库、物流中心、物流信息网络等却并不一定是公共物品。大多数有救灾宗旨的 NGO 救援组织并没有自己的仓库，救灾物资储备主要依靠国家和地方战略物资储备库。对于这种现状，我们并不建议那些有救灾宗旨的 NGO 救援组织在灾难准备阶段租赁仓库储备物资，因为这毕竟需要 NGO 救援组织有充足的资金来源和库存控制能力，这与现实往往是脱节的，而是建议政府可以开放用于商业目的的物流设施给 NGO 救援组织。包括两个方面：首先，鼓励企业向 NGO 救援组织提供物流服务，例如给予那些向 NGO 救援组织无偿或低价提供物流服务的供应商相应的税收优惠。其次，政府也可以开放地方物资储备仓库，让那些有储备物资需求的 NGO 救援组织将物资储备到这些仓库中，只收取一定的仓库管理费用，这样既充分利用了仓库空间，解决了 NGO 救援组织物资储备的困难，也在一定程度上减小了地方政府的财政压力。因此，整合现有的物流基础设施到灾难救援中，既能够解决由于基础设施建设力度不足给 NGO 救援组织带来的灾难救援问题，也能够实现 NGO 救援组织与政府、企业的合作，NGO 救援组织也能重视物流在救援中的作用。

9.4.2　NGO

1. 建立 NGO 救援组织之间的沟通和交流机制

在企业中，物流专家之间的沟通和交流已有许多成熟渠道，例如物流协会，有名的如物流与供应链管理国际高峰协会（CSCMP, Council of Supply Chain Management Professionals），该协会举办的会议每年有来自各行业的 5 000 ~ 7 000 专业人士参加，其他如学术圆桌会议以及由咨询公司或物流企业牵头的物流委员会等，这些组织都给不管是物流专家还是物流学者之间的经验和知识交流提供了良好的平台。

然而，在人道物流中，虽然 NGO 救援组织之间的信息沟通和经验交流对人道物流的理论和实践发展起着非常重要的作用，但人道物流实施者之间的沟通交流机制还不如商业物流成熟。在国外，NGO 救援组织之间的沟通与交流通过会议和协会来实现：由 Fritz 研究所联合一些大型国际 NGO 救援组织每年举办的人道物流国际会议，给来自 40 多个不同领域的 NGO 救援组织从业人员提供了物流实践经验知识交流平台。该国际会议不仅丰富了 NGO 救援组织工作人员的人道物流知识，也给不同 NGO 救援组织之间的合作带来了可能；不仅如此，2005 年成立的人道物流协会（HLA）更是在很大程度上促进了 NGO 救援组织之间的合作交流和人员物流素质的提高。而在中国，不同 NGO 救援组织，尤其是草根 NGO 救援组织之间的交流主要集中于个人层面上的"交情"，NGO 救援组织之间的沟通并没有上升到组织层面。因此我们建议可以通过成立人道物流行业协会、举办人道物流学术会议、组织人道物流网络 bbs 等方式，通过不同渠道构建 NGO 救援组织能够进行信息交流和学习的"社区空间"，为 NGO 救援组织从业人员、学者、企业人员交流学术和实践经验提供平台。

可以看到，建立 NGO 救援组织之间的沟通和交流机制，既能够促进 NGO 救援组织之间、

NGO 救援组织与企业、NGO 救援组织与学术界的交流合作，也能够促进 NGO 救援组织成员的知识学习，提高它们的物流素质，NGO 救援组织也能加大对人道物流的重视，在灾难发生后这样的交流机制更是为信息沟通提供了平台。

2. 建立人道物流从业人员培训与考核机制

HLA 协会成员一致认为，NGO 救援组织，尤其是国际 NGO 救援组织，需要研究的人道物流相关问题有：如何提高灾难应对速度、人道供应链管理理论与实践、采购、仓储、库存控制、运输、车队管理和进出口流程管理。为了培训 NGO 救援组织人道物流人才，同时探索解决人道物流相关问题的理论和方法，Fritz 研究所首先开始了人道物流培训项目，为通过考核的人员颁发人道物流从业资格证书。而在中国，一方面由于 NGO 救援组织发展还不成熟；另一方面由于人道物流的学术研究尚处于起步阶段，现在无论是在 NGO 救援组织，行业协会，还是高校都还没有出现人道物流培训，且人道物流现在在国内也是一个比较新的词汇。

具有标准型和广泛性的人道物流从业人员资格培训不仅能够发展人道环境下从事物流工作的人才，还可以：

（1）由于培训课程会使用标准的术语、目录和流程，因此能够促进 NGO 救援组织之间的交流；

（2）增加 NGO 救援组织从业人员的职业机动性和满意度；

（3）通过考核的人道物流从业人员能够为 NGO 救援组织在招聘人员时提供更大的选择余地和弹性。

事实上，不同类型的 NGO 救援组织所面临的人道物流实施过程产生的问题没有本质的差别，因此通过标准培训的方式进行知识系统管理是可行的。

具体的培训方式可以选择实地培训或远程培训（e-learning），培训模式可以是 NGO 救援组织独立经营或与企业和学术界合作经营。虽然人道物流的理论系统现在还不成熟，但企业和学术界在物流管理理论和实践上有丰富的经验，NGO 救援组织能够在培训过程中改进教学理论和方式。

3. 进行连续性流程评估

一般来说，在灾难救援过程中，NGO 救援组织的救援行动都以项目的形式实现。因此，它们除了向捐赠者公示捐赠物资的物流过程之外，很少关注绩效管理，通常都把力气花在如何"完成工作"而非如何"从工作中得到经验和知识"上；并且，NGO 救援组织没有主动的学习态度，即使项目完成后进行了评估，也都是为了向项目资助者报告经费使用情况。但评估对组织目标实现的促进作用是不可小视的：当物流从业者们能够衡量物流活动的绩效和价值的时候，物流也就从企业的边缘功能转换为战略功能了。对 NGO 救援组织也是一样，建立自适应的知识学习系统将促进 NGO 救援组织项目目标的实现。

企业中的绩效评估使用结构化连续性流程改进方式，这是自 20 世纪 80 年代就用于企业中的评估方法。但 NGO 救援组织应用的项目评估与这种评估不一样，它不是常规性的，只有在需要的时候才发生。如果能够把应用于企业的 PDCA（计划-执行-检查-处理）"Plan-Do-Check-Act"管理循环改进后应用到人道物流，势必将对人道物流的实施产生正面影响。

NGO 救援组织的连续性流程评估不能通过手工的方式实现，需要信息系统的支持，使用这样评估方式对人道物流的实施有如下优点：

（1）绩效评估分析能够找出造成运作障碍的因素并寻找排除方法；

（2）当前的人道物流绩效分析可用于连续流程改进；

（3）NGO 救援组织可使用绩效评估的实际数据管理供应商和 3PL，并汇报给捐赠者和媒体，提高 NGO 救援组织的声誉。

我们建议，NGO 救援组织在进行绩效评估之前，可以首先向那些也采用项目运作的企业学习经验。其次，学术界在绩效评估、项目管理和连续流程改进方面也有很多的研究和经验，NGO 救援组织也可以与学术界合作研究如何建立 NGO 救援组织知识学习系统。

4．投资物流信息系统

人道物流运作的复杂性远远大于商业物流。不同于企业，一些 NGO 救援组织需要管理的物资种类可能达到上千种，且需要从众多供应商处采购物资，例如国际红十字会/红新月会的采购目录上有包括从用于灾难发生地的手术工具到用于难民安置的塑料板在内的 6 000 余种救援物资；联合国儿童基金会在哥本哈根的仓库存有从超过 1 000 个供应商处采购的价值 2 200 万美元的救援物资，再加上灾难发生的不确定性，NGO 无法准确预测物资需求，人道物流管理的复杂度是商业物流所不能企及的。因此，人道物流比商业物流更需要能够集成救援物资采购、配送、跟踪报告以及实地信息连通的物流信息系统，以此管理纷繁复杂的救援物资。尽管如此，人道物流的运作还基本停留在手工阶段，很少有 NGO 使用信息系统管理救援物资。在国外，由 Frits 研究所与国际红十字会共同开发的人道物流软件在 2003 年已经正式投入使用，迄今为止已经发展到第二个升级版本 Helios，而我国使用物流信息系统管理救援物资的 NGO 救援组织几乎没有。虽然从实践上说，人道物流救援系统是存在的，但这个系统却是纯手工实现的，有如下的缺陷：

（1）必须重复录入数据到不同的票据和单证中，增加了工作量和工作误差；

（2）没有成熟的资金控制机制，资金有可能会被滥用；

（3）资金的使用并没有百分百根据捐赠者的意愿被跟踪；

（4）传统的采购流程很难被严格执行，缺少供应商资源整合；

（5）救援物资的跟踪和发放大都以手工记录数据表的形式进行；

（6）数据分散，没有集成采购价格、运输时间、接收到/采购物资数目的中心数据库。

使用物流信息系统，首先能够增加人道救援网络中的救援物资可视性、NGO 救援组织工作人员的工作效率以及流程的运作效率，NGO 救援组织可通过信息系统进行准确的需求补充；其次也给 NGO 救援组织的知识管理和绩效评估提供了依据；再次，信息系统集合的救援物资目录与相关信息是 NGO 救援组织与供应商、3PL 之间进行合作的基础。

由于人道物流与商业物流的异质性，企业所使用的 ERP 系统及其他一些用于产品跟踪的信息系统并不能直接用于人道救援，但一些独立的流程和交易模块确实可以被保留下来。企业实践的标准化交易、流程和信息系统经验对 NGO 救援组织而言是值得借鉴的，NGO 救援组织还可以向企业学习开发、安装和测试信息系统的经验。

表 9.6 所示是这些策略和人道物流所面临问题与挑战之间的关系，以及这些策略能够减除的问题。

表 9.6　措施与人道物流面临的问题和挑战

	基础设施脆弱	缺乏合作	很难获得真实的需求信息	不够重视物流在救援活动中发挥的作用	缺少物流人才
购买 NGO 服务		√	√	√	√
鼓励常规性社会捐赠					√
鼓励 NGO 参与救灾		√	√	√	√
整合现有的物流基础设施到灾难救援中	√	√		√	
建立 NGO 之间的沟通和交流机制		√	√	√	√
建立人道物流从业人员培训与考核机制		√		√	√
进行连续性流程评估				√	
投资物流信息系统			√	√	

9.5　本章小结

本章主要分析人道物流在中国实施时面临的问题和挑战，并提出相应的解决措施。首先，介绍了该研究的基本方法、理论和概念模型，在此基础上，从 NGO 救援组织类型、灾难的生命周期和利益相关者三个维度归纳总结了人道物流在中国面临的问题，然后阐述问卷调查结果，分析了影响人道物流实施的显著性因素，并按优先级别对这些因素进行了系统阐述，主要为五大方面——基础设施脆弱、缺乏合作、很难获得真实的需求信息、不够重视物流在救援活动中发挥的作用、缺乏物流人才。最后，分别从政府和 NGO 救援机构两个方面，分别提出了解决措施，为我国灾难救援中的人道物流的高效运作提供参考意见。

参考文献

[1] Thomas A.S., Mizushima M. Logistics training: Necessity or Luxury?[J]. Forced Migration Review, 2005, 22: 60–61.

[2] Thomas & Kopczak. From Logistics to Supply Chain Management: The Path Forward in the Humanitarian Sector[M]. Fritz Institute White Paper, 2005:

[3] 李文海, 程歗图, 刘仰东. 中国近代十大灾荒[M]. 上海: 人民出版社, 1994.

[4] 刘毅, 杨宇. 历史时期中国重大自然灾害时空分异特征[J]. 地理学报, 2012, 67(3): 291-300.

[5] 曹树基. 中国人口史(5 卷): 清时期[M]. 上海: 复旦大学出版社, 2001

[6] 王海明. 公正与人道: 国家治理道德原则体系[M]. 商务印书馆, 2010.

[7] Ebersole J.M. Mohonk criteria for humanitarian assistance in complex emergences[J]. Disaster Prevention and Management, 1995, 4(3): 14-24.

[8] International Strategy for Disaster Reduction. Living with risk: A global review of disaster reduction initiatives[M]. United Nations Publications, 2004.

[9] Heaslip G, Sharif A M, Althonayan A. Employing a systems-based perspective to the identification of inter-relationships within humanitarian logistics[J]. International Journal of Production Economics, 2012, 139(2): 377-392.

[10] Van Wassenhove. Humanitarian Aid Logistics: Supply Chain Management in High Gear[J]. Journal of the Operational Research Society, 2006, 57(5): 475-489.

[11] Whiting M.C., Ayala-Öström B.E. Advocacy to promote logistics in humanitarian aid[J]. Management Research News, 2009, 32(11): 1081-1089.

[12] Trunick P.A. Special report: delivering relief to tsunami victims[J]. Logistics Today, 2005, 46(2): 1-3.

[13] Kovács G., Spens K.M. Humanitarian logistics in disaster relief operations[J]. International Journal of Physical Distribution and Logistics Management, 2007, 37(2): 99-114.

[14] De Ville de Goyet, C. Post-disaster relief: the supply management challenge[J]. Disasters, 1993, 17 (2): 169-76.

[15] Long & Wood. The Logistics of Famine Relief[J]. Journal of Buisiness Logistics, 1995, 16(1): 13-29.

[16] PAHO/WHO. Humanitarian Supply Management and Logistics in the Health Sector[R],

Washington DC: PAHO/WHO, 2001.

[17]　Pettit, Beresford . Emergency Relief Logistics: an Evaluation of Military, non-military and composite response models[J]. International Journal of Logistics : Research and Applications, 2005, 8(4): 313-331.

[18]　Paulo Gonçalves. System dynamics modeling of humanitarian relief operations[M]. MIT Sloan School of Management, 2008.

[19]　Maspero E.L., Ittmann H.W. The rise of humanitarian logistics[A]. In: Proceedings of the 27th Southern African Transport Conference[C]. Pretoria: 2008.

[20]　Carroll A., Neu J. Volatility, unpredictability and asymmetry: An organising framework for humanitarian logistics operations?[J]. Management Research News, 2009, 32(11): 1024-1037.

[21]　Marianne Jahre, Leif-Magnus Jensen. Theory development in humanitarian logistics: a framework and three cases[J]. Management Research News, 2009, 32(11): 1008-1023.

[22]　Kovács G, Spens K M. Humanitarian logistics and supply chain management: the start of a new journal [J]. Journal of Humanitarian Logistics and Supply Chain Management, 2011, 1(1): 5-14.

[23]　Kovács G., Spens K.M. Identifying challenges in humanitarian logistics[J]. International Journal of Physical Distribution and Logistics Management, 2009, 39(6): 506-528.

[24]　Tatham P.H., Pettit S.J. Transforming humanitarian logistics: the journey to supply network management[J]. International Journal of Physical Distribution and Logistics Management, 2010, 40(8/9): 609 – 622

[25]　Boin A., Kelle P., Whybark D.C. Resilient supply chains for extreme situations: Outlining a new field of study[J]. International Journal of Production Economics, 2010, 126(1): 1-6

[26]　Tatham P, Houghton L. The wicked problem of humanitarian logistics and disaster relief aid[J]. Journal of Humanitarian Logistics and Supply Chain Management, 2011, 1(1): 15-31.

[27]　Ernst, R. The academic side of commercial logistics and the importance of this special issue[J]. Forced Migration Review. 2003, (18): 5.

[28]　William K.Rodman. Supply Chain Management in Humanitarian relief logistics[D]. Ohio: Air Force Institute of Technology, 2004:

[29]　Altay, N., Prasad, S., & Sounderpandian, J. Strategic Planning for Disaster Relief Logistics: Lessons from Supply Chain Management[J]. International Journal of Services Sciences. 2009, 2(2): 142-161

[30]　Davidson A.L. Key performance indicators in humanitarian logistics[D]. Master thesis, Massachusetts Institute of Technology, Cambridge, MA, 2006.

[31]　Beamon B.M., Balcik B. Performance measurement in humanitarian relief chains[J]. International Journal of Public Sector Management, 2008, 21(1): 4-25.

[32]　Schulz S., Heigh I. Logistics performance measurement in action within a humanitarian organization[J]. Management Research News. 2009, 11(32): 1038-1049.

[33] Oloruntoba R., Gray R. Customer service in emergency relief chains. International[J]. Journal of Physical Distribution and Logistics Management, 2009, 39(6): 486–505.

[34] Pettit S., Beresford A. Critical success factors in the context of humanitarian aid supply chains[J]. Management Research News. 2009, 11(32): 450-468.

[35] Lodree Jr E J. Pre-storm emergency supplies inventory planning [J]. Journal of Humanitarian Logistics and Supply Chain Management, 2011, 1(1): 50-77.

[36] 南方都市报. 天全县官员自称被遗忘 仅一队正式救援人员前往[EB/OL]. (2014-04-23) http://cd.qq.com/a/20130423/000071.htm.

[37] 南都网. 灾区灵关镇的世相·变[EB/OL]. (2014-05-23) http://nandu.oeeee.com/nis/201305/01/45947.html.

[38] 国际红十字会. 人道主义宪章与赈灾救助标准[M].北京:中国出版集团东方出版中心, 2006.6.

[39] 李光. 人道主义救援的中国式尴尬[J]. 凤凰周刊. 2013 年第 27 期[EB/OL] (2014-05-23) www.ifengweekly.com/display.php?newsId=7266

[40] Tomasini R M, Wassenhove L N. Humanitarian logistics[M]. Palgrave Macmillan, 2009.

[41] 邓国胜 等. 响应汶川:中国救灾机制分析[M]. 北京:北京大学出版社, 2009, 8.

[42] Tomasini, Van Wassenhove. From preparedness to partnerships: case study research on humanitarian logistics[J]. International Transactions In Operational Research, 2009: 1~11.

[43] Thomas Anisya, Lynn Fritz. Disaster Relief, Inc. [J]. Harvard business review, November 2006: 1~7.

[44] Charles A., Lauras M., Wassenhove L.V. A model to define and assess the agility of supply chains: building on humanitarian experience[J]. International Journal of Physical Distribution and Logistics Management. 2010, 40 (8/9): 722-741

[45] Kovács G., P. Tatham. Responding to Disruptions in the Supply Network — from Dormant to Action. Journal of Business Logistics[J], 2009, 30(2): 215-229.

[46] Holguín-Veras J., Jaller M., Wassenhove, Pérez N., Wachtendorf T. On the unique features of post disaster humanitarian logistics [J]. Journal of Management. 2012(30): 494–506.

[47] Maon F., Lindgreen A., Vanhamme J. Developing supply chains in disaster relief operations through cross-sector socially oriented collaborations: a theoretical model[J]. Supply Chain Management: An International Journal, 2009, 14(2): 149-164.

[48] Balcik B., Beamon B.M, Krejci C.C., et al. Coordination in humanitarian relief chains: Practices, challenges and opportunitieds [J]. International Journal of Production Economics, 2010, 126(1): 22-34.

[49] Pettit S.J., Beresford A.K. Emergency relief logistics: an evaluation of military, nonmilitary and composite response models[J]. International Journal of Logistics: Research and Applications, 2006, 8(4): 313-331.

[50] Schulz S.F.. Disaster Relief Logistics: Benefits of and Impediments to Horizontal Cooperation between Humanitarian Organizations[D]. Berlin: Technischen Universität Berlin .2008.

[51]　Jahre M., Jensen L.-M. Coordination in humanitarian clusters[J]. International Journal of Physical Distribution & Logistics Man, 40(8/9)：657-674.

[52]　Schulz S.F., Blecken A. Horizontal cooperation in disaster relief logistics：benefits and impediments. International Journal of Physical Distribution & Logistics Management, 2010，40(8/9)：636–656.

[53]　潘开灵，白烈湖. 管理协同理论及其应用[M].北京：经济管理出版社. 2006，10.

[54]　Stephen C-Y. Lu. Collaborative Engineering Principle and Practice[M]. Los Angeles：University of Southern California. 2009：9~23.

[55]　Balcik B，Ak D. Supplier Selection for Framework Agreements in Humanitarian Relief[J]. Production and Operations Management，2014，23(6)：1028-1041。

[56]　Altay N，Pal R. Information Diffusion among Agents：Implications for Humanitarian Operations[J]. Production and Operations Management，2014，23(6)：1015–1027.

[57]　José Holguín-Veras, Miguel Jaller, Tricia Wachtendorf. Comparative performance of alternative humanitarian logistic structures after the Port-au-Prince earthquake：ACEs, PIEs, and CANs [J]. Transportation Research Part A，2012(46)：1623-1640.

[58]　Xu L., Beamon, B.M. Supply chain coordination and cooperation mechanisms：An Attribute-Based Approach [J]. The Journal of Supply Chain Management，2006，42(1)：4~12

[59]　Yin R. K. Case study research：Design and Methods[M]. London：Sage Publications. 2003.

[60]　Ghauri, P., Gronhaug, K.. Research Methods in Business Studies-a practical guide[M]. Financial times/Prentice Hall，2005.

[61]　中华人民共和国国务院新闻办公室. 中国的减灾行动. 2009-05.

[62]　Xiuhui Rebecca Rao. Issues and challenges of humanitarian logistics in China[D]. Nottingham：The University of Nottingham. 2007：

[63]　韩俊魁. NGO 参与汶川地震紧急救援研究[M]. 北京：北京大学出版社，2009：

[64]　朱健刚. 王超. 胡明. 责任 行动 合作 – 汶川地震中 NGO 参与个案研究[M]. 北京：北京大学出版社. 2009.

[65]　高小龙，陶传进. 抗震救灾中 NGO 间的联合[A]. 见：王名. 汶川地震公民行动报告-紧急救援中的 NGO[M]. 北京：社会科学文献出版社，2009：8-16.

[66]　陶传进. NGO 与政府的关系："分劈"还是合作？[A]. 见：王名. 汶川地震公民行动报告-紧急救援中的 NGO[M]. 北京：社会科学文献出版社，2009：17-22.

[67]　A..Thomas. Why logistics[J]. Forced Migration Review，2003，102-106.

[68]　Blecken A. Supply chain process modelling for humanitarian organizations[J]. International Journal of Physical Distribution & Logistics Management，2010，40(8/9)：675-692.

[69]　Charles A，Lauras M. An enterprise modelling approach for better optimisation modelling：application to the humanitarian relief chain coordination problem[J]. OR spectrum，2011，33(3)：815-841.

[70]　柴会群. 雅安地震: 这一次本来预测中了[EB/OL]. [2013-6-18]. http://www.infzm.com/content/90403.

[71]　Davis L B, Samanlioglu F, Qu X, et al. Inventory planning and coordination in disaster relief efforts[J]. International Journal of Production Economics, 2013, 141(2): 561-573.

[72]　王世珍. 灾难管理中人道物流运作系统研究[D], 西南交通大学 2011.

[73]　范光敏. 人道物流的协同机制研究[D]. 西南交通大学硕士学位论文, 2011.

[74]　杨婷婷. 人道物流在中国: 发展、挑战和对策[D]. 西南交通大学硕士学位论文, 2011.

[75]　潘虹宇. 人道救援物流的协同建模与分析[D]. 西南交通大学硕士学位论文, 2014.

[76]　Blecken A. A reference task model for supply chain processes of humanitarian organisation[D]. Paderborn, univ. Diss., 2009.